水资源与水环境风险评价方法及其应用

郑德凤 孙才志 著

中国建材工业出版社

图书在版编目（CIP）数据

水资源与水环境风险评价方法及其应用／郑德凤，孙才志著．—北京：中国建材工业出版社，2017.3

ISBN 978-7-5160-1655-8

Ⅰ．①水…　Ⅱ．①郑…②孙…　Ⅲ．①水资源－风险评价－研究②水环境－风险评价－研究　Ⅳ．①TV211②X143

中国版本图书馆 CIP 数据核字（2016）第 221541 号

内　容　简　介

本书从水资源与水环境风险评价的理论、方法和实例研究三个方面，系统地介绍了风险评价理论及量化分析方法在水资源和水环境领域的应用。本书以地下水资源为主要对象，综合运用水文水资源、风险分析、系统工程、不确定性理论、多目标决策与分析、计算数学等相关理论与方法对地下水资源开发利用、饮用水环境健康、地下水污染、水资源短缺等方面的风险评价进行了实证研究。主要内容包括水资源与水环境风险评价理论与方法、水环境健康风险评价、地下水环境风险评价、地下水开发风险评价、地下水污染风险评价、水资源短缺风险预测、水资源短缺风险评价等。

本书可供从事水文学及水资源、地下水科学与工程、环境科学、环境管理及相关专业的科研人员和高校师生参考使用，也可供相关管理和工程技术人员参考。

水资源与水环境风险评价方法及其应用

郑德凤　孙才志　著

出版发行：中国建材工业出版社

地　　址：北京市海淀区三里河路 1 号

邮　　编：100044

经　　销：全国各地新华书店

印　　刷：北京雁林吉兆印刷有限公司

开　　本：787mm×1092mm　1/16

印　　张：15

字　　数：358 千字

版　　次：2017 年 3 月第 1 版

印　　次：2017 年 3 月第 1 次

定　　价：**78.80 元**

前　　言

伴随人口增长、社会经济快速发展和城市化进程的推进，作为人类生存的物质基础之一的水资源面临着日益紧缺和水环境质量恶化的态势，进而威胁到居民饮用水安全和身心健康。解决水资源短缺与水环境污染问题一直是国家重点关注问题，也是学术界的研究热点。风险评价是水资源利用与水环境评价中的重要内容，近20年来得到迅速发展。一些重大水利建设项目和其他生产项目的环境影响报告中均需开展环境风险评价，因此对水资源与水环境风险评价的理论与方法进行探讨具有重要的理论意义和实际应用价值。

风险评价把数学、计算机、卫生学、毒理学、水文学、水资源学、地理学、环境学、化学等自然科学和部分社会科学多学科融合在一起，是一门综合性较强的跨学科理论。本书以地下水资源为主要对象，综合运用水文水资源、风险分析、系统工程、不确定性理论、多目标决策与分析、计算数学等相关理论与方法对地下水资源开发利用、饮用水环境健康、地下水污染、水资源短缺等方面的风险评价进行了实证研究。取得的风险评价结果可为研究区水资源可持续开发利用、水资源科学规划与管理、水环境保护奠定理论基础，可为水利、环保管理部门制定相应的水资源优化配置方案与管理对策提供参考依据。

本书是在我们课题组成员多年来从事水文水资源与环境科学领域的研究成果和研究生学位论文基础上发展起来的，部分成果尚未公开发表过。全书由郑德凤、孙才志统稿，课题组研究生李晓研、王平富、苏琳、赵锋霞、邵艳莹、陈相涛、朱静、张卓、魏秋蕊、郝帅等在相关专题研究中进行了具体的计算工作，为本书的顺利出版做出了贡献。

在本书稿完成之际，感谢辽宁省重点实验室"自然地理与空间信息科学重点实验室"、辽宁师范大学水文与水资源工程系各位同仁给予的关心和帮助。感谢城市与环境学院李永化教授、张戈教授、张威教授、张华教授、曹永强教授、王耕教授、盖美教授一直以来对作者工作和科研上的大力支持。感谢课题组研究生李晓研、王平富、苏琳、赵锋霞、邵艳莹、陈相涛、朱静、张卓、魏秋蕊等在相关专题研究中做出的贡献。尤其感谢郝帅为书稿的编排付出的辛勤工作。本书能够顺利出版，还要感谢大连理工大学海岸和近海工程国家重点实验室开放基金项目（No. LP1512）、国土资源部资源环境承载力评价重点实验室开放课题资助项目（No. CCA2015.04）以及辽宁省特聘教授资助经费。特别感谢中国建材工业出版社的领导和责任编辑贺悦的大力支持。

目前水资源与水环境领域的风险评价尚不成熟，各种新的评价方法还在不断发展和探索中，一些理论和认识还有待深入和完善。鉴于著者水平有限，书中难免有疏漏和不妥之处，恳请专家和读者批评指正。对本书中参考的著作与论文，作者对主要引用文字在书中进行了标注，并给出了相应的参考文献，但由于时间仓促，可能存在个别观点未有明确标注，在此恳请广大专家学者海涵，对于书中所引用文献的众多作者表示诚挚谢意！

著者

2017 年 1 月

目　　录

第1章 绪 论

1.1 研究背景与研究意义

水是生命赖以生存的基本条件之一，随着人口增长、经济发展和城市化进程的不断加快，水资源消耗量急剧增加，水资源匮乏已成为全球普遍关注问题，全世界正面临水资源危机。到2025年，全世界将有35亿人缺少健康的饮水资源。水资源短缺对人类生产生活有两方面的影响：一方面是资源性缺水，水资源呈现分布不均的状态，部分地区因来水量过少而导致水资源不足；另一方面是水质型缺水，水体由于人们使用不当而遭到一定程度的污染，表现为水体恶化、水体功能下降。水量不足和水质型缺水已成为制约社会经济发展、生态良性循环，引发军事冲突的重要因素之一。近年来，由于城市化进程加快、人口增长、生活质量提高、工农业生产发展等一系列问题导致需水量的不断增加，而供水量的增长有限，进而加剧了水资源短缺问题。目前世界上有100多个国家缺水，其中严重缺水的国家和地区达43个，占全球陆地面积的60%。随着全球经济的一体化，水问题不再局限于某一地区或某一时段，而成为全球性、跨世纪的焦点，因而如何有效地开发和利用水资源是保证社会经济可持续发展以及人与自然和谐共处的重要因素（王磊，2009）。

水资源是人类赖以生存的生命线。随着人类对自然资源的肆意开发利用，导致水资源匮乏和水环境质量恶化。目前我国大部分地区的地下水都已受到不同程度的污染，且呈现越演越烈的态势，严重威胁到居民饮用水安全和人类身心健康状况。同时经各种途径排放到环境中的污染物不断增加，进入环境中的污染物在介质中迁移、转化或沉积，最终构成对人体健康的威胁。

当前，我国面临的水环境问题形势十分严峻（赵彦红，2005）。洪灾频繁发生，水污染、干旱缺水现象严重，造成经济损失不计其数，水环境的好坏直接影响着国家的经济发展（彭静等，2004）。据调查，我国江河大都受到不同程度上的污染，一些河川的生态功能正在退化，甚至有些水质污染严重到不能用于灌溉（张杰，2002）。全国淡水湖无一幸免均达到中度以上污染，而且污染增长趋势速度惊人。近年来，全国部分近海海域有机污染严重，多次发生赤潮现象。上述问题正在警示我们，水环境恶化严峻，必须建立起健康的良性水循环（张杰等，2005），恢复水环境健康（张杰等，2003），防止水环境问题进一步扩大。

地下水作为水资源的重要组成，供水稳定、水质良好，在农业灌溉、工业和城市生活用水中占重要份额，我国约2/3的城市把地下水作为主要水资源（唐克旺等，2009），在保障居民生活用水，支撑社会经济发展和维持生态平衡等方面具有十分重要的意义。近30年来，我国有400多个城市开发利用地下水，且开采量逐年增加。我国地下水资源量约占水资源总量的1/3，地下水供给水量平均达到全国总供水量的20%，其中，在地表水资源相对匮乏的

1

北方地区，65%的生活用水、50%的工业用水以及33%的农业灌溉用水来自地下水（中华人民共和国环境保护部，国土资源部，水利部，2011），地下水供给水量已占其总供水量的52%，在华北和西北地区已高达72%和66%，这种用水结构在短时期内不会改变。地下水与生态地质环境密切相关，长期持续过量开采地下水，开采量大于补给量，地下水资源得不到及时补充与恢复，就会引发一系列的水文地质环境地质问题，如地下水位持续下降、地面沉降、塌陷、裂缝、建筑物倾斜、植被退化、海水入侵等。近60年来，随着人口增长，城镇化进程的加快，人民生活水平不断提高，工农业快速发展，导致城市需水量不断增加，在大力开发地表水资源潜力的同时，也加大了地下水资源的开发与利用。目前，我国有46个城市出现明显的地面沉降，主要分布在我国北方地区，天津、上海、太原等城市最大沉降量均已超过2m，并且北方地区土地荒漠化面积不断增加（高夏辉等，2005）。

伴随着地下水开采量的增加，我国地下水污染问题也日益突出，地下水污染对环境和经济发展的影响也日趋严重，《2014年环境状况公报》数据显示：2014年全国202个城市的4896个地下水水质监测点中较差级别的监测点比例为45.4%，极差级别的监测点比例为16.1%。主要超标指标为溶解性总固体、铁、锰、总硬度、"三氮"（亚硝酸盐氮、硝酸盐氮和氨氮）、氟化物、硫酸盐等，个别监测点有砷、铅、六价铬、镉等重（类）金属超标现象，对人类的身体健康构成极大威胁。目前我国地下水污染的基本态势是：由单一污染向复合污染转变，由点状、条带状向面状扩散，由浅层向深层渗透，由城市向周边蔓延（中国科学院可持续发展战略研究组，2007），地下水广泛存在于岩土孔隙中，运移过程缓慢，这也决定了地下水污染具有隐蔽性与难以治理的特点（钟秀等，2014）。在地下水资源的开发利用过程中，地下水污染的程度也日益加重，严重影响了地下水资源的利用价值，引发与水有关的一系列生态环境问题，不仅威胁到人类健康而且也严重制约城市经济和社会发展（李君等，2006）。据统计，我国已有130多个地区及城市的地下水遭受污染，其中沈阳、兰州、西安等北方缺水地区污染较为严重，污染现象由浅层地下水逐步向深层地下水转移，并由城市向农村扩展。由于地下水流速慢、稀释自净时间长，具有隐蔽性、长期性和难以逆转性，因此地下水一旦遭受污染，很难恢复与治理，并危及社会生产生活的用水安全。

随着人们安全用水意识的不断增强，对饮用水的质量日益重视。1970年代以来，我国卫生部门开展了广泛的水环境水质监测，环境保护部门也开展了水环境水质监测工作。监测结果表明，我国水资源不仅在数量上严重短缺，而且质量也存在很大安全隐患。水质安全的威胁主要来自化学物的污染，对大部分化学性污染物，目前常规的污水处理技术还不能完全清除，其中一些有毒污染物对人体健康构成潜在威胁。为确保人们安全用水，保持水环境健康，对饮用水环境健康风险评价十分必要。水环境健康风险评价的目的包括：第一，掌握水体中含有污染物的性质、浓度及分布特征等；第二，定量分析水体中污染物所致人体健康危害概率及风险概率大小；第三，为政府和有关环保部门对水源地的管理提供重要参考依据，提高对水源地的治理与管理能力；第四，完善与保护水源相关的法律法规；第五，实现水资源的安全可持续利用。

此外，随着社会经济的迅猛发展，环境问题日益受到关注，雾霾、PM2.5也频繁挑动大众的敏感神经，环境保护与治理引起人们的高度重视。环境污染已成为影响人类健康或死亡的主要因素之一。水环境作为人类生活环境的一个必要组成部分受到严重的污染，特别是饮用水环境，污染物通过饮水、皮肤接触和呼吸等途径进入人体，给人们生命安全带来很大威胁。如日本著名的"水俣病"和"骨痛病"事件，河南沈丘河水中砷和镉超标引起高发癌症病发事件，陕西凤翔铅超标引起 174 名儿童铅中毒事件，以及欧洲一些国家发生的水体污染事件，使水体污染的防治工作备受关注。据资料统计，城市居民因患癌症死亡的人数中 90% 是由环境中的污染物引起的。因此，为维护水环境健康，确保人们能饮用到水质良好的水，相关部门和水源地保护机构应该执行统筹规划、综合治理、治污为本、因地制宜的方针与政策，定期对饮用水源地进行水环境健康风险评价与管理。

环境影响评价与风险评价交叉发展形成的环境风险评价，是环境科学发展的必然趋势，是人们对于环境保护的迫切需求（杜锁军，2006）。健康风险评价将环境污染与人体健康影响进行定量化研究。水环境健康风险评价重点是对水体中的污染物与人体健康损害程度的关系进行定量计算，多以风险度作为指标。

国际上，健康风险评价研究多沿用风险评价"四步法"模式，并借此构建适合本国的健康风险评价体系。水环境健康风险评价重点是评价水体污染物与人体健康的影响关系，定量估算不同暴露条件下对人体健康的损害程度，对饮用水源地风险评价及预测具有深远的意义和现实的应用价值。目前水环境健康风险评价研究已广泛开展，其研究结果可供相关部门参考，并用于水环境健康风险预警监控、风险削减和风险控制，为水环境风险管理方案提供科学合理的决策与依据。

2014 年"两会"上提出落实"四严"要求守护"舌尖安全"，"四严"同样适用于地下水资源管理，制定最严谨的标准和最严厉的处罚，实施最严格的监管和最严肃的问责，为大众"饮水安全"保驾护航。加强地下水监管工作，履行监管义务对保障饮用水安全，实现"美丽中国"的发展目标，具有重要的现实意义和深远的影响。因此，进行地下水污染的风险评价研究十分必要且意义重大。其意义主要体现在以下几个方面：

（1）通过地下水污染风险评价研究可以了解当地地下水污染状况，为研究区受污染场地的修复和治理提供依据；对未受到污染但存在潜在污染威胁的场地，可以提醒管理者及时制定并实施地下水保护计划，减少污染的可能性。

（2）科学合理地开展地下水污染的风险评价工作可以识别该区当前地下水环境现状，并预测未来变化趋势，有利于该区地下水的合理开发与高效利用，达到地下水资源的持续利用、生态环境良性发展和人水和谐共处的目标。因此，地下水污染风险研究可以定性、定量、定位地反映地下水发生污染的可能性及其危害程度，为防治地下水污染提供高效、科学的信息支持。

（3）地下水污染风险研究不仅需要相应的技术支持，也需要经济上的付出，但是地下水污染风险研究的经济投入远比修复含水层和治理地下水污染对社会发展、生态环境造成的不良影响所付出的代价要少得多。而且在各种各样的地下水修复案例中，尽管投资巨额并长期实施，但几乎没有经修复后地下水水质达标的案例。

（4）地下水污染风险评价可以提高公众的防患意识，树立人与自然和谐共处的新概念，提高公众参与地下水保护的意识，有利于地下水保护工作的进行。因此，应加大力度在研究区进行地下水污染风险研究工作。

1.2   国内外研究现状及发展趋势

1.2.1   环境健康风险评价研究进展

健康风险评价开始于 20 世纪 30 年代，1960 年以前以定性研究为主。起初以报道有关职业流行病和剂量—反应关系的有关实验等形式出现，主要针对一些风险较大的有毒物或急性中毒事件。20 世纪 40 年代后期开始研究一些较小的风险、潜在的风险及慢性风险等，一些专家通过分析职业流行病学和剂量—反应关系的实验资料，将人体暴露剂量与人体健康效应之间的关系用一定的数学公式表达出来，即开始对人群接触污染物剂量与健康风险之间的关系进行定量研究。

20 世纪 70 ~80 年代，健康风险评价研究进入高峰时期。1976 年 EPA 颁布的"致癌风险评价准则"标志着健康风险评价体系基本形成。1983 年 NAS 出版的红皮书《联邦政府的风险评价：管理程序》中提出的危害鉴别、剂量—反应评价、暴露评价和风险表征被作为环境风险评价的指导性文件，并被荷兰、日本等国家和一些组织所采用。1985 年以来，EPA 根据红皮书又颁布了一系列技术指导性文件、准则和指南，主要包括《致癌风险评价指南》、《化学混合物的健康风险评价指南》、《暴露风险评价指南》、《神经毒性风险评价指南》等（王晨晨，2010；马传莘，2007）。1987 年欧盟立法规定，对存在化学事故隐患的工厂开展环境风险评价。1988 年联合国环境规划署（UNEP）制定阿佩尔计划（APELL），来应付对人体健康危害效应的环境污染事故（毛小苓等，1998）。

19 世纪末至 20 世纪中期，环境污染导致的中毒事件频发，毒理学家采用定性的方法开展健康影响分析。20 世纪 80 年代中期，毒理学家进行低浓度暴露下的定量化的健康风险评价。Cuddihy R. G.（1983）对健康风险评价中环境污染物污染程度和人类接触污染程度之间的联系和暴露剂量反应进行研究。Gold 等（1984）建立致癌强度系数数据库，开展致癌物定量化风险评价。Brown S. L.（1985）通过外推模型和风险预测对环境污染进行定量风险评估。

国外的环境风险评价产生于 20 世纪 70 年代的一些工业发达国家，并对此展开了一些列的研究，美国是最先开展环境风险评价、风险评价体系最为完善的国家之一。美国环境风险评价进程：1969 年 ~1982 年为起步时期，风险评价内涵尚不明确；1983 年 ~1988 年为准备阶段，美国国家科学院提出风险评价模式，形成了一套环境风险评价的指导性文件、标准；1989 年 ~至今为完善阶段，环境风险的基本框架成型。美国国家原子能委员会（USNRC）提出的"大型核电站中重大事故的理论可能性和后果"的研究报告，作为环境风险评价的开篇和最具代表性之作（NRC National Research Council(U. S)，1994）。此后，以美国为代表的西方工业化发达国家及世界各地的不同组织机构、学者都对环境风险评价展开了一系列研究。如 1974 年加拿大环境问题科学委员会主席 R. E. Munn 同来自世界各地的专家学者一起提出了用概率的方法探讨"最佳方案"的准则；在 1975 年人类环境国际科学家大会上，Walter 提出政策的意外失误的影响分析应被纳入到环境影响评价之中，并阐述适宜的应急计划；此后 Hil. born 把 Walter 提出的这一理论应用到渔业发展中的政策失败后的后果分析中（U. S. A. E. C，1975）。这成为环境分析评价领域的重大突破。近年来一些重大污染事故的出现，环境风险评价作为环境影响评价的重要组成部分逐步被纳入到环境影响评价。1975年美国核管委会编制了事故风险评价的代表作《WASH-1400报告》，该报告系统地建立了概率风险评价方法，并于1976年形成系统（王宝贞等，1985）。自进入20世纪80年代，美国和国际机构与组织相继颁布了风险评价的标准，规范和评价技术。1983年，美国国家科学院提出健康风险评价"四步法"（胡二邦，2000），并对各部分做出了明确定义。在此基础上，美国EPA制定和颁布了一系列有关健康风险评价的技术性文件或指南。随后联合国环境规划署、世界银行环境和科学部以及美国等国际组织和机构相继制定颁布、出台出版了许多有关风险评价的指南、导则和计划。环境风险评价的科学体系和框架基本形成，并不断发展和完善。此外，20世纪初期的日本工厂职工健康隐患和环境公害事件的爆发，让日本开始重视环境风险的评价，从而有针对性地开展了环境健康评价及管理工作，并随之颁布一些补偿法规。日本的环境风险评价主要围绕化学物质的污染展开。欧盟在对人体健康评价和生态风险评价进行深入分析的基础上，将其应用于工业风险评价之中并取得了一定的成果；环境的污染引发人体健康危害成为欧盟2002~2006年环境风险评价关注的焦点。一些专家学者在20世纪90年代后期，开始认识到健康风险评价和事故风险评价孤立的发展带来的缺陷，提出了应采用"综合风险评价"。WHO/UNEP（2001）将其定义为"基于科学的方法，在一个评价下统一对人类，生物区和自然资源进行风险评估的过程"（Jim Bridges，2003）。

随着计算机技术的发展，水文学、毒理学和化学等与环境相关的学科的快速发展，一些国家着手对环境风险评价指南进行修订和补充，风险评价日渐完善，健康风险评价也在人们的生活中开展起来。Ihedioha J. N. 等（2014）对尼日利亚人牛肉中摄取的锌、铬和镍进行健康风险评价，结果表明铬的摄入量已经超过世界卫生组织规定的日摄入量。Claus E. B. （2000）阐述了在遗传流行病学领域比较常用风险评价方法，并介绍了疾病风险评估中的乳腺癌风险模型。Chappell等（1997）对美国地区进行砷风险评价研究，并建议研究建立饮用水风险等级。

从总体上来看，当前国外的环境风险评价大多是针对人体健康评价（Steinemann，2000；Kentel K，2005；Ma J，2012；Nadal MN，2011）、事故风险评价（VanBaardwijd F. A. N，1994；Norreys R，1996；Suter，1987）以及作为环境影响评价的重要组成部分被广泛应用于各种建设项目的环境风险评价，评价方法多以定性评价为主，随着环境风险评价的发展，生态风险评价（Wayne G，2003；Hanson Mark L，1997；Power M，1997；Fernandez MD，2005）成为近年来研究的热点问题。

环境健康风险评价是把风险度作为评价指标，把环境污染与人体健康定量联系的一种评价（曾光明等，1998；王秋莲等，2009；邹滨等，2009）。我国环境风险评价研究起步于20世纪80年代，初期以介绍和应用国外的研究成果为主。1990年以后，环境风险评价工作逐渐得到重视，国家环境保护局发布第057号文件，要求对可能存在重大环境污染事故隐患的建设项目进行环境健康风险评价（胡二邦，2000）。1990年中国在核工业系统开展环境健康风险评价研究；1993年国家环境保护局颁布《环境影响评价技术导则》规定：存在环境风险隐患的建设项目必须进行风险分析与评价；中国环境科学学会举办的"环境风险评价学术研讨会"初次探讨在中国开展风险评价的方法与步骤（毛小苓等，2003）。1997年，国家环境保护局、农业部和化工部联合发布《关于进一步加强对农药生产单位废水排放监督管理的通知》中有"规定对农药生产建设项目必须进行风险评价"的相关内容（余彬等，

2010）。2001 年国家经贸委发布《职业安全监控管理体系指导意见》和《职业安全管理体系审核规范》；2004 年国家环保局颁布我国环境保护行业标准，对环境风险评价起到了积极的推动作用；2005 年底国家环保局对石化化工项目的环境风险提出更为严格的要求。此后，国内专家学者开始逐步地在许多领域开展环境风险评价，如土壤污染、石油工业化工建设项目、流域污染、灾害风险评价、生态风险评价等（吕建树等，2010；王勇等，1995；韩严和等，2010；刘卫国等，2008；张会等，2005；付在毅等，2001），为此后的环境风险评价奠定了理论基础。

胡二邦（2000）在关于环境风险一书中详细阐述了环境风险的定义、研究重点、内容与评价程序；田裘学（1997）介绍了健康风险评价的"四步法"及基本概念；陈炼钢等（2008）采用"四步法"对水源地水质风险进行评价；张晓平等（2011）运用区间模糊集对东昌湖 21 孔桥处的水质进行综合评价。曾光明（1997）通过健康风险评价方法定量描述污染物对人体健康危害效应的概率，并简要阐述了水环境健康风险模型及其定量化实例（1998）；王永杰等（2003）、曾光明等（1998）研究环境风险评价中的不确定性定义、类型并展开了降低不确定性的方法研究；王宗爽，武婷等（2009）根据我国居民的基本特征及调查的相关统计数据，参考美国环保署推荐的暴露参数，研究了我国居民的饮食、呼吸、皮肤等暴露参数；王喆，刘少卿等（2008）估算了我国成人及儿童的皮肤暴露面积；许海萍，张建英等（2007）运用预期寿命损失法对 6 种致癌和非致癌物造成的人体预期寿命损失做了评价；邹滨等（2009）评价了某水源地污染物对人体健康危害的时空差异和污染源特点；倪彬，王洪波等（2010）对某湖泊水环境健康风险进行了评价；李如忠（2007）用盲数理论评价了城市水源的水环境健康风险；钱家忠（2004）对城市供水水源地水质进行了风险评价；王大坤，李新建等（1995）对岷江乐山段的水质进行了健康风险评价；苏伟，刘景双（2006）对第二松花江干流中的重金属污染物进行了健康风险评价；陈敏健等（2007）评价和对比了某河中的污染物质在汛期和非汛期的健康风险；何星海，马世豪等（2006）对再生水利用进行了健康风险评价；许川，舒为群等（2007）对三峡库区水环境中的多环芳烃和邻苯二甲酸酯类进行了健康风险评价；杨全锁，郑西来等（2008）针对污染物经饮水和皮肤接触等途径进入人体所致人体危害进行了风险评价；陈鸿汉，谌宏伟等（2006）探讨了污染场地的健康风险评价理论和方法；丁昊天、袁兴中等（2009）根据国际上公认的风险评价标准，利用模糊理论探讨了长株潭三市地下水重金属健康风险；耿福明，薛联青等（2006）针对部分地区部分污染物做了健康风险评价。李如忠（2007）运用模糊集理论建立了水环境健康风险模糊模型，降低了不确定性因素对评价结果的影响。许海萍等（2007）借助预期寿命损失法对杭州地区进行环境健康风险定量化评估，并进行人群差异性研究。段小丽等（2012）介绍了暴露参数的调查研究方法，同时比较了我国与国外暴露参数在调查和科研方面的差距和不足，为我国暴露参数的发展方向提出了建议。

迄今为止我国环境健康风险评价已取得一定的研究成果，但较其他发达国家还存在一定差距，尤其在水环境健康风险评价方面还有待提高。目前，该领域主要依据传统的国外环境风险理论与方法，加之自然现象的复杂性、多变性和随机性，对于环境风险的不确定性难以控制，我国仍没有一套适合我国国情的环境风险评价程序及方法的技术性指导文件。

1.2.2 地下水开发风险评价的研究进展

目前，水文水资源系统风险的定义与理论非常多。在随机水文学中，风险定义为一个失事事件发生的概率；在地下水开发领域中，地下水开发风险指在特定时空环境条件下，人类活动过程中对地下水系统及其周围环境造成的损失程度。具体来说，是指在开发利用地下水的过程中出现失事事件或事故，对人的生命、财产以及环境造成的不利影响或危害（冶雪艳，2006）。在地下水开发风险评价上，Banhan 最早开始了水文风险的研究，1976 年 Colorni A 等讨论了洪水和干旱两个可靠性约束的单目标优化问题。1979 年 Goicoechea A 等研究了不确定性下的多目标问题。1982 年 Simonovic S P 等研究了多用途水库管理问题的可靠度规划问题。1983 年 Molostvovo VS 讨论了不确定性下的多判据优化概念和充分条件，其中多值向量函数的极值点、鞍点和均衡点及其充分条件的理论研究成果是相当重要的。1985 年 Haimes Y 提出了代用风险函数的概念。Sergeldin 等（1998）在文章中讨论了地下水开发的风险问题。Hilienbrand 等（2002）利用 GlS 技术对纽约的地下水污染进行了风险分析。Coicoechea 等（1982）提出了将风险和不确定性的方法应用于水资源工程收益—成本分析中。Hashimoto（1982）从数学角度上定义了可靠性、可恢复性、脆弱性 3 个评价指标等。这些都对多目标决策学科的发展起到了一定的积极作用。另外，也有人试图利用社会科学原理去认识和处理极值事件，以达到减灾增效的目的。

国内有许多专家在水资源风险问题研究方面已取得初步成果。叶秉如研究了机遇约束法的原理及其求解方法并进行了实际应用；朱元甡利用风险综合分析方法并综合考虑了安全水位和演算误差两种风险因子对长江南京段进行防洪效益计算；胡振鹏和冯尚友采用分解聚合方法建立了多目标分析模型系统，并具体应用到水库防洪、发电和灌溉等领域，指出在研究多层次多目标问题时可以将向量变为多维状态的单层次目标问题。徐宗学利用随机点过程理论建立了两种模型即 GPP 模型和 GPB 模型，并将此模型应用到洪水风险计算中得到了较好的成效。近年来，在地下水开发风险评价上，李如忠等（2004）利用盲数理论对地下水允许开采量进行了风险分析。王昭等（2009）对华北平原地下水中有机物淋溶迁移性及污染性进行风险分析。王丽萍等（2008）对饮用水源污染进行了风险分析。粟石军等（2008）对长沙黄兴镇地下水重金属污染进行了风险分析。束龙仓等（2000）根据参数取值的随机性，定量地分析了地下水资源评价结果的可靠性。Camara 等（2003）分析了地下水开发利用过程中的不确定性因素，在此基础上进行了区域地下水开采方案的风险评价。冶雪艳等（2007）采用突变理论对黄河下游悬河段的风险等级进行了评估。韩京龙等（2011）运用突变评价法对吉林西部地下水进行了开发风险评价。地下水开发风险评价为水资源保护规划提供了科学依据。

1.2.3 地下水污染风险研究进展

地下水在自然资源中具有不可替代的重要地位，是水资源的重要组成部分之一，对人类健康和社会经济发展具有重要意义。在地下水资源的开发利用过程中，地下水污染的程度也日益加重，地下水污染正呈现由浅层逐步向深部含水层转移、由城市向农村扩展的严重局面。因此，地下水污染现象不容忽视，有效防治地下水污染问题至关重要，其最根本的解决办法是对区域地下水系统实施保护战略方针。地下水污染风险评价是保护区域地下水资源的重要依据和有效工具之一。

1.2.3.1　地下水污染风险评价研究历程

20 世纪 60 年代法国学者 Margat 提出的地下水脆弱性自诞生以来一直处于不断发展中（NATIONAL R C，1993；VRBA J，1994），从早期的仅考虑地质、土壤、气象、水文等因素的自然属性条件的固有脆弱性评价发展到后来的考虑人类土地利用活动因素的特殊脆弱性评价。有些研究也将这种考虑到造成不同程度污染强度的人类土地利用活动影响因素的脆弱性评价称为地下水污染的风险评价，并将其评价成果直接应用于水源保护和土地利用中，指导人类合理的土地利用活动。如以色列学者 Martin L. Collin 等（2001）、英国学者 Secundas 等（1998）开展的地下水污染风险评价与编图的理论研究和实践探讨。然而，这些地下水污染风险评价研究所提出的理论与方法还是初步的、不完善的。世界银行于 2002 年出版的《地下水质量保护用户指南》中，对地下水脆弱性与风险性评价给出了全面系统的介绍（Stephen Foster，2002）。由此可知，地下水污染风险评价是在地下水脆弱性研究的基础上得到不断深化和发展的。地下水污染风险评价研究的发展主要经历了以下三个阶段：

第一阶段：地下水固有脆弱性因素与人类土地利用因素的简单叠加关系。早期的地下水污染风险评价的特点是将土地利用因素作为地下水污染脆弱性评价的一个影响因素，最终的评价结果是将不同地下水的固有脆弱性与人类土地利用活动影响之间的复杂关系处理为简单的叠加关系（张丽君，2006）。如 1992 年，美国怀俄明州政府配合联邦政府针对农业面源污染开展了地下水对农药的污染风险评价项目研究（SDVC，1998）。评价中主要考虑地下水的固有脆弱性和杀虫剂对地下水的污染影响两个方面，将其评价结果进行简单叠加得到地下水污染风险评价图。在美国和匈牙利的合作下，基于 GIS 环境，应用改进的 DRASTIC 法以及莠去津农业除草剂一维渗滤过程模型法，在美国中西部和匈牙利喀尔巴阡盆地农业主产区，对农业土地政策的可行性以及使用除草剂和化肥等农业化学品的替代方案的潜力进行了评估（Navulur KCS，1995）。意大利以威尼斯泻湖流域为研究区域对农业非点源污染的水资源脆弱性开展了评估（Sappa GS，2001）。在 GIS 环境下，通过水质模拟模型，建立了不同农业化学品输入的污染影响图，并通过对关键参数的不同筛选分别评价了地表水和地下水的脆弱性，最后将污染影响图和污染脆弱性图两图叠加，便可生成污染风险图。Michael R 等（1999）对美国中西部地区农业面源污染条件下的区域地下水脆弱性评价开展了研究。

第二阶段：地下水固有脆弱性因素与人类土地利用因素的组合叠加关系。早期的地下水污染风险评价将地下水固有脆弱性与人类土地利用因素简单叠加，掩盖了很多矛盾和问题。事实上地下水系统在具有高脆弱性的地区如果没有明显的污染负荷则不存在污染风险；即便在脆弱性低但污染负荷高的地区仍存在较大的污染风险（张丽君，2006）。而脆弱性高且污染程度也高的地区污染风险更大。基于这种思路，地下水脆弱性的影响与土地利用的污染影响就不应该是简单的叠加，而应该是多种不同的组合关系。英国和以色列开展的地下水污染风险评价是体现这种理念的典型案例。在地下水污染风险评价中，Collin 和 Melloul 将土地利用情况分为农业用地、保护用地、娱乐用地、居住用地、商业和工业用地 5 个类别，结合水文、地貌、土壤及植被四个基本环境因素，以以色列海岸带含水层为例，综合考虑土地利用强度和关键环境因素的影响。将地下水污染脆弱性与不同土地利用对地下水的污染潜势加以综合评价。不同的地下水脆弱性和污染潜势的组合，产生了不同的地下水污染风险水平。英国在地下水水源地污染风险评价中主要考虑含水层系统固有脆弱性评价和污染负荷影响评价以及地下水供水水源保护区划三个方面的因素。含水层系统固有脆弱性评价代表着含水层对污染负荷的敏感性，主要采用 GOD 方法（Foster SS D，1995）；污染负荷影响评价通过控制土地利用行为来加以控制和改变；地下水供水水源保护区划采用病原体从水源头向外运移的时线确定两个地下水水源保护区。最后，将这三个结果综合，得出地下水源地污染风险评价图。

第三阶段：引入灾害风险理论的地下水污染风险评价。系统的地下水污染风险评价，既要考虑含水层系统的本质脆弱性和人类活动产生的污染负荷的影响，也要考虑地下水系统的预期损害（地下水资源价值功能的变化）。目前，应用灾害风险理论开展地下水污染风险的研究十分有限。意大利水文地质学家 Civita（2006）指出，地下水污染风险随污染源的特征、类型、浓度以及土壤和含水层系统的自净能力的不同而产生巨大的差别。将此方法应用于意大利南部的某山前河谷地带，采用了 DRASTIC 和 SINTACS 法，在 ArcInfo 的 GIS 环境下，编制了 5 个基础主题图件（地下水水质基本状况图、地下水固有脆弱性图、污染辐射水平图、地下水流动方向图、地下水危害性指数图），最终编制出 1:10000 比例尺地下水污染风险图（Napolitano P，1995）。

地下水污染风险评价应该包括发生污染事故的概率与污染后果损害两个方面。也就是说地下水污染风险评价过程不仅要考虑含水系统抵御污染的能力以及人类活动产生的外界污染载荷的影响，还需将地下水价值功能的变化以及外界污染物在土壤—地下水系统中的迁移、衰减动态纳入考虑范畴（田华，2011）。目前地下水污染风险评价与研究的内容主要包括：地下水本质脆弱性评价、特殊脆弱性评价、外界污染物种类与危险度识别、地下水价值功能评价四部分。

（1）本质脆弱性评价

本质脆弱性又称为固有脆弱性，是地下水系统自身对外界环境变化适应能力的表现，强调区域含水层的自然属性特征，具有较高的稳定性特征。本质脆弱性的大小是由地下水位埋深、渗流区介质、含水层水力传导系数等多方面决定的。它反映了外界污染物抵达含水层的速度以及地下水环境消纳污染物的能力。目前国内外地下水脆弱性的评价模型主要有 DRAS-TIC、GOD、AVI、SEEPAGE、SINTACS、EPIK 等，这些模型所考虑的参数与评价侧重点基本相同，但都各有优势（孙才志等，2007）。Gogu 等（2003）用 EPIK 等上述 5 种方法对比利时 Condroz 地区的含水层脆弱性进行了评价与比较，认为基于物理的方法可以用来检验评价结果的可靠性。滕彦国等也对上述地下水本质脆弱性的评价模型做了较为详尽的论述（滕彦国等，2012）。目前国内外评价本质脆弱性广泛采用 1985 年美国环境保护署（USE-PA）建立的 DRASTIC 模型（ALLER L，1985）。DRASTIC 模型包含 7 个指标，计算公式为：

$$V_i = D_w D_r + R_w R_r + A_w A_r + S_w S_r + T_w T_r + I_w I_r + C_w C_r \tag{1.1}$$

式中：V_i 为本质脆弱性指数、D 为地下水埋深、R 为含水层净补给量、A 为含水层介质类型、S 为土壤介质、T 为地形坡度、I 为包气带影响、C 为水力传导系数；下标 r 和 w 分别为各个指标的评级和权重。

通过模型加权得到本质脆弱性指数，进一步进行脆弱性指数的大小分级。由于 DRAS-TIC 模型在评价原理、方法与结果上均有不同程度的缺陷（鄂建等，2010），因此众多学者在后续研究与应用中对此模型进行了不同程度的改进。Thirumalaivasan（2003）利用 GIS 的建模功能，创建了 AHP-DRASTIC 软件包，改进了参数的权重与评级。Panagopoulos 等（2006）依据研究区的特点在简化的 DRASTIC 模型基础上增加土地利用参数，通过硝酸盐检验取得了比传统 DRASTIC 方法更为准确的结果。王国利等（2000）将多目标模糊模式识别模型引入到含水层本质脆弱性评价中，较传统 DRASTIC 模型取得了更为准确的结果。孟宪萌等（2007）将熵值法引入 DRASTIC 模型中提升了权重的合理性。Nura 等（2015）将 DRASTIC 的各个指标进行了灵敏度分析，用灵敏度分析的有效权重来改进 DRASTIC 模型，为 DRASTIC 模型在小区域范围的地下水脆弱性评价提供了参考。刘淑芬（1996）根据地下水埋深、包气带黏土厚度及含水层厚度，对河北平原的地下水防污性能进行了评价。雷静等（2003）选择了地下水开采量、地下水埋深等 6 个评价因子，通过数值模拟与指标体系结合，应用 GIS 技术和改进的 DRASTIC 方法对唐山市平原区地下水脆弱性进行了评价研究，并用地下水中硝酸盐浓度的实际观测数据对评价结果进行了验证。张保祥（2006）根据研究区的实际情况和收集资料的情况，选择地下水位埋深等 8 个影响地下水脆弱性的指标，建立了基于 DRAMTICH 方法的地下水脆弱性评价指标体系和评价标准，对黄水河流域中下游地区地下水脆弱性进行了评价。张少坤等（2008）根据三江平原的具体情况，建立了基于熵权的 DRASCLP 评价方法，结合 GIS 的空间叠加功能对该区地下水脆弱性进行了评价。邢立亭等（2009）以济南为例，利用上覆岩层、径流、大气降水和岩溶系统的发育程度四种因子来评价含水层本质的脆弱性并绘制了济南泉域岩溶水脆弱性评价分区图。

对地下水本质脆弱性的研究，形成了最初地下水污染风险评价的雏形，其本质是将地下水环境的自然属性与区域的水文地质、土地利用因素、区域气候条件等因素进行简单的复合叠加。该阶段的评价方法基本以基于指数叠加法的线性评价模型为主，掩盖了许多污染细节与问题，不能称为真正意义上的地下水污染风险评价。

（2）特殊脆弱性评价

20 世纪 80 年代末国内外学者意识到地下水污染风险是地下水的本质脆弱性与外界污染源共同作用的结果。地下水脆弱性较高的区域如果没有明显的外界污染负荷则不存在污染风险，而即便在脆弱性较低但污染负荷高的地区仍存在较大的污染风险（陆燕等，2012）。美国国家科学研究委员会于 1993 年定义地下水脆弱性为污染物到达最上层含水层之上某特定位置的倾向性与可能性。此时地下水污染风险评价将人类活动与外界污染物纳入考虑范畴，形成了地下水污染风险评价的特殊脆弱性研究。地下水特殊脆弱性表征了人类活动产生的污染源以及土地资源开发过程中对地下水天然流场的影响，具有动态性与可控性，是地下水受到外界干扰时敏感性的体现，它的大小由污染源类型、规模大小以及污染物在地下水环境中的迁移转化规律共同决定（张丽君，2006）。

国内外对地下水特殊脆弱性的研究多以土地利用类型和人类活动为切入点。Al-Adamat 等（2003）将土地利用参数添加到 DRASTIC 模型中，加强了脆弱性评价中量化数据的补充，并用地下水中硝酸盐含量做了验证。孙才志等（2016）通过加权叠加模型与设定人为因子，对下辽河平原地下水系统进行了本质脆弱性与特殊脆弱性评价，分析了脆弱性的时空分异规律及其形成机理。

郑西来等（1997）在考虑了包气带、含水层等水文地质内部特征之余，也考虑了污染源特征，对西安市潜水的特殊脆弱性进行了评价。方樟（2006）在考虑了影响地下水脆弱性的本质因素和人为因素的基础上，选取 8 个指标（地下水位埋深、包气带岩性、补给强度、地形坡度、含水层导水性、污染源、地下水开采强度、人口密度）对松嫩平原地下水进行了评价。卞建民等（2008）在 DRASTIC 指标模型基础上，根据吉林西部通榆县的特点，增加了地下水开采强度、地下水水质、潜水蒸发强度及土地利用 4 个因子，借助 GIS 技术，应用模糊优选模型进行了研究区地下水环境脆弱性评价。姜桂华等（2009）分析了地下水特殊脆弱性内涵，并考虑影响地下水特殊脆弱性的本质因素、人为因素及污染物特殊因素的基础上，从中选取 13 个评价因子。将包气带"三氮"迁移转化过程数值模拟结果耦合到脆弱性评价模型中，再结合 GIS 技术，对地下水特殊脆弱性进行了评价。

Nerantzis 等（2015）改进了 DRASTIC 模型的指标构成，用 LOSW-PN 法计算得到的硝酸盐流失量代替土壤介质类型 S，用 LOSW-PW 法计算得到的水的渗透量代替含水层净补给量 R，在此基础上提出了 DRASTIC-PA 与 DRASTIC-PNA 模型，结果表明两种模型在含硝酸盐污染的多孔介质含水层特殊脆弱性评价中有较好的适应性。

特殊脆弱性评价的过程多是将外界污染源以及土地利用类型作为评价指数进行量化评分，并赋予权重，然后与本质脆弱性的最终结果进行叠加（Elias，2006；Al-Hanbal，2008；Salwa，2010；Fatma，2012）。它是在本质脆弱性评价研究的基础上发展起来的，是地下水污染风险评价过渡阶段的重要组成部分。

（3）外界污染源种类与危险度识别

外界污染源种类与危险度识别建立在污染源类型、分布、负荷与迁移研究的基础上。目前地下水外界污染源种类与危险度的识别主要从定性与定量两个角度入手（表 1.1）。Zaporozec（2004）将污染物分为自然、农村、生活、工矿等 7 类，并依据经验将污染源风险划分为高、中、低 3 个等级。Foster 等（2002）根据数据的获取度与操作度提出了定性与定量相结合的 POSH 法，利用污染源及其产生的载荷进行分级。此外还有详细分级法，它需要通过广泛的室外调查与监测来获取丰富的污染源信息，建立污染物迁移与污染源强度矩阵来划分外界污染等级。

表 1.1 地下水污染风险外界污染源识别方法

评价方法	简介	评价结果	优缺点
简单评判法	污染物分为自然、农村、生活、工矿等 7 类，依据经验将污染源风险划分高、中、低 3 个等级。	定性	简单方便，需要数据少，但主观性强，缺乏全面性认知与区域间的对比。
详细分级法	建立污染物迁移矩阵与污染源强度矩阵，将污染源风险划分为高、中、低 3 个等级。	定量	该方法较为客观性，分类精度较高，但数据量大，需深入调查获取污染源详细信息。
DCI 法	将污染源分为畜牧业、农业、工业及其他类型，依据行业规模与类型等条件将污染源划分为 9 个级别，级别越高，危险越大。	定性	较为清晰的分类与识别方法，计算简单方便，但缺乏区域对比。
POSH 法	利用污染源及其所产生的污染负荷划分胁迫等级。	定性、定量	数据需求量小，但不同污染源缺少对比性。

国内已开展了大量地下水外界污染源研究工作，研究成果包含外界污染源的类型、胁迫度等级和空间分布等。2011 年环境保护部发布的 HJ 610—2011《环境影响评价导则——地下水环境》中对地下水污染源的分类和重点污染源的排放形式与规律做了明确阐述。陆燕

等（2012）筛选工业等6个地下水污染源，叠加污染物特征属性与排放量，以定量的方式得出了北京市地下水污染源的分级与空间分布特征。金爱芳等（2012）构建了多因素耦合的风险源识别模型，用乘积模型进行了风险源的评价与分级，其成果对地下水污染预防以及污染源的监管有重要意义。王俊杰等（2012）在对地下水污染源进行解析的基础上，提出了基于特征污染物及其对应排放量的量化体系，一定程度上解决了外界胁迫脆弱性评价难以量化的问题。

（4）地下水价值功能评价

20世纪80年代，Varnes（1984）提出了"风险＝脆弱性×灾害性"风险评价模式，随后该模式逐渐被引入地下水污染风险评价系统中。由此地下水污染风险进入高级阶段，在考虑地下水污染事件发生可能性的同时，也注重了污染风险受体——地下水的灾害损失研究，地下水价值功能的变化被纳入到地下水污染风险评价中。此时用含水层的本质脆弱性和外界污染载荷的侵害来表征地下水系统发生污染风险的几率；用地下水价值功能的变化来表征地下水系统发生污染风险的损害。

地下水价值功能评价方法较多，但研究方法多是将地下水的价值或功能进行量化，可概括分为两种：

①基于地下水水质状况与地下水存储量的地下水价值评价方法，计算公为：

$$V = GQ \times GS \tag{1.2}$$

式中：V 为地下水价值量；GQ 为地下水水质状况；GS 为地下水存储量。Wang 等（2012）利用该式对北京平原区地下水价值功能进行了测算与分级。江剑等（2010）从地下水水量、地下水水质和供水意义3个方面评价了北京市海淀区地下水价值功能。

②基于开采价值与原位价值的评价。开采价值突出地下水的使用性与经济意义，包括各种人类活动所需要的地下水；原位价值包括地下水的生态与调节价值，以及维持地下水系统稳定与抗干扰的价值（滕彦国等，2012）。地下水开采价值的研究早于原位价值的研究。鉴于地下水价值功能较难量化的问题，1997年Civita指出地下水价值应该与地下水的供水区与供给人口相联系。Daniela（1999）在 Civita 的基础上改进了地下水价值评价的指标与分级，对意大利皮亚纳东部地下水污染风险及编图开展了研究。张丽君（2006）从地下水的生态服务功能、健康服务功能及其社会经济服务功能方面建立了地下水价值功能评价体系。张保祥等（2012）从开采价值与原位价值两个方面选取了人口密度等5个指标，采用加权综合法计算了龙口市平原区地下水价值功能。

对地下水价值功能的测算与评价，是灾害风险理论在地下水污染风险评价中的重要应用，增强了评价体系的系统性与全面性。但地下水的价值功能评价仍具有较大难度，地下水价值功能是地下水重要性的体现，它需要大量的数据资料作为支撑。另外，地下水的原位价值多基于生态意义，存在很大模糊性，较难量化。

1.2.3.2　地下水污染风险评价方法

风险评价方法的选择，需要充分考虑区域资料与数据的详尽程度、风险评价模型的选取以及评价结果的可靠程度。评价方法的确定是风险研究的核心内容之一，直接关系到风险评价结果的可信度。当前地下水污染风险的评价方法较多，包括指数叠加评价法，对污染物复杂物理、化学和生物过程的模拟法，不确定分析法以及数学统计方法，前3种方法应用最为普遍。

（1）基于指数叠加法的地下水污染风险评价

指数叠加法通过建立指标体系，按照划分的指标分级系统来计算风险指数的大小，然后再对风险指数进行分级，常应用于大区域范围的地下水污染风险评价（表 1.2）。指数叠加法通过将表征地下水自身防污性能的本质脆弱性指数、表征外界污染源对地下水施加压力的外界胁迫性指数进行加权叠加，以此来获取地下水污染的可能性；然后再与表征地下水重要性的地下水价值功能指数进行叠加来获取研究区的地下水污染风险指数，并利用 ArcGIS 等软件的空间分析功能与可视化技术进行计算与制图表达（Civita，2015；Ayse 等，2006；Mohamed 等，2013；Rabie 等，2015）。除此之外，近些年建立在水文地质条件基础上的 GALDIT 模型已用于受海水入侵威胁的沿海地区地下水脆弱性评价中（Recinos 等，2015；Pedpeira 等，2015），其本质仍然是指数叠加法的应用。

表 1.2　地下水污染风险指数叠加的主要方法

叠加方法	操作步骤	优缺点
Overlay	利用空间统计分析工具 Overlay 对地下水本质脆弱性、特殊脆弱性、价值性叠加。根据重要性逐一赋予权重，最终得到地下水污染风险评价分区图。	便于对指标数据的管理；但缺少各图层间的过程关联。
Map Algebra	将指标图层栅格化，通过对每个栅格图层的像元值用 Map Algebra 方法进行计算，来确定地下水污染风险大小。	与 Overlay 基本相同，但评价精度受像元大小的影响较大。
矩阵法	将地下水本质脆弱性图和价值性图层叠加生成地下水保护紧迫性图；用矩阵法将地下水保护紧迫性图和地下水污染等级图进行矢量叠加得到地下水污染风险性图，并根据评价结果将污染风险大小划分等级。	清晰明确，但存在如何分配各部分权重的问题。

指数叠加法具有评价过程操作简单、指标数据易获取、评价成本低的优势（郭晓静等，2010）。但其评价模型与结果多以线性模型为主，无论是在评价指标选取、等级划分还是最后污染风险大小确定上均有较强的主观性。指数叠加法的评价结果概括性较强，忽略了外界污染物的具体迁移与衰减过程，不适合对单个点源污染的风险评价。此外，指数叠加法在指标选取的过程中要注意指标间的因果联系，避免指标选取的重复性。

（2）基于过程模拟法的地下水污染风险评价

过程模拟法能弥补指数叠加法在污染场地和单个污染源风险评价上的不足。过程模拟法事先假定风险表征，然后以反演的方式反推风险的等级（张鑫，2014）。该方法将地下水流动状况与污染物进入含水层的整个运移衰减过程进行模拟，可以预测随时间与外界条件变化下，外界潜在污染物对地下水的可能影响，最后依据污染物的浓度分布和影响范围来确定风险等级。该方法能定量描述地下水的污染水平，可用于污染场地的风险评价、新建场地的优化选址和设计参数的确定。

爱尔兰地质调查局认为地下水污染风险评价应考虑含水层脆弱性、地表潜在污染物的类型、分布和毒理性以及可能造成的环境受体的损失（Geological Survey of Ireland，2015）。由此强调了污染过程模拟在地下水污染风险中的重要性。基于过程模拟法的地下水污染风险评价，要求有数学模型与仿真模型的支持，通过建立评价数学公式，将各评价因子定量计算后，得出区域地下水的污染风险综合指数。

过程模拟法的实质是地下水数值模拟的一部分，ModFLOW 是美国地质调查局（USGS）开发的较早的地下水模拟软件，主要应用于孔隙介质中三维有限差分地下水流数值模拟。之后出现了 FEFLOW、HYDRUS、GMS、Groundwater Vistas、Visual ModFLOW、Geostudio 等众多地下水数值模拟软件与模型，其中三维有限差分地下水流模型 ModFLOW 及相关溶质迁移模型 MT3DMS，已成为公认的标准地下水流动与污染物迁移模型（徐铁兵等，2014；王平等，2015）。Cheng 等（2005）建立了铵态氮与硝态氮在台湾浊水溪冲积扇地下水中的迁移转化模型，对当地地下水污染风险进行了研究。Nobre 等（2007）将数值模型和综合模糊法相结合对污染场地进行评价，同时也对污染源的毒理性、迁移性和降解过程进行了研究。Devi 等（2012）建立了地下水流动模型，用来模拟 Mauritius 南部含水层的地下水流动特征以及预测外界污染物在地下水中的运移路线。刘东旭等（2013）基于 ModFLOW 软件建立了饱和带水流运动及核素迁移数值模型，对关注核素 ^{3}H 和 ^{90}Sr 在地下水中的迁移趋势和环境影响进行预测评价，研究结果表明：^{3}H 迁移扩散速度快且浓度衰减性小，对下游场地下水危害性大；^{90}Sr 迁移扩散速度相对较慢，污染范围限定在污染源 200m 左右。针对地下水污染的数值模拟及污染预测问题，徐铁兵等（2014）建立了某项目厂区及邻近区域地下水的渗流模型与溶质运移模型，开展了地下水污染模拟预测以及地下水中 Cr^{6+} 的浓度变化研究。

此外，我国学者在地下水污染与识别（江思珉等，2014）、模拟地下水石油污染风险（阳艾利，2013）、农村生活非点源污染负荷量估算（朱梅等，2010）、解析法预测污染物迁移的空间与时间过程（刘婷等，2015）等方面也做了大量的研究，这对进一步开展地下水污染风险评价提供了丰富的理论与实践支撑。

数学模型与仿真模型的应用使得地下水污染风险评价得以定量化与系统化，评价结果也更加贴近实际，但地下水系统是一个复杂的动态开放系统，系统的内外部特征与形成机制仍具有很强的不确定性，建立模拟模型所依赖的水文地质数据与物理参数的可获取性较差。另外，受人类认知范围的限制以及监测活动时空条件的约束，模拟过程仍具有很强模糊性，很多情况下仍然不能反映出真实的风险水平。此外过程模拟法没有与灾害理论结合起来，多是研究污染物的时空分布特征，不能体现真正的风险内涵。

（3）基于不确定性的地下水污染风险评价

风险评价的实质就是不确定性分析，没有不确定性，就没有风险，在整个分析过程中要求对不确定性因素进行定性和定量研究，并在评价结果中体现风险程度，使评价结果更科学（马禄义等，2011）。地下水系统是一个巨大的动态开放系统，系统内外部结构复杂，系统本身也具有很强的不确定性。束龙仓等（2000）将地下水资源评价中的不确定性分为客观不确定性与主观不确定性 2 类。吴吉春等（2011）将地下水模拟不确定性分为参数不确定性、模型不确定性和资料不确定性 3 类。尽管束龙仓等（2000）、吴吉春等（2011）分类不同，但在不确定性因素的具体种类上基本一致。Verma 等（2009）也对地下水溶质运移中的不确定性进行了类似的分类。随着不确定性理论的建立与发展，不确定性的相关理论也逐渐被引入到地下水污染风险评价领域。目前该领域进行不确定性研究的主要方法可以归为 3 类：

①基于概率理论的随机模型方法。如 Lo 等（1999）采用随机模拟技术评价垃圾填埋场对含水层污染的概率。Copty 等（2000）采用蒙特卡罗方法与贝叶斯耦合方法评价了地下水污染恢复方案评价中的不确定性。Ma 等（2002）采用蒙特卡罗方法模拟了地下水污染对人

体健康的影响，并通过秩相关系数进行灵敏度分析以确定主要影响参数，最终来确定污染处理方案。Aminreza 等（2015）用蒙特卡罗方法和正态分布函数来确定硝酸盐参数的不确定性与农业区地下水污染的可能性。郑德凤等（2015a 和 2015b）对风险评价中暴露参数采用蒙特卡洛方法进行了随机模拟，测算与分析了不同暴露途径的地下水化学致癌与非致癌污染物的健康危害风险率。王伟明等（2010）采用概率配点法在流域尺度上进行非点源污染不确定性分析。史良胜等（2012）利用随机配点模型和多项式抽样技术，通过与传统随机模型进行对比，说明该模型具有明显的效率优势和优越的收敛速度。李世峰等（2015）在用贝叶斯方法对土壤渗透系数处理的基础上，用蒙特卡罗方法模拟了非饱和土壤渗透系数的不确定性，为后续变异条件下包气带渗透系数对污染物的运移研究提供了参考。

②基于模糊集理论的模糊数学方法。Urocchio 等（2004）将地下水污染风险评价看成模糊决策过程，利用模糊推理技术进行地下水污染风险评价。Verma 等（2009）将地下水运移模型参数模糊化，模拟了农药在包气带中的运移规律。Yang 等（2012）采用模糊优化与模糊回归模型进行污染含水层修复的优化设计。郑德凤等（2014）基于改进的突变理论建立了水资源模糊评价方法，并应用于辽宁省农业水资源可持续性评价。李如忠等（2010）通过建立多属性决策分析模型，对皖北 3 个城市浅层地下水进行环境风险分析，取得了较为理想的结果。

③模糊—随机耦合方法。地下水污染系统中通常既含有随机因素，也含有模糊因素，因此随机—模糊耦合方法在地下水污染风险评价中得到越来越多的应用。Liu 等（2004）综合采用 Monte Carlo 和模糊综合评判模型，评价了受垃圾填埋场污染的地下水对人体健康的影响。Li 等（2007）建立了综合模糊随机风险评价模型，评价了地下水石油污染风险，该模型系统地量化了位置条件、环境标准和健康影响标准的随机不确定性和模糊不确定性。孙才志等（2014 和 2016）将蒙特卡罗法和 α 截集技术引入到下辽河平原地下水脆弱性研究中，有效处理了参数随机不确定性和模糊不确定性问题，用隶属函数和累积分布曲线的形式表达脆弱性和不确定性，使评价结果更为科学合理。

目前相关研究主要集中于地下水健康风险评价，这主要是因为地下水健康风险评价模型比较简单，参数较少；而不确定性条件下地下水污染风险评价多侧重于本质脆弱性部分，这主要是因为地下水污染风险评价需要考虑的问题复杂、参数多，但这也为不确定性理论在该领域的进一步应用提供了很好的机会。由于随机数学理论和模糊数学理论具有较好的互补性，因此模糊—随机耦合方法将是未来地下水污染风险评价的主要方法。

1.2.4　地下水环境风险评价

地下水作为一种资源被人类开发利用，会产生一系列水文地质环境地质问题，导致地表生态环境恶化，甚至对人类生存和发展造成威胁，具有鲜明的自然、社会和经济属性。与灾害的属性相似，其系统本身具有不确定性和复杂性，因而可将灾害风险理论应用到地下水环境风险的相关研究中。

将风险分析用于地表水研究中已逐渐成熟，而将其应用到地下水问题上是近年来才出现的，首先在国际上开始进行研究。地下水作为水系统中的重要组成部分，较地表水而言具有更大的不确定性。其风险主要表现在水量风险、水质风险及地下水污染后的风险评价。

地下水过量开采是当前世界各国，特别是干旱缺水地区面临的一个严峻问题，地下水超采使某些地区出现一系列环境地质问题：地下水降落漏斗的出现、海水倒灌、地下水水质污染、地面塌陷等。国内外专家分别对地下水开发利用风险、地下水污染风险评价、地下水健康风险评价进行了不同程度的研究。但目前针对地下水环境综合风险评价的研究相对较少，而且目前地下水环境风险评价多是延续污染评价的方法，对于地下水环境的各指标考虑不完整，应用灾害风险理论进行地下水环境风险评价的成果相对较少。李绍飞等（2007）将地下水水质和水量两方面相结合提出地下水环境风险评价的指标体系，但其评价指标中并未涉及到人类对于地下水水质和水量问题所采取的保护措施；冯平等（2007）将突变理论引入到地下水环境风险评价中，减少了地下水环境风险评价中权重的主观性影响，为地下水环境风险评价提供了新途径，但其评价更多的是基于原有地下水评价的思路，没有体现风险原理；李如忠等（2010）从水文地质条件与人类活动两方面构建指标体系，并将地下水风险定义为风险等级与风险重要性的乘积；金菊良等（2011）在前者风险定义的基础之上，运用模糊数学随机模型对地下水环境进行评价，以置信区间作为评价结果，更加符合实际情况，但其风险等级和风险重要性的划分多是基于自身经验和专家评判，许多风险问题，其实践经验并不丰富，造成等级和重要性划分主观性较强。就现有的研究成果来看，地下水环境风险评价工作的全面开展还存在许多亟待解决的问题。

从国内外研究现状来看，对地下水环境风险研究已经越来越被人们所重视，但在评价过程中仍存在许多亟待解决的问题，主要有：

①地下水环境风险评价的理论基础薄弱。迄今为止，学术界对地下水环境风险评价还没有统一的认识，有的研究甚至将地下水污染风险评价看成地下水环境风险评价，目前该领域的研究主要集中在地下水特殊脆弱性评价，研究成果很难真正体现风险的内涵，无法从风险的角度为决策者提供足够信息。因此，应该借鉴现代自然灾害风险理论与环境风险理论，将适应性理论引入到地下水环境风险评价中，科学界定其概念与内涵，构建符合现代风险分析模式的地下水环境风险评价模型。

②地下水环境风险评价的不确定性问题。地下水环境风险评价的不确定性包括三方面：地下水系统本身的不确定性、参数的不确定性和指标的不确定性。目前对于不确定性的处理普遍是假设随机参数的概率分布特征是已知的，系统本身属性特征是确定不变的，但这本身就是一个不确定性问题，对于这一问题的处理还没有有效的解决方法。显然，这些缺陷都会带来较大的计算误差，影响评价结果的准确性，急需探索解决这个问题的有效方法。

1.2.5　水资源短缺风险研究现状

我国人均水资源占有量仅是世界人均水资源占有量的1/4，是全球人均水资源占有量最贫乏的国家之一（刘斌可等，2013）。根据国家有关水资源管理方面的公认标准，人均水资源占有量低于1000m³就属于缺水（王春华，2011）。此外，我国水资源分布不仅在时间上存在着较大的差异，在空间上分布也很不均衡，北方水资源匮乏，南方水资源丰富，南北差异较大。伴随人口的不断增加，人均水资源占有量将逐渐减小，而经济发展和生活水平不断提高将使用水量逐渐增加，从而导致水资源供需矛盾更加突出，缺水已成为影响我国经济发展、粮食安全、社会安定和环境改善的重要因素。

水资源短缺风险是指在特定的时空环境条件下，由于来水和用水两方面存在的不确定性，导致区域引发水资源系统供水短缺的概率以及由此产生的损失（阮本清等，2005）。我国的风险评价研究起步于 20 世纪 90 年代，主要方法有概率统计学，极值统计学，灰色随机风险分析，模糊风险分析，最大熵风险分析，支持向量机等。概率统计学主要用于单个工程的风险评价，其特点是找出概率密度函数，进行积分，不足是影响因素很多时，很难确定概率分布；极值统计学主要用于洪水、地震、干旱等不利影响的可能损失，其特点是选择出一些样本中最大和最小的数值把它们组合到一起成为母体，不足是难以判断随机初始变量的确切分布；灰色随机风险分析主要用于当系统信息部分未知、部分已知时，对于系统本身所具有的不确定性可以采用灰色区间法来预测，这样可以对其更好的衡量，特点是考虑了水资源系统的灰色不确定性，不足是理论体系不够完善；模糊风险分析主要用于当系统具有模糊不确定性时，将变量视为模糊变量，用模糊集理论来定量评价，特点是考虑了水资源系统的模糊不确定性，不足是未给出如何构造隶属函数评价模糊性；最大熵风险分析这种方法主要用于模拟水资源系统随机不同变化值所具有的概率是如何分布的，特点是基于最大熵准则寻找影响短缺的因子的最优分布，不足是这种方法只是一种应用技术，它所依据的理论是不够全面和完善的；支持向量机主要用于找出能够评价水资源紧缺程度的指标，计算风险级别，特点是将评价对水资源短缺可能出现的风险这一计算整合成支持向量的计算，不足是只能计算风险级别，并没有筛选出风险敏感因子。

L. Duckstein 等（1987）明确了水系统出现风险时用于分析的性能和质量指标的完整的概念；S. Ghosh 等（2006）以河流为研究对象，主要对其质量控制问题所具有的风险使其最小化，运用模糊集的概念和原理对其进行探讨。阮本清等（2005）综合各个方面的考虑选取了 5 项指标，根据这 5 项指标不同的表达方法，利用了模糊综合评价方法对首都圈内水出现紧缺情况的风险程度进行了详细评判；黄明聪等（2007）把闽东南视为研究区域，详细地介绍了支持向量机的概念、原理、算法等相关事项，把这种方法应用于实际对水短缺出现的风险程度的判定，根据结果提出解决措施；封志明（2006）把 GIS 技术应用到水短缺出现的风险程度研究中，以京津翼所在地为研究区域，对其进行风险评价；严伏朝（2011）考虑到选取的评价指标数量可能不够，影响评价的准确性，采用信息扩散理论把原来的指标进行处理，使之分散成许多不同的点，以西安地区作为研究区域，对其水资源情况分析，建立对水紧缺程度可能出现的风险组成矩阵，进行深入的风险评价；韩宇平等（2011）引入最大熵原理对首都圈的区域水紧缺程度可能出现的风险进行了评价。

1.3　本书的主要内容

本书共分 10 章，**第 1 章　绪论**。介绍水资源与水环境风险评价的国内外研究现状与发展趋势，并指出存在的主要问题；在此基础上，介绍本书的主要研究内容。

第 2 章　水资源与水环境风险评价理论与方法。介绍水资源与水环境风险评价的基本理论与主要的研究方法。涉及到风险评价理论、不确定性理论和多目标决策理论，其中多目标决策与分析方法主要介绍模糊物元理论、突变理论与模型。

第 3 章　水环境健康风险评价方法及在盘锦市地下饮用水源地的应用。在健康风险评价"四步法"评价模式（即危害鉴别、剂量—反应评价、暴露评价和风险表征）的基础上，以盘锦市六个地下饮用水源地为研究区域，首先介绍水环境健康风险模型。其次采用蒙特卡罗方法对水环境健康风险模型中涉及的成人日饮水量、人均体重、暴露频率、暴露延时、呼吸速率等暴露参数进行随机模拟。最后采用基于预期寿命损失法的健康风险评价方法对研究区水环境进行评价。借助对流行病学、毒理学等资料的收集整理，得到盘锦市年龄别死亡率。计算盘锦市有无暴露条件下的预期寿命及预期寿命损失。提出将水环境健康风险模型与预期寿命损失相结合的方法，对盘锦市地下饮用水源地水环境健康风险进行评价。

第 4 章 基于不确定性参数的水环境健康风险评价方法与应用。在详细介绍环境健康风险评价模型（包括致癌物风险评价模型、非致癌物风险评价模型和放射性污染物评价模型）的基础上，结合我国实际情况，运用模糊数理论确定了适合我国的水环境健康风险模糊评价模型与评价模糊参数，并运用模糊数运算法则对模糊参数进行区间转化；并对饮用水环境中可能存在的主要致癌物和非致癌物进行了毒性分析。进而运用基于三角模糊数的环境健康风险模糊评价模型，对盘锦市石山、高升、兴一、兴南、大洼和盘东六个地下饮用水环境进行了健康风险评价。定量分析了人体经饮水途径、皮肤接触途径和呼吸途径对有害物质的摄入量及对人体健康的危害效应，结合图表对评价结果进行详细表述，及对研究区水环境健康风险评价过程中存在不确定性的原因进行分析补充。根据风险评价结果确定了水体中污染物治理的先后顺序，为盘锦市水源地的有效管理提供了重要参考依据。

第 5 章 地下水开发风险评价理论、方法与应用。首先论述地下水开发风险系统的内涵、地下水开发风险评价内容及影响因素、评价指标体系构建的方法和原则，建立系统全面的地下水开发风险评价指标体系，提出基于突变理论的地下水开发风险评价模型。在此基础上以辽宁中南部地区为实例，根据区域实际情况，选取 7 座典型城市（沈阳、大连、鞍山、抚顺、本溪、营口、辽阳），在分析其自然状况、经济状况和地质条件的基础上，选取了 14 项评价指标。应用突变模型计算得出辽宁中南部地区地下水开发的风险值，结果表明辽宁中南部地区地下水开发的风险较大，地下水开发利用的形势比较严峻。鉴于传统突变模型的评价结果跟指标重要性排序密切相关，且计算的总突变隶属度评价结果差距不够明显，可将突变模型进行改进，并将其应用于下辽河平原地下水的开发风险评价中，据此提出下辽河平原地下水开发风险的一系列保障措施。

第 6 章 下辽河平原各行政分区地下水污染风险评价与应用。将地下水污染风险定义为地下水发生污染的概率与污染受体（地下水系统）污染后将要造成损害程度两者的乘积。以下辽河平原各行政分区为研究区域，用含水层的固有脆弱性来表征地下水系统受到污染的可能性，用地下水系统资源价值水平表征地下水系统污染后将要造成的损害程度。在此基础上，对下辽河平原地下水污染的风险进行评价。首先，采用 DRASTIC 的评价指标体系和评价方法，结合研究区地下水赋存的地质条件、水文地质条件，对下辽河平原区各个城市的地下水固有脆弱性进行评价。其次，从影响地下水资源价值的因素出发，结合研究区的具体情况，选取合适的评价指标，建立了地下水资源价值评价的指标体系，并从中选取适合研究区的指标，采用突变理论模型的方法，进行下辽河平原区地下水资源价值的评价研究。最后根据地下水污染风险的定义及其计算公式，将研究区地下水固有脆弱性指数与地下水资源价值指数的乘积作为地下水污染风险指数，依据地下水污染风险的等级划分标准，划分其风险级别和风险等级。

第 7 章 下辽河平原浅层地下水污染风险评价及空间热点分析。基于自然灾害风险理论，本章从本质脆弱性、外界胁迫性、价值功能性三个方面，构建地下水污染风险评价的指标体系和污染指数模型。以下辽河平原为研究区域，利用遥感与地理信息系统的数据采集、空间分析等技术对下辽河平原浅层地下水的污染风险值进行计算，并进行数据的可视化表达。在探讨研究区污染风险大小与形成机制的同时，通过计算 G 指数来检查污染风险空间热点分布与集聚状况。最后将重心与标准差椭圆工具引入到地下水污染风险评价当中，进一步分析了污染风险热点的总体方向与趋势。研究结果反映了研究区内地下水污染风险的空间分布与形成机制，为下辽河平原地下水资源保护以及土地利用规划提供相关参考。

第 8 章　下辽河平原浅层地下水环境风险评价及其空间关联格局分析。本章以下辽河平原浅层地下水为研究对象，在地下水脆弱性理论基础上，科学界定地下水环境风险的概念、内涵与评估模式；将自然灾害风险理论引入地下水环境风险评价，采用 PSR 模型从脆弱性、功能性、胁迫性、适应性四个方面选取指标，构建地下水环境风险评价指标体系和模型。运用 GIS 空间分析方法对地下水环境风险进行评价，并对风险值进行空间关联特征研究，其结果直观地表明了下辽河平原地下水环境的分布情况。研究成果丰富了地下水环境风险理论，对下辽河平原地下水环境保护实践具有一定的理论和实践意义。

第 9 章　水资源短缺风险预测方法与应用。本章将故障树模型运用于水资源短缺的风险预测中，建立了水资源短缺故障树模型，系统地将影响水资源短缺的主要影响因素归纳进故障树模型中，并运用马尔科夫链模型计算出相应的事件概率。不仅能够分析水资源短缺的风险率，也可以分析系统中各项基本事件对系统的影响，包括环境条件和人为因素；既可以分析单一因素变化所引起的水资源短缺，也可以分析多个因素同时发生变化所引起的水资源短缺。以山西省为例，建立以山西省水资源短缺为顶上事件，以水资源要素、社会经济要素和生态环境要素为中间层事件，以水资源总量、实际用水量、人均用水量、万元 GDP 用水量、人口增长率、污水排放量和森林覆盖率为基本事件的故障树体系。计算出山西省发生水资源短缺的概率，并对影响山西省水资源短缺的基本事件概率重要度、各项基本事件的临界重要度分别进行分析。

第 10 章　水资源短缺风险评价理论与应用。本章首先介绍了常用的水资源短缺风险评价方法、评价指标的选取和指标权重的确定。以大连市为例，在衡量各项统计指标的基础上，选取具有代表性的年降水量、地表水资源量、地下水资源量等 10 项指标作为水资源短缺风险评价指标。参照灾害学中对风险的等级划分原则，将风险等级划分为 5 个等级（高风险，较高风险，中等风险，较低风险，低风险），并给出等级划分标准。综合运用熵权法和三角模糊法求取各项评价指标的组合权重，最后采用模糊物元模型对大连市 2001～2012 年水资源短缺风险进行评价。依据评价结果提出大连市水资源短缺风险管理对策。

第 2 章　水资源与水环境风险评价理论与方法

2.1　风险评价理论

风险的含义从广义上来讲是指某件事发生多种可能性的趋势。在现实生活中把风险表征为遭受危险的可能性。比如一个企业经营投资会存在风险，企业经营实际状况与预测存在偏差，这种偏差就是风险。对于风险的界定，由于分析视角、代表阵营、理解深度的不同，界定也不尽相同。比如人身风险，是从人的角度考虑，人由于受伤、伤残、死亡造成的经济损失；责任风险，是从责任角度考虑，由于疏于职守给他人带来的损失。大致上可以归纳为以下几种观点：

①认为风险是从主观出发对客观事物的估算，并承认风险是可以度量的。②认为风险是一定范围内的将来结果的浮动趋势。③认为风险是指实际结果与预测结果间的偏差，这种偏差有可能是正向的，即实际结果高于预测结果，但风险往往指实际结果低于预测结果的情况。④在总结前人研究基础上认为风险是表征出现实际结果低于预测结果的这种偏差的几率以及偏差的程度有多大。俗话说风险与机遇并存，随着人类发展，风险不是意味着表示损失，不好的事件，而是在某种程度上会转变成机遇，风险越大，机遇越大。

近年来，风险问题吸引了国际学术界的极大关注，虽然风险评价已经运用到各行各业，但究竟什么是风险还没有一个统一的概念。19 世纪国际上开始研究风险问题，认为风险是经营活动的副产品，经营者在经营活动中由于承担了一定的风险而获得的报酬就是其经营的收入。19 世纪初，美国古典经济学家威雷特最早提出风险的概念，认为风险是关于不希望发生的事件，如果发生了那么由此产生的不确定性的客观体现就是风险。20 世纪初，美国经济学家奈特将风险与不确定性明确区分开来，指出风险是可预测的不确定性。风险的发生不论是现在发生还是未来可能会发生，这些都存在着一定的统计规律（刘春玲，2006）。20 世纪 30~40 年代，风险评价处于萌芽阶段，风险问题的研究主要应用在军事领域，比如核工业和航空航天工业的风险分析问题。20 世纪中叶，随着可靠性理论与风险分析的不断深入研究，风险评价逐渐成为一门学科广泛应用到各领域的研究中。Chauncey Starr 于 1969 年在《科学》杂志上发表题为"社会效益及技术风险"的文章，作为风险研究的开端。美国小威廉和汉斯在风险分析中加入了主观因素，认为风险对不同的人都同样存在是客观的，但不同的分析者对风险大小的判断不一，导致了不确定性的产生，也就是说不同的人对同一风险也可能存在不同看法（李中斌，2000）。1975 年美国核管会完成的 WASH 报告发展和建立了概率风险评价方法。美国国家科学院于 1983 年出版的《联邦政府的风险评价：管理程序》中，提出危害鉴别、剂量—效应关系评价、暴露评价和风险表征的风险评价"四步法"。该方法现已被很多国家和国际组织采用，成为环境风险评价的指导性文件（Marta Schuhmacher，2001；王栋等，2002；Wen-Tien Tsai，2005）。到 20 世纪 90 年代，风险评价这门学科继续得到发展和完善,与风险相关的研究也不断涌现。如 Han,JihoY(2005)利用风险理论以澳大利亚和日本为例研究了私人交流中存在的一些问题。Voetsch,RobertJames 研究了项目在实际应用中遇到的一些风险管理问题,以及管理者应如何在项目实践中开展风险评价。Sangasubana,Nisaratana(2003)在文章中讨论了麻醉药使用的风险。

近十年来,风险评价在国内得到了长足的发展并应用于多个行业的研究领域。如汤皓等(2007)利用 GIS 和神经网络模型对场地地震液化趋势进行了风险评价。李鹏雁等(2007)利用层次分析法对不良资产进行了风险评价。杨铭等(2008)对航空项目进行了风险评价。唐明等(2009)利用突变评价法对旱灾进行了风险评价。管小俊等(2010)对单一品类大宗货物铁路局部运输网络组合进行了风险评价。汤国杰(2010)对超大型船舶受限水域航行进行了风险评价。郑建锋等(2010)对福建省商品林投资进行了风险评价。唐川等(2006)对城市泥石流进行了风险评价。

目前风险没有一个统一的定义。"风险"一词在字典中的定义是"生命与财产损失或损伤的可能性",在统计学中,风险定义为事件在一个不理想时间发生的概率及其后果的严重性,有人将风险定义为"用事故可能性与损失或损伤的幅度来表达的经济损失与人员伤害的度量";也有定义风险为"不确定危害的度量"。现今比较通用与严格的定义如下:风险 R 是事故发生概率 P 与事故造成的环境(或健康)后果 C 的乘积,即:

$$R = P \times C$$

2.2　不确定性理论

1927 年,德国物理学家海森堡首先提出了量子力学中的不确定性。之后,不确定理论迅速发展。Neill 于 20 世纪 70 年代初提出模型的不确定性思想,此后众多不同学科领域的研究学者开展了不确定性理论的研究,进而推动了过程辨识理论、滤波理论、时间序列分析以及灵敏度分析等方法在环境系统中的应用,并产生了不确定性分析的可行工具。20 世纪 80 年代初,不确定性理论研究成为模型开发和应用的核心内容之一,尤其体现在地表水质模拟中。区域灵敏度方法的提出构造了不确定性分析的基本思想框架,Beck 在随后的研究中进一步完善了这一框架。90 年代初期,多国政府与机构共同努力,成立了国际环境预测专家委员会,就环境结构变化与结构不确定情况下的环境预测问题开展了系统和深入的研究。Huang 等学者在灰色不确定性概念的基础上,提出了不确定性多目标规划方法。不确定性分析的应用领域从最初的河流水质与湖泊富营养化,扩展到环境政策的制定、空气质量的控制、生态风险评价、区域性的水土资源保护、流域综合规划、固体废弃物规划以及经济开发区和城市综合环境规划等方面(郭怀成,2006)。

Suter 将不确定性分为两大类(Melching,1996;Singer,1998),一类是可以用较确切语言描述的不确定性。例如,污染物达标率就是描述不确定性的语言。在环境污染管理中,对大气、水体和土壤等需要对污染物的浓度加以严格的控制,并制定了相应的控制标准,包括排放标准、水质标准等(Beck,1987)。而事实上,由于各种不确定性因素的存在,要保证水体中污染物永远不超标变得几乎不可能,因此,提出了用超标率这个指标来衡量水质的好坏。虽然水体中污染物有超标的可能,但是如果把超标的概率控制在一定的范围之内,这种方案显然是可以接受的。不难看出,超标率的提出就是用来解决不确定性问题,因而它属于可以用确切的语言来描述的不确定性。另一类不确定性则是由于人们认识能力的局限性，对现象本身的发展趋势、内在机理均不了解，不能准确地描述。比如说，生态敏感的问题，由于研究水平的限制，人们对自然界各种因素对外来干扰的防预能力，目前来说，很难定量的去衡量生态敏感性的具体数值是多少，因而也是不确定的。因此，人们只能用比较抽象、比较模糊的语言去描述它，如对生态最敏感区的定义是这样的：一般为河流及其影响和坡度大于20%，生态价值高的成片林地，该区域对城市开发建设极为敏感，一旦出现破坏性干扰，不仅会影响该区域，而且还会给整个区域生态系统带来严重后果。根据定义可以看出，"极为敏感"、"严重后果"这样的描述是难以量化的，同时也是不能准确描述的。

不确定性问题是非线性复杂问题，目前，广泛使用的不确定理论的研究方法不仅包括随机数学方法、模糊数学方法、区间数学方法和未确知数学方法，还需要人工智能、信息论等非线性科学理论的支持。

（1）随机数学方法（Stochastic mathematical method）

随机数学方法是处理不确定性问题较普遍的方法之一，随机现象在现实生活中是广泛存在的，而随机方法主要是考虑客观事物的随机性，尤其是当不确定性参数的概率分布函数已知时。

①传递函数方法（Transfer Function Method）。根据误差传递理论，由初始变量的不确定性大小渐次分析计算结果的不确定性，其主要理论基础是关于随机变量函数的方差计算（梁晋文等，1989；熊大国，1991）。

②数值模拟方法。又称蒙特卡洛法（Monte Carlo，MC）或统计抽样法，属于计算数学的一个分支。它是建立在利用输入参数随机值和从参数及数据统计分布中得出被测数据的竞争性模型模拟的基础之上的（Dong-il Seo，1994）。对于某些复杂的模型，分析其不确定性的来源是极其困难的，而借助 Monte-Carlo 方法则比较方便地处理复杂模型中的不确定性问题。随机 Monte-Carlo 模拟可以帮助选择大量的样本数据，被广泛用于表现相同条件下不同风险水平的相似性或刻画风险评估中的不确定因素。美国环境保护署（EPA）支持运用概率分析技术，并且强调在风险评估中刻画变量和不确定因素的重要性（USEPA，1994）；Burn DH 等（1985）用概率分析研究不确定环境条件下的水质管理最优规划模型。机会约束规划也是随机规划的一个主要的应用方法，是指模型的约束条件能在一定的概率下被满足，而不是总被满足（Mackay，1985），该方法在处理右边约束为随机不确定性参数的问题时非常有效。

③区间参数法。曾光明、黄国和及其研究小组提出了几种区间参数数学规划方法并将其应用于加拿大、美国、日本、中国台湾和大陆的大量环境决策问题，具体包括 Niagara 流域、Erhai 流域、Mackenxie 流域等；曾光明等（1994）针对最优化问题是非线性模型的情况，提出了一种用线性化方法求解区间非线性规划问题的方法，求得的变量取值为相对大的区间；夏军等（1993）基于发展的 Kuhn-Thcker 定理，提出了几种解决区间非线性规划问题的方法，并将其应用于河流水质规划。区间参数的方法适用于在最优化模型中的左边约束的不确定性的描述上，右边约束不确定系数时，也可以用区间数来处理，但当确定性信息太少时，结果的区间将会太大而难以满足要求（Huang G H，1994）。

④回归分析方法。数理统计中研究两个或多个随机变量间相依关系的数学模型及其性质的一个分支：随机变量间的相依关系是一个非确定性关系，它不同于普通的函数关系。"回

归"是用条件期望表达随机变量间相依关系的一种形式，以两个随机变量 ξ 和 η 为例，条件期望 $E(\eta \mid \xi = x)$ 表示在 ξ 的观测值为 x 的条件下 η 取值的平均，它将随 x 的变化而变化，$g(x) = E(\eta \mid \xi = x)$ 作为 x 的函数所表示的曲线称为回归曲线。应用回归分析方法的目的在于有效地利用现有的资料，减少由于资料不足所造成的不确定性，目前所用的方法主要是参数回归分析。

⑤非参数回归方法。回归分析中，当 (x, y) 的分布未知时，估计 $E(y \mid x = x)$ 的一种方法，此时对 $E(y \mid x = x)$ 只作一般性的要求，而不假定其有任何特殊的数学形式，这样可以直接从样本的实际统计特征中去研究问题，避免由于模型假设与实际情况的重大差距或在选择模型的过程中所造成的不确定性。

（2）模糊数学方法

模糊数学方法（Fuzzy mathematical method）着重研究"认知不确定性"问题，其研究对象具有"内涵明确，外延不明确"的特点。其创始人 Zadeh 将经典集合论中特征函数 $\chi_A: X \to \{0, 1\}$ 推广为隶属函数 $\mu_A: X \to [0, 1]$，从而将不确定性在形式上转化为确定性，即将模糊化加以数量化，利用传统的数学方法进行分析处理（汪培庄，1983）。模糊数学近年来发展很快，在许多领域都有应用。例如在水质综合评价中，运用模糊模式识别理论、模糊聚类法、模糊贴近度方法、模糊相似选择法等，都取得了很好的效果。

（3）灰色系统理论

邓聚龙创立的灰色系统理论（Grey system theory），是一种少数据、贫信息不确定性问题的新方法（曾光明等，1994）。灰色系统理论以"部分信息已知，部分信息未知"的"小样本"、"贫信息"不确定性系统为研究对象，其主要特征为：系统元素信息不完全；结构信息不完全；边界信息不完全；运行机制与状态信息不完全。该理论认为一切随机过程都是在一定范围内变化的灰色过程，是一个具有上下限的灰色区间。人们可以通过信息的不断补充，降低系统的灰色区间，降低系统的"灰色态"。此外，灰色系统理论着重研究系统现实的动态规律，因其建模方法简便易行，实用性强，定性与定量结合，因此自理论创立以来就获得了广大学者的青睐。

（4）集对分析方法

集对分析（Set Pair Analysis）是赵克勤于 1989 年提出的一种新的处理不确定性信息的系统分析方法（赵克勤等，1996）。集对分析的核心思想是把确定性和不确定性作为一个互相联系、互相制约、互相渗透，在一定条件下可互相转化的确定—不确定系统来处理。它用联系度 $\mu = a + bi + cj$ 来统一处理模糊、随机、信息不完全所导致的系统不确定性。近十几年来随着理论的不断完善和人们对环境不确定性问题研究的日益重视，已成功地应用于城市规划、质量评价、污染预报、资源开发利用、区域协调发展评价等方面。

（5）未确知数学方法

未确知性不同于随机性、模糊性，也不同于灰色性，它纯粹是由于条件的限制对已经发生的问题认识不清而产生的不确定性。王光远首先提出"未确知性"这一概念，后由刘开第、王清印、吴和琴等学者发展了未确知数学，之后又建立了"盲数"的概念（王光远，1990；刘开第等，1997）。不管客观事物自身是否确定，只要具有未确知性，决策者只能把它看成是不确定的，而不能当作是确定的，可借用主观隶属度或主观概率，两者统一为主观可信度描述事物的未确知性。目前，未确知性作为一种特定的不确定性，尚未在环境科学领域引起人们的重视。

（6）粗糙集理论（Rough set theory）

粗糙集理论由波兰学者 Pawlak（1982）年提出，是一种刻画不完整性和不确定性的数学工具，能有效地分析不精确、不一致、不完整等各种不完备的信息，还可以对数据进行分析和推理，从中发现隐含的知识，揭示潜在的规律。该理论与其他处理不确定和不精确问题理论的最显著区别是它无需提供问题所需处理的数据集合之外的任何先验信息，所以对问题的不确定性描述或处理可以说是比较客观的，由于这个理论未能包含处理不精确或不确定原始数据的机制，所以该理论与概率论、模糊数学和证据理论等其他处理不确定或不精确问题的理论有很强的互补性（Pawlak，1997；曾黄麟，1998）。目前在人工智能、知识与数据发现、模式识别与分类、故障检测等方面已得到了较成功的应用。

（7）各种不确定性方法的耦合

当今科学发展除了在纵向上深化，多学科相互交叉、相互渗透和耦合也是当今科学的重要特征，由此产生许多交叉学科和边缘学科，水环境中的不确定性方法的耦合也是科学发展的必然。刘国东等（1996）在论及水文水资源不确定性研究的耦合途径时指出"随机性、模糊性和灰色性往往共存于所研究的对象和问题之中"，并提出了水资源随机分析、模糊分析和灰色分析的耦合思路。因水体污染受水文过程和污染物排放不确定性的影响，随机性、模糊性和灰色性同存于一体，可采用耦合方法进行研究。概括地说，主要耦合途径有随机模糊耦合、随机灰色耦合、模糊灰色耦合、随机灰色与模糊耦合和模糊粗糙集等。

（8）人工智能方法

人工智能（Artifical Intelligence，AI）是计算机科学的一门新兴研究领域。它试图赋予计算机以人类智慧的某些特点，用计算机来模拟人的推理、记忆、学习、创造等智能特征，主要方法是依靠有关知识进行逻辑推理，特别是利用经验性知识对不完全确定的事实进行的精确性推理，主要包括人工神经网络、模糊逻辑、进化计算、专家系统、数据挖掘等形式。从控制系统设计的角度看，污水处理系统由于污染物质的多样性、复杂性和变化性，属难以控制的复杂工业过程，主要体现在以下五个方面：对象的复杂性；环境的复杂性；任务的复杂性；处理过程具有多目标融合的特点；检测手段匮乏。这些都使得基于传统控制理论的污水处理过程控制系统难以取得满意的控制效果（卿晓霞，2006）。人工智能控制由于具有自学习、自适应和自组织功能，特别是其不需要建立被控对象精确数学模型的特点，目前在很多领域已有成功的应用实例，显示出极为广阔的应用前景。其中数据挖掘（Data Mining，DM）这一技术是目前人工智能研究的热点，它从大量的、不完全的、有噪声的、模糊的、随机的实际应用数据中提取隐含在其中的、人们事先不知道的、但又是潜在有用的信息和知识的过程。Wade 和 Katebi（2002）已成功地用 DM 技术从污水处理厂的大量历史数据中发现知识。随着人工智能技术的成熟，以神经网络、模糊计算、专家系统、分布式人工智能为主要代表的智能技术必将成为该领域的一个研究热点。它们会解决传统方法难以胜任的实时控制、优化计算等难点。

（9）混沌理论

混沌理论（Chaos theory）是 20 世纪 80 年代发展起来的科学，它所研究的对象是一些决定性的非线性动态系统。混沌是确定性系统由于非线性变量之间的相互作用而产生的貌似随机性现象，即所谓确定的随机性。它最主要的特征是对初始条件的极端敏感性、内随机性、遍历性、周期点的稠密性等。该理论的应用基础是相空间重构思想，任一确定系统的状态所需要的全部动力学信息包含在该系统任一变量的时间序列中，把单变量时间序列嵌入到新的坐标系中所得到的状态轨迹保留了原空间状态轨道的最主要特征，简化了多输入多输出的复杂系统，同时也实现了从总体上把握系统的行为（吕金虎，2002）。由于降水、径流、水质、地下水、用水量等诸多水现象受众多因素的影响而造成巨大的时空变异性，表现出并非随机却貌似随机的特征，致使传统确定性模型对这些现象的研究遇到了很大的困难。混沌理论的发展为研究这种高度复杂的系统提供了新的思路，使得对时间序列进行研究成为可能。

2.3　多目标决策与分析方法

2.3.1　模糊物元理论

物元分析方法（蔡文，1998）是一门介于数学和实验科学之间的新兴学科，由我国学者蔡文于 1983 年所创立。在分析了大量的实例之后，蔡文教授发现：在处理不相容问题的时侯，人们必定会将事物、事物的特征以及相应的量值综合在一起考虑，这样才能够更加贴切地描述出客观事物的变化规律，构思出解决不相容问题的方法，从而把解决矛盾问题的过程形式化。

物元分析法的主要思想就是事物可以用"事物、特征、量值"这三个要素来进行描述，使得这些元素组成了有序三元组的基本元，也就是物元。它是用来研究物元及其变化规律，是一种用于解决现实世界中的不相容问题的有效方法。物元中的量值如果带有模糊性，便构成了模糊不相容的问题。模糊物元分析法就是把模糊数学和物元分析这两者有机地结合在一起，交叉渗透，融化提炼，对事物特征相对应的量值所具有的模糊性以及影响事物的众多因素间的不相容性加以综合分析，从而获得一种解决这类模糊不相容问题的新方法。近十几年来，这一实用性很强的理论和方法已经在工程技术领域得到广泛的应用，并且取得了部分成果。

（1）模糊物元的基本概念

用"事物、特征、量值"这三个要素可以对任何事物进行描述，因此在物元分析中，待评事物 M、与它相关的特征 C 以及特征 C 的量值 x 隶属度为 $\mu(x)$，也就是事物特征 C 的模糊量值，这个三个元素组成模糊物元 R，其表现形式为：

$$R = \begin{bmatrix} & M \\ C & \mu(x) \end{bmatrix} \tag{2.1}$$

如果一个事物 M 有多个特征，用 n 个特征向量 C_1，C_2，$\cdots$，C_n 及其相应的量值 $\mu(x_1)$，$\mu(x_2)$，$\cdots$，$\mu(x_n)$ 来描述，R_n 则表示为 n 维模糊物元，其表达形式为：

$$R_n = \begin{bmatrix} & M \\ C_1 & \mu(x_1) \\ C_2 & \mu(x_2) \\ \cdots & \cdots \\ C_n & \mu(x_n) \end{bmatrix} \tag{2.2}$$

式中：C_1，C_2，$\cdots$，C_n表示事物M的n个特征；$x_i(i=1,2,\cdots,n)$是事物M的特征C_i相对应的量值；$\mu(x_i)$则是事物特征C_i相应量值x_i的隶属度，可根据隶属度函数来确定$\mu(x_i)$的值。

若m个事物可以用共同的n个特征C_1，C_2，$\cdots$，C_n及其相应的模糊量值$\mu_1(x_{1i})$，$\mu_2(x_{2i})$，$\cdots$，$\mu_m(x_{mi})(i=1,2,\cdots,n)$来描述，则$R_{mn}$就称作为$m$个事物的$n$维模糊复合物元，表达式为：

$$R_{mn} = \begin{bmatrix} & M_1 & M_2 & \cdots & M_m \\ C_1 & \mu(x_{11}) & \mu(x_{21}) & \cdots & \mu(x_{m1}) \\ C_2 & \mu(x_{12}) & \mu(x_{22}) & \cdots & \mu(x_{m2}) \\ \cdots & \cdots & \cdots & \cdots & \cdots \\ C_n & \mu(x_{1n}) & \mu(x_{2n}) & \cdots & \mu(x_{mn}) \end{bmatrix} \tag{2.3}$$

式中：$M_j(j=1,2,3,\cdots,m)$表示的是第j个事物；$\mu_j(x_{ji})$表示的是第j个事物M_j的第i个特征C_i的相应量值$x_{ij}(j=1,2,3,\cdots,m;i=1,2,\cdots,n)$的隶属度，这里$x_{ij}$有两个右下标，分别表示事物序号和事物特征的序号，也就是物元的维数。

对于具体事物来说，给出的往往都是具体的量值，可以将上式中的各个模糊量值$\mu_j(x_{ji})$用量值x_{ji}来表示，此时这种物元就被称为m个事物的n维复合物元R_{mn}，表达式为：

$$R_{mn} = \begin{bmatrix} & M_1 & M_2 & \cdots & M_m \\ C_1 & x_{11} & x_{21} & \cdots & x_{m1} \\ C_2 & x_{12} & x_{22} & \cdots & x_{m2} \\ \cdots & \cdots & \cdots & \cdots & \cdots \\ C_n & x_{1n} & x_{2n} & \cdots & x_{mn} \end{bmatrix} \tag{2.4}$$

式中：x_{ji}为第j个事物M_j的第i个特征C_i相应的量值；其余符号意义与上述相同。

确定经典域。M_j表示评价指标体系中的第j个评价等级，C_i表示评价类别M_j的评价指标；$x_{0ji}=(a_{0ji},b_{0ji})$表示指标$C_i$所对应的数值区间。

$$R_{0j} = \begin{bmatrix} & M_{0j} \\ C_1 & x_{0j1} \\ C_2 & x_{0j2} \\ \cdots & \cdots \\ C_n & x_{0jn} \end{bmatrix} \tag{2.5}$$

式中：M_{0k}表示所划分的第k个评价等级；C_j表示第j个风险等级的特征；$x_{0jk}=(a_{0jk},b_{0jk})$为$C_j$对应的量值范围，即各等级关于对应特征值所取的数据范围，称为经典域。

确定评价节域。如果M_p为评价等级的全体，$x_{pi}=(a_{pi},b_{pi})$表示M_p关于C_i对应的量值范围，则节域物元为：

$$R_p = \begin{bmatrix} & M_p \\ C_1 & (a_{p1},b_{p1}) \\ C_2 & (a_{p2},b_{p2}) \\ \cdots & \cdots \\ C_n & (a_{pn},b_{pm}) \end{bmatrix} \tag{2.6}$$

（2）模糊物元类型

根据上述的概念可以定义以下几种不同类型的模糊物元（蔡文，1998；肖芳淳，1995）。

①标准事物 n 维模糊物元。定义 n 维模糊物元各个模糊量值都符合标准要求的物元为标准事物 M_0 的 n 维模糊物元，用 R_{0n} 表示。其表达式为：

$$R_{0n} = \begin{bmatrix} & M_0 \\ C_1 & \mu(x_{01}) \\ C_2 & \mu(x_{02}) \\ \cdots & \cdots \\ C_n & \mu(x_{0n}) \end{bmatrix} \tag{2.7}$$

式中：M_0 表示的是标准事物；C_i 表示为与标准事物 M_0 的特征完全相同的比较事物 M_j 的第 i 个特征；$\mu(x_{0i})$ 则表示的是事物特征 C_i 相应的模糊量值，也就是标准事物 M_0 关于特征 C_i 的第 i 个经典域中量值 x_{0i} 的隶属度，在范围 $[a_{0i}, b_{0i}]$ 内的模糊量值都符合标准要求，范围中的 a_{0i}，b_{0i} 分别表示经典域模糊量值的下限和上限。

②比较事物的 n 维模糊物元。比较事物特征 C_i 相应的量值模糊化后所得的 n 维物元就是 n 维模糊物元，用 R_j 表示：

$$R_j = \begin{bmatrix} & M_j \\ C_1 & \mu(x_{j1}) \\ C_2 & \mu(x_{j2}) \\ \cdots & \cdots \\ C_n & \mu(x_{jn}) \end{bmatrix}, \quad (j = 1, 2, \cdots, m) \tag{2.8}$$

式中：M_j 为第 j 个比较事物；C_i 表示的是第 j 个事物 M_j 的第 i 个特征，与其相对应的量值则用 $x_{ji}(j = 1, 2, 3, \cdots, m; i = 1, 2, \cdots, n)$ 来表示。由于这些量值各自对比较事物 M_j 的贡献大小和量纲都不相同，故应该对各个量值 x_{ji} 加以模糊化，就是把各个量值转化为隶属度 $\mu(x_{ji})$，用隶属度 $\mu(x_{ji})$ 来表示各个量值 x_{ji} 对比较事物 M_j 贡献程度的大小。

③m 个标准事物 n 维模糊复合物元。n 维模糊复合物元就是把 m 个标准事物的各自 n 维模糊物元组合在一起构成的一个 n 维模糊复合物元，用 R_{0mn} 表示，记作：

$$R_{0mn} = \begin{bmatrix} & M_{01} & M_{02} & \cdots & M_{0m} \\ C_1 & \mu_1(x_{011}) & \mu_2(x_{021}) & \cdots & \mu_m(x_{0m1}) \\ C_2 & \mu_1(x_{012}) & \mu_2(x_{022}) & \cdots & \mu_m(x_{0m2}) \\ \cdots & \cdots & \cdots & \cdots & \cdots \\ C_n & \mu_1(x_{01n}) & \mu_2(x_{02n}) & \cdots & \mu_m(x_{0mn}) \end{bmatrix} \tag{2.9}$$

式中：M_{0j} 表示的是第 j 个标准事物；$\mu_j(x_{0ji})$ 则表示第 j 个标准事物 M_{0j} 的第 i 个特征量值 x_{0ji}（$j = 1, 2, \cdots, m; i = 1, 2, \cdots, n$）的隶属度。标准事物特征 C_i 相应的量值 x_{0ji} 的右下角有 3 个下标，分别表示的是标准事物、标准事物的序号和标准事物的特征序号，其余符号的意义同前。

④m 个比较事物 n 维模糊复合物元。m 个比较事物 n 维模糊复合物元是由 m 个比较事

物的各自 n 维模糊物元组合而成的，用 R_{mn} 表示，其表达形式为：

$$R_{mn} = \begin{bmatrix} & M_1 & M_2 & \cdots & M_m \\ C_1 & \mu_1(x_{11}) & \mu_2(x_{21}) & \cdots & \mu_m(x_{m1}) \\ C_2 & \mu_1(x_{12}) & \mu_2(x_{22}) & \cdots & \mu_m(x_{m2}) \\ \cdots & \cdots & \cdots & \cdots & \cdots \\ C_n & \mu_1(x_{1n}) & \mu_2(x_{2n}) & \cdots & \mu_m(x_{mn})) \end{bmatrix} \quad (2.10)$$

（3）优化原则

为了建立优化比较标准，需要制订一个优化原则。这个原则是以单项特征的从优隶属度作为标准来衡量的，可称为单项特征从优隶属度原则，简称为优化原则。所谓从优隶属度，就是各单项特征相应的模糊量值，从属于标准事物所对应的各特征的模糊量值，即每个一般解从属于最优解的隶属程度。由此建立的原则，就是优化原则，对于从优隶属度矩阵的转化，需要按照一定的转化公式，对越大越优型指标、越小越优型指标、适中型指标分别采用（2.11）~（2.13）式进行转化：

$$\mu_{ij} = \frac{x_{ij} - \min x_{ij}}{\max x_{ij} - \min x_{ij}} \quad (2.11)$$

$$\mu_{ij} = \frac{\max x_{ij} - x_{ij}}{\max x_{ij} - \min x_{ij}} \quad (2.12)$$

$$\mu_{ij} = \frac{\min(x_{ij}, \mu_0)}{\max(x_{ij}, \mu_0)} \quad (2.13)$$

式中：μ_{ij} 表示第 i 个事物第 j 项特征的从优隶属度；x_{ij} 表示与第 i 个事物第 j 项特征相应的量值（$i = 1, 2, \cdots, m$；$j = 1, 2, \cdots, n$）；$\max x_{ij}$、$\min x_{ij}$ 分别为最大值和最小值；μ_0 表示某一指标的适中值，是一个确定值。

（4）关联函数

①关联变换。可拓集合可以用关联函数 $k(x)$ 来表示，模糊集合则是用隶属函数 $\mu(x)$ 刻画的，其中两者所含的元素 x 均属中介元，而两者的区别就在于关联度函数较隶属度函数多了一段有条件可以转化的量值范围。关联函数与隶属函数两者在经典域与节域重合的条件下是等价的并且可以互换，一旦确定其中任一函数，另一个函数也会随之确定。关联函数中某一特定值 x_{ji} 确定的时候，便可求出其相应的函数值，则称此函数值为关联系数，用 k_{ji} 表示，该关联系数一般可由隶属函数 $\mu(x_{ji})$ 来确定，则有：

$$k_{ji} = \mu_{ji} = \mu(x_{ji}), \quad j = 1, 2, \cdots, m; \quad i = 1, 2, \cdots, n \quad (2.14)$$

式中：k_{ji} 表示第 i 个特征的第 j 个比较事物 M_j 与标准事物 M_0 之间的关联系数；μ_{ji} 或者 $\mu(x_{ij})$ 则表示第 j 个比较事物 M_j 事物第 i 个特征 C_i 相应量值 x_{ji} 的隶属度。关联系数 k_{ji} 与隶属度 μ_{ij} 可以通过上式互相转换而得到，这种转换就称为关联变换。

②关联度。关联度是两事物间关联性大小的量度。若把按照关联变换所求出的关联系数进行加权平均，就可以得到第 j 个比较事物 M_j 与标准事物 M_0 之间的关联度，用 K_{0j} 表示，即：

$$K_{0j} = W \times k, \quad j = 1, 2, \cdots, m \quad (2.15)$$

式中：k 为第 j 个比较事物 M_j 与标准事物 M_0 之间的关联系数向量；W 表示第 j 个比较事物 M_j

与标准事物 M_0 之间的关联系数权重向量；＊为运算符号，其运算符号有以下 5 种模式：

模式 I，记为 $M(\cdot, +)$，表示的是先乘后加的运算，则上式就变为：

$$K_{0j} = \sum_{i=1}^{n} W_i \cdot k_{ji}, \quad j = 1, 2, \cdots, m \tag{2.16}$$

其中：k_{ji} 表示具有第 i 个特征 C_i 的第 j 个比较事物 M_j 与标准事物 M_0 之间的关联系数，与其相对应的权重就用 W_i 表示，其余符号与上述相同。

模式 II，记为 $M(\wedge, \vee)$，表示先取小后取大的运算，即：

$$K_{0j} = \bigvee_{i=1}^{n} (W_i \wedge k_{ji}), \quad j = 1, 2, \cdots, m \tag{2.17}$$

式中：$\wedge$，$\vee$ 表示的是取小、取大的运算符号，其余符号与上述相同。

模式 III，记为 $M(\cdot, \vee)$，表示的是用相乘代替取小，也就是先乘后取大运算，即：

$$K_{0j} = \bigvee_{i=1}^{n} (W_i \cdot k_{ji}), \quad j = 1, 2, \cdots, m \tag{2.18}$$

式中其余符号与上述相同。

模式 IV，记为 $M(\wedge, \oplus)$，表示的是先取小后进行有界和运算，即：

$$K_{0j} = \sum_{i=1}^{n} \oplus W_i \wedge k_{ji}, \quad j = 1, 2, \cdots, m \tag{2.19}$$

此处的有界和运算就是 $a \oplus b = min(a + b, 1)$，式中其余符号意义同前。

模式 V，记为 $M(\cdot, \oplus)$，表示的是用相乘代替取小，也就是先乘后再作有界和的运算，即：

$$K_{0j} = \sum_{i=1}^{n} \oplus W_i \cdot k_{ji}, \quad j = 1, 2, \cdots, m \tag{2.20}$$

式中得其他符号意义同前。

通过以上 5 种运算模式可以看出 $M(\cdot, +)$，$M(\cdot, \oplus)$ 都是加权平均型运算，前者体现的是所有元素的共同作用，是有综合涵义的；后者对各元素是均衡处理的。$M(\cdot, \vee)$ 和 $M(\wedge, \oplus)$ 都是主元素突出型，最后算出的关联度值相差也比较大。$M(\wedge, \vee)$ 为主元素决定型，算出的 K_{0j} 值可以反映出事物的差别。在具体运算过程当中，可根据具体问题的特点和评价侧重点来选用相应的计算模式。

（5）评价原则

求出关联度 K_{0j} 后，可以根据以下的评判准则来确定评估对象的最后结果。

①最大关联度原则。最大关联度原则就是从事物的各个关联度中，确定出最大的 K^*，并以此作为评判原则，即：

$$K^* = max(k_{01}, k_{02}, \cdots, k_{0m}) \tag{2.21}$$

该原则用途非常广泛，不但可以用来进行模糊物元的识别、聚类和评价决策等，也可用来分析它的价值，因此，最大关联度原则是模糊物元分析法的理论基础之一。

②加权平均原则。以 W_j 作为权重，用对各个事物 M_j 进行加权平均所得到的数值作为评判结果，计算式为：

$$D_l = \frac{\sum_{j=n}^{n} W_j M_j}{\sum_{j=1}^{m} K}, \quad l = 1, 2, \cdots, m \tag{2.22}$$

其中：D_l 表示第 l 类评价对象的综合评价值（$l = 1, 2, \cdots, p$）；M_j 为第 j 个事物的数值（也就是所给的分数值）；W_j 表示第 j 个事物的关联度值（权重值）。对各事物的关联度作归一化处理，则上式变为：

$$D_l = \sum_{j=1}^{n} W_j M_j, \quad l = 1, 2, \cdots, m \tag{2.23}$$

③模糊分布原则。直接把得到的关联度作为评判结果，或者对关联度进行归一化处理，再用归一化后的关联度值来作为评判结果。归一化公式如下：

$$K = K_1 + K_2 + \cdots + K_m = \sum_{j=1}^{m} K_j \tag{2.24}$$

$$R'_k = \begin{bmatrix} & M_1 & M_2 & \cdots & M_m \\ K'_j & \dfrac{K_1}{K} & \dfrac{K_2}{K} & \cdots & \dfrac{K_m}{K} \end{bmatrix} \tag{2.25}$$

式中：R'_k 表示归一化后所得的关联度模糊复合物元；K'_j（$j = 1, 2, \cdots, m$）则表示归一化后的第 j 个事物的关联度。也就是：

$$\sum_{j=1}^{m} K'_j = 1$$

各个关联度具体反映的就是评判对象所要评判方面的分布状态，可使决策者能够更深入的了解评判对象，并以此为依据做出各项灵活处理。

2.3.2　突变理论与突变模型

（1）突变理论概述

突变理论是法国数学家勒内·托姆创立的，1968 年第一部介绍突变理论的著作《结构稳定性与形态发生学》出版，从而宣告一门崭新的数学分支的诞生。三百年来，人们运用微积分、微分方程成功地建立了各种模型，如牛顿的运动学与动力学模型、爱因斯坦的狭义广义相对论的场方程等等。这些数学模型只能描述那种连续的和光滑变化的现象。但自然界与人类社会充满着不连续的和突变的现象，如火山地震、水沸冰融、冲击波的形成、经济危机、战争等等。突变理论研究的就是从一种稳定组态跃变到另一种稳定组态的现象和规律，能较好地解说和预测自然界和社会上不连续的突然现象。因此，突变理论来源于拓扑学和分析学中关于结构稳定性的研究（勒内·托姆，1988）。

突变理论是以数学为工具，以结构稳定性理论为基础，描述系统状态的变化。任何一种运动状态，都包括稳定态和非稳定态，在微小的偶然扰动因素作用下，如果质变中的中间过渡是稳定的，那么它就是一个渐变的稳定过程，反之就是结构不稳定的突变、飞跃过程。托姆的突变理论，给出系统处于稳定状态的参数区域，参数变化时，系统状态也随之变化，当参数通过某些特定位置时，状态就会发生突变。所以，突变理论就是用形象而精确的数学模型来描述质量互变的过程。突变理论既能处理连续和光滑的现象，又能处理不连续和突然的变化，既有定性的研究，又有定量的应用。

突变理论的核心在于即使对形态的基质所具特征或作用力本质一无所知，仍有可能在某种程度上理解形态发生的过程。揭示形态学中任一形态的实质，需要用到与环境因素有关的不连续性。当传统的分析数学在解释不连续和突变现象面前束手无策时，突变理论给出一种新颖的思考方法。经过托姆、齐曼、阿尔诺特等人的工作，突变理论广泛应用于自然科学和社会科学，如生物学、医学、化学、物理学、心理学、社会科学等等。特别是最近十几年来，突变理论及其应用研究得到了蓬勃发展，并迅速成为研究领域的重要热点。如在非线性动力学系统上，Mehra 提出将分叉分析与突变理论法（BACTM）应用于飞机控制上，解决机翼摇晃预测与抑制的问题；在光学上，Berry 运用突变理论求解找到了自然界中可能出现的全部焦散面；在交通运输事故中，突变理论成功处理了车流量、路面车辆占有率与车辆运行速度三者之间的关系，为高速公路的运行管理提供了科学依据。在岩土力学中，左丽琼针对矿层底板突水、矿道失稳等问题，运用突变理论为处理险情、减少开采事故提供了理论依据；在控制系统中，孙尧提出了突变控制理论，指出当系统发生某种类型突变时可利用突变势函数调整某些参数，来抑制突变或控制突变发展方向（丁庆华，2008）。

在实际应用中突变理论有以下两种不同的方式：第一种情况是应用正规的突变理论（物理和力学）的模型进行精确的定量计算，即突变理论的"严格"应用。第二种情况是应用于对经验性形态的解释，主要用在生物学和社会科学中，目的是使观察到的形态与模型突变集一致。此种应用的作用在于用区域冲突来对整体情况进行解释，并对可能产生的实验形态进行分类。第二种模型为解释和理解实验现象提供了一种可能。

（2）初等突变模型

初等突变用来表示各个局部区域间发生冲突的情况，也是势函数在四维时空上以稳定的方式取得极小值点。突变理论的主要特点是根据系统的势函数将系统的临界点进行分类，进而研究临界点附近的非连续性变化特征（阿诺尔德，1992）。初等突变理论主要研究势函数，通过势函数对临界点进行分类研究，得到各临界点附近非连续变化状态的特征，从而归纳出若干初等函数模型。通常所讲的突变理论是指托姆归纳出的 7 个初等突变模型（Poston，1978），势函数中有两种变量：分别是控制变量和状态变量。控制变量是成为突变原因的连续变化的因素；状态变量是行为状态的描述（冶雪艳等，2007）。突变理论模型表明：只要控制变量不多于 4 个，就有七种基本突变，分别是尖顶型，折叠型、燕尾型、蝴蝶型、双曲脐点型、椭圆脐点型、抛物脐点型（左丽琼，2008）。初等突变类型如表 2.1 所示。

表 2.1　初等突变类型表

突变类型	势函数	状态变量	控制参量
折叠突变	$V(x) = x^3 + ax$	1	1
尖顶突变	$V(x) = x^4 + ax^2 + bx$	1	2
燕尾突变	$V(x) = x^5 + ax^3 + bx^2 + cx$	1	3
蝴蝶突变	$V(x) = x^6 + ax^4 + bx^3 + cx^2 + dx$	1	4
双曲脐点突变	$V(x) = x^3 + y^3 + axy - bx - cy$	2	3
椭圆脐点突变	$V(x) = \frac{1}{3}x^3 - xy^2 - a(x^2 + y^2) - bx + cy$	2	3
抛物脐点突变	$V(x) = y^4 + x^2y + ax^2 + by^2 - cx - dy$	2	4

表 2.1 中 $V(x)$、$V(x, y)$ 表示系统状态变量 x 和 x、y 的势函数，x、y 为状态变量，系数 a、b、c、d 表示为控制变量。在 7 种基本模型中，尖顶突变的相空间是三维的，具有临界曲面容易构造、直观性强、双态性和突然变化等特点，所以最常用的形式是尖顶突变。折

叠型突变是二维相空间，分歧点集把空间分成了两个区域，当两个平衡点合并为一个拐点时，系统就不能持续稳定。燕尾突变的相空间是四维的，因其分歧点集的曲面形似燕尾而得名。蝴蝶突变的相空间是五维的，控制空间为四维，因其分歧点集的曲面形似蝴蝶而得名。突变理论中常用到的折叠型和尖顶型模型示意图见图 2.1～图 2.2。

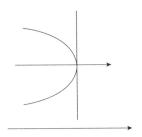

图 2.1　折叠型突变模型图

这些模型可以概括为两类：冲突性突变和分支型突变。冲突性突变的问题在于确定激波面的拓扑类型，这种激波面的作用是隔开为相互竞争的各个吸引子所支配的不同区域。如尖顶突变就是这种情况。分支型突变是各个吸引子之间存在冲突且至少有一个不再是结构稳定的情况。这意味着存在一个极小点不再是非退化点。根据余秩数的不同将分支型突变分为两类。第一类是余秩数为 1 的奇点，如折叠突变、燕尾突变和蝴蝶突变。余秩数为 1 的突变在现实的概念结构中发挥着相当重要的作用。如蝴蝶突变是以下作用区的组织中心：信源—信息—信宿。另一方面，奇次奇点只能在与完全延滞约定有关的情况中见到，它们与瞬时状态或未曾结束的状态有关。余秩数为 2 的突变有椭圆脐点突变、双曲脐点突变和抛物脐点突变。

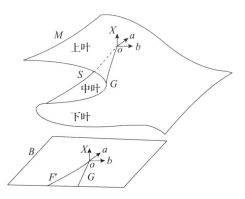

图 2.2　尖顶型突变模型图

（3）初等突变模型归一化

基于突变理论的多准则评价方法，通过对分歧集的归一化处理，得到指标的突变模糊隶属度，这种方法不需要确定各个指标因素的权重，但要区分各个指标因素的主次关系。势函数的分歧方程可通过求一阶导数和二阶导数得到。突变模型中，势函数 $V(x)$ 的所有临界点集合成一个平衡面，通过对 V 求一阶导数，并令 $V'(x) = 0$，即可得到该平衡曲面方程。平衡曲面的奇点集可通过二阶导数求得。令 $V'(x) = 0$ 和 $V''(x) = 0$ 可得到反映状态变量与各控制变量间关系的分解形式的分歧方程。归一化公式可由势函数和分歧方程导出。几种常用突变模型分解形式的分歧方程如下（周绍江，2003）：

折叠突变：$a = -6x^2$

尖点突变：$a = -6x^2$，$b = 8x^3$

燕尾突变：$a = -6x^2$，$b = 8x^3$，$c = -3x^4$

蝴蝶突变：$a = -10x^2$，$b = 20x^3$，$c = -15x^4$，$d = 4x^5$

经归一化处理后的分歧方程，即是突变模型的模糊隶属度函数。以蝴蝶型突变为例，突变势函数为：$V(x) = x^6 + ax^4 + bx^3 + cx^2 + dx$，其分解形式的分歧方程可改写为：

$$x_a = \sqrt{-\frac{a}{10}}, \quad x_b = \sqrt[3]{\frac{b}{20}}, \quad x_c = \sqrt[4]{-\frac{c}{15}}, \quad x_d = \sqrt[5]{\frac{x}{4}}$$

x_a，x_b，x_c，x_d 是对应于 a，b，c，d 的 x 值。

如果令 $|x| = 1$，则有 $a = -10$，$b = 20$，$c = -15$，$d = 4$，这样就确定了在评价决策时

状态变量 x 和控制变量 a、b、c、d 的取值范围。其绝对值分别是：$|x|$ 为 $0 \sim 1$，$|a|$ 为 $0 \sim 10$，$|b|$ 为 $0 \sim 20$，$|c|$ 为 $0 \sim 15$，$|d|$ 为 $0 \sim 4$。但是这样 x、a、b、c、d 的取值不统一。为了实际运算简单方便，并且便于使用其他评价方法的已有数据，常用方法是将状态变量和控制变量的取值范围限制在 $0 \sim 1$ 区间。所以，只要将 a 的值缩小 10 倍，b 的值缩小 20 倍，c 的值缩小 15 倍，d 的值缩小 4 倍即可。缩小相对范围的方法，不影响突变模型的性质（阿诺尔德，1992）。由此得到蝴蝶突变模型的归一方程为：

$$x_a = \sqrt{a}, \quad x_b = \sqrt[3]{b}, \quad x_c = \sqrt[4]{c}, \quad x_d = \sqrt[5]{d}$$

经同样处理，可得其他突变模型的归一方程。

折叠突变模型的归一化方程是：$x_a = \sqrt{a}$ （2.26）

尖顶突变模型的归一化方程是：$x_a = \sqrt{a}, \quad x_b = \sqrt[3]{b}$ （2.27）

燕尾突变模型的归一化方程是：$x_a = \sqrt{a}, \quad x_b = \sqrt[3]{b}, \quad x_c = \sqrt[4]{c}$ （2.28）

蝴蝶突变模型的归一化方程是：$x_a = \sqrt{a}, \quad x_b = \sqrt[3]{b}, \quad x_c = \sqrt[4]{c}, \quad x_d = \sqrt[5]{d}$ （2.29）

归一化公式将系统内部各控制变量的不同质态归化为可比较的同一种质态，即用状态变量表示的质态。运用归一化公式，可求出表征系统状态特征的系统总突变隶属度函数值，作为综合评价的凭据。经过归一化处理后的状态变量和控制变量的取值均在 $0 \sim 1$ 的范围内，称其为突变模糊隶属度函数，这是突变多准则评价方法的核心部分。其中，进行综合评价时比较常用的归一化公式是尖顶型突变、燕尾型突变和蝴蝶型突变模型。突变多准则方法存在许多的评价因素，这些评价因素可能是单层也可能是多层，可能相互有关系也可能毫无联系。通过对这些因素进行分析、组合成层次结构，上层为"源头"，下层为"支流"。计算时只需要最下层"支流"的原始数据即可，通过归一化处理即可得到相应的突变隶属度函数，最终计算出总目标。突变模糊隶属度函数与一般的模糊隶属度函数相似，但也有很大的不同，主要表现在实际应用上。突变模型中的各控制变量对状态变量的影响是模型本身所决定的，而模糊隶属度函数是由使用者主观因素给出权重。另外，在突变模型系统中状态变量和控制变量是矛盾对立的两个方面，控制变量在系统中的重要程度是不同的，对状态变量的作用有主次之分。

常用的三种模型里，控制变量的主次地位如下（戚杰，2005）：

尖顶突变：a（剖分因子），b（正则因子）；

燕尾突变：a（剖分因子），b（正则因子），c（燕尾因子）；

蝴蝶突变：c（剖分因子），d（正则因子），a（蝴蝶因子），b（偏畸因子）。

（4）突变评价原则

利用突变理论模型进行评价决策时，根据实际情况可采用三种不同准则：第一种是非互补准则，即一个系统的控制变量（如 a，b，c，d）之间不可相互弥补其不足，则遵循"非互补原则"：在利用归一化公式计算 x_a、x_b 时，每个状态变量值应该从该变量所对应的各个控制变量（如 x_a、x_b、x_c、x_d）相应的突变级数值中选取，计算出的 x 值采用"大中取小"的原则，即 x_a、x_b、x_c、x_d 中选取最小的一个作为整个系统 x 值。只有这样才能满足分叉集方程，才能质变。第二种是互补准则，即如果一个系统中的各个控制变量之间可以相互补充其不足时，则遵循"互补原则"，选取控制变量 a、b、c、d 相对应的的 x_a、x_b、x_c、x_d 的平均值作为系统状态变量值，以使 x 达到较高的平均值。第三种是过阈互补准则，即系统中的诸多控制变量必须达到某一阈值后才能互补。为了使评价结果更合理、更趋于科学性，尽量选取科学合理的主要控制变量，删除影响较小的次要因素，并严格限制次要控制变量，主要凸显起主导作用的控制变量。

（5）突变级数转换

原始输入的指标值有正负向之分，正向指标是指标值越大对总目标越有利，负向指标是指标值越小对总目标越有利。为了使正向指标和负向指标具有可比性，需要对指标进行标准化处理，采用突变模糊隶属度函数对原始数据进行处理，将所有数据转换为 0 ~ 1 的突变级数（葛书龙，1996）。

越大越优型指标（正向指标）的转换公式为：

$$Y = \begin{cases} 1 & X \geq a_2 \\ (X - a_1)/(a_2 - a_1) & a_1 < X < a_2 \\ 0 & 0 \leq X \leq a_2 \end{cases} \quad (2.30)$$

越小越优型指标（负向指标）的转换公式为：

$$Y = \begin{cases} 1 & 0 \leq X \leq a_1 \\ (a_2 - X)/(a_2 - a_1) & a_1 < X < a_2 \\ 0 & a_2 \leq X \end{cases} \quad (2.31)$$

适中型指标的转换公式为：

$$Y = \begin{cases} 2(X - a_1)/(a_2 - a_1) & a_1 \leq X \leq a_1 + (a_2 - a_1)/2 \\ 2(a_2 - X)/(a_2 - a_1) & a_1 + (a_2 - a_1)/2 \leq X \leq a_2 \\ 0 & X > a_2 \text{ 或 } X < a_1 \end{cases} \quad (2.32)$$

式中：a_1 和 a_2 表示函数的上界、下界。上界、下界值的不同选取，对评价结果有一定的影响。在实际评价过程中，定量指标值往往是近似估算的，因此可以对各个定量指标的上下界取一适当范围，即在各定量指标最大、最小值基础上增减其本身 10% 作为该定量指标的上下界。

第3章 水环境健康风险评价方法及在地下饮用水源地的应用

3.1 环境健康风险评价基本理论

3.1.1 健康风险评价基本概念

（1）风险的定义

风险一词的产生是根据海上的大风对出海捕捞渔船和渔民造成的危险而产生的。19世纪，西方经济学家根据其产生的背景提出了风险概念。20世纪初，美国著名的经济学家Willet将风险进行了重新的定义，认为风险是关于不想出现的结果所发生的不确定性。直到20世纪中叶，随着可靠性与风险问题的不断深入研究，风险理论逐渐发展成为一门学科广泛应用到各领域的研究中。风险一词最早出现在自然灾害中，随后应用到地震、洪涝、台风等的预报和研究中。近年来，风险评价已广泛应用于气象、洪水、地质灾害、农业生产、环境、金融等方面。随着风险评价理论的不断发展和完善，科学技术及计算机技术的逐渐成熟和应用，风险评价在世界各国的不同领域得到应用。

目前，学术界对风险的内涵没有统一的定义，对风险的理解、认识角度不同或研究的目的不同，不同学者对风险概念有不同的解释。

早期风险被理解为自然灾害事件；现代风险指遇到破坏或损失的机会或危险。随着人类社会的发展与进步，风险被赋予更广泛更深层次的含义，风险存在的范围也扩展到哲学、经济学、社会学、统计学甚至文化艺术等领域。还有学者把风险定义为"事故可能造成的经济损失或人员伤亡等的度量"；有的学者把风险定义为"不确定危害的度量"（胡二邦，2000）。《现代汉语词典》把风险定义为"生命与财产损失或损伤的可能性"。目前通用的定义是：风险 R 是事故发生概率 P 与事故造成的环境或健康后果 C 的乘积，风险的核心含义是一个随机概念，描述的是未来结果存在的不确定性损失的一种可能性（余彬，2010）。

（2）风险度和风险评价

风险度又叫危险度，世界卫生组织（WHO）把风险度定义为：接触一种有害因素后出现不良作用的预期频率，是个体或特定群体因接触某种剂量或浓度的化学物质导致有害效应出现的概率（田裘学，1997）。

风险评价又称危险度评价，是对有害因子产生不良影响机率进行的评价，即对人类产生不良影响或自然灾害等不期望事件发生机率的可能性进行定量分析评价的一种评价方法（许海萍等，2007）。

（3）健康风险评价

健康风险评价是对人体暴露于有害因子中所致不良影响的概率及不良影响程度进行的评

估，主要通过收集和运用毒理学资料、统计资料和实验所获资料，结合人群的生活习惯和身体特征，对人群暴露于某种污染物所造成的危害效应进行的定性和定量评价（陆雍森，1999）。

水环境健康风险评价是以水环境风险度作为评价指标，针对水体中某些有害因子可能对人体健康产生的不良影响进行的水质风险评估，用具体数值反应人类暴露于有毒因子中身体健康受到的损害效应，是环境健康风险评价的主要内容之一。水环境健康风险评价不仅能够准确反映水质状况，而且还能把污染物与人体健康有效地联系起来，更直观地反应污染物对人体健康的危害程度，促进人们安全意识和环境保护意识的提高。

3.1.2 健康风险评价过程与内容

水环境健康风险评价包括致癌风险评价与非致癌风险评价两部分，常用的健康风险评价模式是美国科学院（U. S. NAS）1983 年提出来的危害鉴定、暴露评价、剂量—效应评价和风险表征四个步骤，其评价过程如图 3.1 所示：

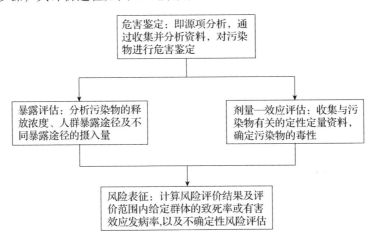

图 3.1　健康风险评价过程

（1）危害鉴定（Hazard Identification）

危害鉴定是健康风险评价过程的前提，通过充分研究人类流行病学、毒理学资料、临床资料、动物实验等资料，鉴定某些污染物质的性质、人群接触途径或接触方式，最终确定评价因子。

（2）暴露评估（Exposure Assessment）

暴露评估是对人群暴露于有害物质的强度、频率等进行测量、估算和预测的过程，是健康风险评价过程的定量依据（王铁军，2008）。暴露评估需要对暴露人群的数量、性别、年龄、职业、活动地方、暴露剂量、暴露时间、暴露频率以及其他相关不确定因素进行描述（董志贵，2008）。

确定人群对污染物质的暴露水平的方法有：

①接触点法（Point of Contact）：直接检测接触部位的暴露水平，通过暴露浓度和暴露时间来确定暴露强度。

②情景评估法（Scenario Evaluation）：把污染物浓度与人体特征资料联系起来进行综合

的暴露评估。

③回推法（Reconstruction）：暴露发生后，通过检测身体摄入污染物含量，及污染物含量造成人体健康的危害程度反推出暴露剂量（王晨晨，2010；马传苹，2007）。

（3）剂量—反应评估（Dose-response Assessment）

剂量—反应评估是定量评价有害因子暴露水平与暴露人群受到健康危害效应之间的评价过程（毛小苓等，2003）。建立剂量—反应关系的最佳选择是人体实验资料，但人体实验资料很难实现，目前主要是通过收集、分析各种毒理学资料、流行病学资料及统计数据与长期试验等实验数据，通过一定的数学模型外推得到接近人体的剂量—反应关系。外推模式分为高剂量向低剂量外推和动物剂量向人体剂量外推。从高剂量暴露向低剂量暴露外推时，可选用 Probit 模型、Logit 模型、Ohehit 模型、Multistage 模型等，其中 Multistage 模型是常用模型（韩冰等，2006）；动物剂量向人体剂量外推，主要通过体重、体表面积等人体特征计算得出或利用安全系数法外推法。

根据有毒因子对人体的危害潜伏时间的长短，可分为急性危害和慢性危害，由于饮用水源地中污染物浓度通常很低，因此对人体造成的是慢性危害。慢性危害效应可分为致癌效应和非致癌毒害效应，由于不同危害效应的致病机理不同，剂量—效应评价用到的参数也不同，致癌效应常用致癌强度系数（SF）表示暴露剂量与致癌概率之间的定量关系，非致癌效应用参考剂量（RfD）表示暴露剂量与人群健康效应间的定量关系。

（4）风险表征（Risk Characterization）

风险表征是风险评价的最后步骤，是对风险的本质、量级大小以及不确定性进行定量描述，是对上述三个阶段的综合分析，判断人群在不同暴露条件下有害效应发生的概率、危害强度及对其可信程度和不确定性进行评价。风险表征包括两个层次：一是定量评价有害因子对人体的健康风险；二是对评价过程中的不确定性和评价结果进行分析与评价。评估过程如下：

①确定表征方法：根据评价对象的性质、目的等选择定性的方法或定量的方法进行风险表征。

②综合分析：对比暴露评估结果与剂量—反应评估结果，分析不同暴露浓度和不同暴露途径产生的相应风险大小。

③不确定性分析：分析评价过程中可能存在的不确定性因素的性质以及不确定性因素在评价过程中的传播。

④评价结果表述：用图表或文字对评价结果进行描述以及相应解释和说明。

3.1.3　风险评价中不确定性分析

不确定性分析是对风险评价结果可靠性评价的补充，直接关系着评价结果的可靠性，故进行不确定性分析十分必要。由于不确定因素的来源、类型和性质比较复杂，其存在于评价过程中的各个阶段。

（1）危害鉴定阶段：在收集与分析样品、暴露人群和研究区背景等相关数据过程中，可能因为资料收集范围、样品采集手段、实验仪器设备或实验操作失误等客观或主观因素对污染物的危害鉴定过程产生不确定性。

（2）暴露评估阶段：暴露评估阶段涉及到暴露途径、暴露参数的确定，评价模型的选取，研究区背景资料的分析，由于暴露机理的复杂性、评价模型本身存在的局限性、暴露参数确定及背景资料分析的相对主观性，导致暴露评估过程不确定性的产生。

（3）剂量—反应评估阶段：剂量—反应关系、暴露剂量、反应强度、污染物的致病机理随研究区自然人文背景资料的分析，随着剂量—反应关系模型的选择、暴露途径的不同、流行病数据资料和动物实验资料的准确性及污染物对人体健康风险的阈值限制等变化而变化，导致剂量—反应评估阶段存在不确定性。

（4）风险表征阶段：该阶段主要是对前面三个阶段的综合评价和表述。评价结果局限于样本检测结果，没有考虑相同元素的污染物质经其他介质进入人体，计算出的风险与现实风险存在一定差距。结果表述过程中主观性比较强，风险表征阶段不可避免的存在不确定性。

处理环境风险评价系统中存在的不确定性必须以大量的相关资料做基础。第一，必须开展相关数据和资料的收集和整理工作，建立相应的风险评价数据库。第二，综合利用毒理学、生态学、数学和计算机等相关学科理论及技术手段，对自然现象、风险机制进行更深层次的研究。第三，发展各种外推理论，建立能真实反映客观实际的外推模型。第四，研究更科学更切合实际的模型，减少模型本身对评价工作的不确定性。第五，加强风险评价工作者的专业培训，提高其水平和专业技能，促进与国外环评工作者的交流与合作，推进中国环境风险评价工作的发展，减少环境风险评价的主观不确定性。

目前，不确定性的处理方法较少且发展不够完善，常用的两种方法如下：

（1）蒙特卡罗方法，是利用遵循某种分布形态的随机数模拟现实系统中可能出现的各种随机现象，具体是通过概率方法表述参数的不确定性使表征风险和暴露评价更客观，缺点是评价过程比较复杂（王永杰等，2003）。目前，蒙特卡罗方法是处理评价系统中不确定性应用最普遍的方法。

（2）泰勒简化方法，运用泰勒扩展序列对输入的风险模型进行简化、模拟。用偏差表达输入值和输出值之间的关（曾光明等，1998）。

3.1.4 风险表征标准

风险表征标准是为健康风险评价系统的风险性制定的，风险表征标准应遵循科学性、可操作性、公众可接受等原则（黄娟等，2008）。风险表征的步骤包括：对"四步法"第二、三步骤所获得的资料进行搜集与整理；对不同种类的有毒有害物质不同暴露条件下的风险进行定量表达；综合多种物质的危害；评估并给出不确定性；最后总结并以不同形式给出风险评价结果（胡二邦，2000）。

风险表征标准包括两方面内容：一是危害效应发生的概率；二是人体健康危害的程度。根据不同的风险管理水平和人体最大可接受程度，不同机构推荐了不同的风险表征值，美国环保署建议 $10^{-4}a^{-1}$ 为风险表征标准值，国际辐射防护委员会（ICRP）建议表征值为 $5.0 \times 10^{-5}a^{-1}$，瑞典环保局、荷兰建设和环境部建议风险表征值为 $10^{-6}a^{-1}$。不同的风险标准、不同评价方法会导致不同的评价结果，为更客观更准确地描述评价结果，在瑞典、荷兰、美国及国际防辐射委员会等机构建议风险表征值基础上，总结现有的文献资料，将风险评价标准进行模糊分级（袁希慧等，2011），详见表3.1。

表 3.1　风险等级、风险值范围、风险程度、可接受程度

风险等级	风险值范围/a^{-1}	风险程度	可接受程度
Ⅰ级	$[10^{-6}, 10^{-5})$	低风险	不愿意关心这类风险
Ⅱ级	$[10^{-5}, 5 \times 10^{-5})$	低—中风险	不关心该类风险发生
Ⅲ级	$[5 \times 10^{-5}, 10^{-4})$	中风险	关心这类风险
Ⅳ级	$[10^{-4}, 5 \times 10^{-4})$	中—高风险	关心并愿意投资解决
Ⅴ级	$[5 \times 10^{-4}, 10^{-3})$	高风险	应该解决
Ⅵ级	$[10^{-3}, 5 \times 10^{-3})$	极高风险	不接受，必须解决

3.2　水环境健康风险评价方法

3.2.1　水环境健康风险评价概念

水环境风险评价将研究区水环境的质量现状与给定水环境质量标控制限值的比值作为风险概率，进行评价研究并给出有效的管理对策（杜锁军，2006）。水环境健康风险评价重点评估水体中污染物与人体健康状况之间的联系，定量估算饮用、皮肤接触等不同暴露条件下对人体机能的影响程度，及其可能性的过程（曾光明，1998；李如忠，2004）。人们的身体健康和社会经济的全面发展都与水环境质量息息相关。风险如影随形的伴随着自然界中的每一生命个体，随着社会的发展也逐渐渗透到文化艺术、经济学、社会学与统计学等领域。受所掌握知识水平与理解能力或角度的影响，人们对风险有着不同的理解。目前通用的定义是：将事故发生概率 P 与事故造成的环境或健康后果 C 相乘的结果用来表征风险 R（胡二邦，2000）。风险评价是统计分析有毒有害因子对于自然界或人类不利状况发生机率的评价（田裘学，1997），健康风险评价是估算某剂量的有毒有害单质或化合物对人体、动植物或自然界造成损害的影响程度，可以通过搜集和运用毒理学、流行病学资料以及环境暴露相关因素等进行健康风险评价（胡二邦，2000）。

19 世纪末至 20 世纪中期，环境污染、中毒事件突发，全世界都将注意力集中于环境保护。毒理学家借助定性化方法开展健康影响分析研究，评价者主要通过对暴露于污染物的人体平时的表现、现实状态或文献资料的观察和分析，根据自身对症状的了解直接判定污染物的等级。

20 世纪 60 年代，毒理学家进行低浓度暴露下的定量化的健康风险评价。Loring Dales 等（1971）在计算机上模拟了甲基汞摄入量模式和计算不同概率分布的摄入量和污染条件下甲基汞的预期剂量，进行定量的风险评估。1975 年美国环保局先后制定了氯乙烯定量风险评估导则、疑似致癌物质的临时健康风险和经济影响评估程序和指导方针。1986 年美国环保局颁布了"健康风险评价导则"，从此进入到有导则作为指导的新阶段。1990 年我国的环境健康风险评价渗透到核工业领域，并取得与预期一致的结果（胡二邦，2000）。句少华（1994）对油气生产基地的地面蓄水池进行人身健康风险评价。曾光明等（1997）将水环境污染物对人体的健康损害数量化，同时得到污染物治理的主次关系。随着社会与科学技术的发展，健康风险评价已逐渐被人们所接受，被应用于社会、经济和生态等领域。水环境健康

风险评价则是人们将健康风险理论应用于水环境中，对水体中有毒有害的单质或混合物对人体的健康状况损害程度进行定量化。

3.2.2　水环境健康风险评价"四步法"

水环境健康风险评价包括两方面的内容：基因毒物质风险评价与躯体毒物质风险评价。基因毒物质可以分为放射性物质与致癌物质两大类，躯体毒物质仅包括非致癌物质这一类。大部分评价研究中只涉及到致癌与非致癌物质，不涉及放射性物质。水环境健康风险评价常采用"四步法"：危害鉴定、剂量—反应评价、暴露评估和风险表征的评价框架进行评价研究。水环境健康风险评价流程图如图 3.2。

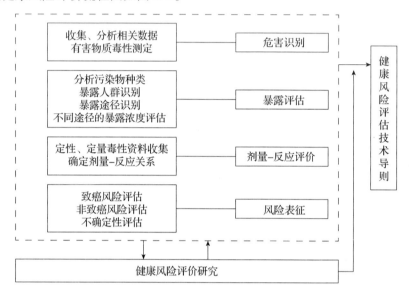

图 3.2　水环境健康风险评价流程图

（1）危害识别

危害识别通过了解污染物的毒理学特征，掌握其毒理特性去判定某种污染物能否对人体机能产生损害（胡二邦，2000）。通常通过对污染物的暴露途径与暴露方式、代谢资料、短期和长期动物试验研究、毒理学效应和人类研究等多方面进行评估，判定污染物能否对人体健康状况构成损害。危害鉴定研究随着医学、环境毒理学、生态毒理学以及环境监测管理技术的发展而日臻完善（毛小苓等，2003）。

自然界中铬元素主要存在形式有 Cr^{6+}、Cr^{3+} 和 Cr^{2+}，铬虽为致癌物质，但是以 Cr^{3+}、Cr^{2+} 形式存在的铬是没有致癌反应的，只有 Cr^{6+} 存在致癌反应。所以在危害鉴定中不仅仅简单判定何种污染物会对人体健康产生不良反应，还要对其存在形式、作用机理和暴露途径与暴露方式进行深层次的判定。

（2）剂量—反应评价

剂量—反应评价是将风险评价定量化的关键一步，主要通过这个步骤找出污染物暴露水平与暴露人群产生不良反应率之间所存在的特定联系（胡二邦，2000）。传统的剂量—反应评估方法（未观察到有害效应的最高剂量法，NOAEL）存在诸多的局限性，所以目前通用的剂量—反应评价方法为基准剂量法。基准剂量方法能更好地描述定量资料数据，具有综合考虑数据的不确定性及变异等因素、评价结果更准确、更可靠等优势。

在国外，已将基准剂量法应用到健康风险评估中。早在 1961 年，Mantel 和 Bryan 就应用类似于基准剂量的方法对低剂量的癌症风险进行评估（Crump，1995）。1984 年 Crump 将"基准剂量"方法引入到风险评价中进行危险度评定，来代替传统的 NOAEL 进行剂量估算。Crump 应用基准剂量（BMD）法对连续型数据进行基准剂量计算（1995）。1995 年，美国环保署风险评估论坛发表了基于基准剂量（BMD）方法的非癌症健康风险的评估指南。同年，美国环保署的国家环境评估中心（NCEA）启动了基准剂量软件开发项目，协助风险评估机构计算用于风险评估的基准剂量值。目前，基准剂量法已被健康风险研究领域的学者们所认可并且被广泛地应用在致癌与非致癌物质剂量估算中。Fitzgerald 等（2004）应用改进后的基准剂量法，对摄入苯并芘的小鼠进行前胃肿瘤数据研究，得到苯并芘的剂量值。Suwazono 等（2006）采用基准剂量法研究镉诱导对人类肾的影响。Thomas 等（2011）在原始的生物测定中分析了组织学、器官重量的变化和原始肿瘤癌症发病率，并通过标准的基准剂量（BMD）方法来识别非癌症和癌症的分界点。

在我国，基准剂量法主要应用于流行病学、毒理学生物接触限值的制定中。金泰廙等（2003）对环境毒理学进行研究，通过对比试验、基准剂量法（BMD）估测环境中镉接触构成肾功能损害的基准剂量。向全永等（2004）对饮水中氟的基准剂量计算并试图找到其对尿氟、血清氟和氟斑牙相互间的影响程度，研究说明我国的饮用水中氟含量标准是能够保证人们的身体健康不受损害的。张明访等（2006）通过按一定规律改变饮水中氟含量，记录儿童患氟斑牙的发病率、成人氟骨症间的变化规律，并进行统计分析和得到饮水氟的参考剂量。陈少贤（2013）采用基准剂量软件（BMDS）绘制尿氟与氟斑牙发病率与龋齿患病率等指标的剂量—反应曲线并进行基准剂量的估算以及基准剂量下限值并对改水后氟病区饮水氟剂量—反应关系进行评价。

（3）暴露评估

暴露评估就是对暴露相关因素进行定量或定性估算的过程，暴露相关因素包括：暴露途径、暴露量大小、暴露频度和暴露持续时间（胡二邦，2000）。暴露评估一般包括源项评估、途径和结果分析、估算环境浓度、人群分析和综合暴露量分析等几方面的内容。通过污染源的特征、污染物运移情况、确定潜在污染物暴露水平以及暴露人群位置和生活习惯，计算暴露水平和评估过程的不确定性。暴露评估过程包括：暴露环境和暴露途径的确定和定量暴露三方面内容。通过表征暴露环境和确定暴露途径两个步骤确定暴露人群、活动方式、暴露途径、暴露方式、暴露延时、暴露量大小和暴露频度，最后通过定量暴露对暴露浓度和摄入量之间的相关联性进行定量估算。

简单地说暴露评估是对暴露大小、延时和暴露剂量的测定。如段小丽针对饮用水中的某些重金属进行了健康风险评价研究，暴露评估阶段确定了城镇、农村暴露群体、饮水和皮肤接触暴露途径、男女体重、男女饮水摄入量、全身暴露面积、暴露频率和饮用水中 14 种重金属暴露浓度，可以借助摄入量公式直接算出不同暴露途径的日均摄入量（段小丽等，2011）。

暴露评估阶段要搜集充备的数据资料，但由于基础资料的匮乏以及认知理解能力和角度的限制，相关资料难以获得。对于许多暴露参数，不需要每次评价研究都进行估计，可以采用相关部门公布的数据作为参考依据。美国环保局颁布的暴露参数手册中，提供了暴露评估中涉及到的关于成人与儿童的多种暴露接触数据与建议。主要涉及饮水摄入量、土壤与灰尘摄入量、呼吸速率、皮肤暴露参数、体重和寿命等暴露参数数据资料。相继欧盟各国、亚洲发达国家等也已制定了符合本国环境与生态现状的暴露参数手册。我国暴露参数科研方面存在差距与不足，还没有建立适合我国国情的暴露参数体系。我国许多学者在暴露评估阶段大都直接引用美国国家环保局网站暴露参数数据库推荐的数据，但由于在种族、生活环境和生活习惯以及文化程度等方面存在着差异，所以暴露参数数据库的数据不能真实准确地反映我国居民的实际情况。王宗爽等、段小丽等考虑到直接引用暴露参数数据库的数据存在的不足，根据我国居民的基本特征及相关统计数据，参考某些暴露参数的推荐值，研究了我国居民的呼吸速率、皮肤暴露面积等暴露参数（王宗爽等，2009；段小丽等，2010）。

（4）风险表征

风险表征是对风险的本质、量级大小以及不确定性进行定量描述，是生态风险和健康风险风险评价过程中不可或缺的一部分。在这一步将前面各步骤所获得的资料进行整合，重申评估范围，表达结果明确，阐明假设和不确定性，从政策判断和独立科学的角度确定合理分析。

风险表征的步骤包括：对"四步法"第二、三步骤所获得的资料进行搜集与整理；对不同种类的毒害物质不同暴露条件下的风险进行定量表达；综合多种物质的危害；评估并给出不确定性；最后总结并以不同形式给出风险评价结果（胡二邦，2000）。健康风险评价中，根据化学毒性方式将风险定量化分为两类：致癌风险将暴露水平数据和某致癌物的致癌强度系数相乘来计算某物质年暴露癌症发病率；非致癌效应以暴露剂量 RfD 水平个体终生发生某种健康危害概率 10^{-6} 条件下的非致癌风险概率（毛小苓等 2003）。风险表征的判断过程应该符合明确性、清楚性、一致性和合理性原则。根据对风险管理的掌控能力和人体最大承受范围，设定了风险表征值，便于相关部门实施风险管理。表征值范围以内是人们可承受的风险，不同国家或机构设定了不同的数值（钱家忠，2007；李如忠，2007）。

3.2.3　蒙特卡罗方法

蒙特卡罗法即计算机随机模拟，由于科学技术的提高和大型计算机的发明，以独有的方式方法被提出并应用于核武器的相关领域中。蒙特卡罗法是一种基于"随机数"的计算方法，以模拟试验，获取实验数据，再行分析与推断，解决数学、水利和地质工程等方面问题近似解的数值方法。Monte Carlo 模拟被广泛应用于生物进化学、放射学、金融工程学、计算物理学和宏观经济学等复杂的学科。蒙特卡罗法是一种理想状态下的计算机模拟方法，进行大量的重复试验，并对试验中获取的数据进行统计分析。

蒙特卡罗法的基本思想是对所求实际问题，以随机变量或随机过程的形式出现，使其如数学期望、方差等数值特征为所求解，然后对变量或过程进行随机抽样，通过获取样本数据的数值特征求解复杂问题。蒙特卡罗法研究的问题本身可能是随机性或是确定性的。确定性的问题可以构建所求解与随机变量或过程的数值特征两者间的数学关系进行模拟（王岩等，2006）。

蒙特卡罗法应用于现实生活中，仿真过程最重要的一步就是生成随机数。实际生活中的随机数是很常见的：比如掷钱币、骰子、射击和核裂变等等。物理性随机数发生器技术要求高，实际问题中伪随机数就能达到人们的所求预期。伪随机数虽不是完全意义上的随机，但是它们具备相似于随机数的统计特征。伪随机数的产生方法分为数学方法、物理方法和随机数表法。目前最为常用的是数学方法，数学方法包括：同余法、移位法和迭代取中法，而应用最普遍的是同余法，同余法包括乘、加和混合同余法等（徐士良，1995）。

乘同余法的递推公式为：

$$x_{i+1} = \lambda x_i \tag{3.1}$$

$$y_{i-1} = x_{i+1}/m \tag{3.2}$$

混合同余法的递推公式为：

$$x_{i+1} = \lambda x_i + c \tag{3.3}$$

$$y_{i-1} = x_{i+1}/m \tag{3.4}$$

其中，x，λ，c 和 m 都是非负整数。

按上述方法由计算机随机模拟产生的伪随机数，在 [0，1] 的区间上呈均匀分布，在解决现实问题时需将随机样本值变换（束龙仓等，2000）。伪随机数还需经过统计检验，判定其是否具有随机数的统计特征。随机数统计检验的方法有：参数均匀性、独立性检验、组合规律和游程检验。

蒙特卡罗法模拟现实问题得到比较普遍的应用，其优点在于：①能够比较真实地描述事物的随机性质；②受几何条件限制小；③收敛速度不受现实问题维数的限值；④误差容易确定；⑤程序结构简单，易于实现。

3.2.4 预期寿命损失法

随着社会经济的繁荣复苏和人类生活质量的提高，人们越来越关注健康问题。政府部门通过死亡率和人口平均预期寿命（Life Expectancy）衡量某国家、某地区或某种特殊职业人口的健康状况，进而比较不同国家、地区和人群健康状况的差异（乔晓春，2009）。但由于人均期望寿命仅考虑了人口死亡率的影响，不能反映人们真实的健康状况及生存环境。对此，国内外学者提出了健康预期寿命与预期寿命损失的概念，这两种方法不仅综合了死亡信息，还较好地反映生存环境的状况。

健康预期寿命是假定当前的死亡率和发病率，在特定年龄（出生或六十五岁）健康状态下生命预期剩余年限，主要研究期望寿命与患病、慢性病、因病伤活动受限和残疾等有关病伤残寿命。各个国家健康预期寿命的措施和计算模式有许多相似之处，但多少存在差异。预期寿命损失是将环境污染引起的致癌与非致癌风险统一表述为寿命损失的评价方法，用来衡量严重的不良健康影响和风险水平，更能直观地体现居住环境对人体健康的损害程度。近年来，国内外许多学者将预期寿命损失法应用于环境健康风险评价之中。Gamo M. 等（2003）应用预期寿命损失法进行日本环境污染物健康风险评价，将致癌与非致癌物质统一在同一框架下。Ari Rabl（2005）从流行病学的角度对空气污染死亡率进行解释，并采用预期寿命损失对指标进行量化分析。Isabelle Blanc 等（2013）采用预期寿命损失法对 PM2.5 浓度对人体健康影响进行评价，同时研究了 PM2.5 浓度为常量与变量两种情况下预期寿命损失的变化。许海萍等（2007）应用预期寿命损失法对 6 种典型致癌和非致癌污染物对人体健康影响进行分析，得出了各污染物对健康个体的寿命损失。于云江等（2013）对兰州市大气 PM10 中重金属、PAHs 进行健康风险评价，结果表明男童致癌风险最高，预期寿命损失为 2.17d。

水环境健康风险评价将环境中的不利因素与人们身体健康状况效应联系起来，能更直观地表现水环境对人们身体的损害程度。水环境中涉及的污染物包括致癌物质和非致癌物质，致癌物质构成的致癌风险通过终身暴露所致癌症发生的概率来度量，非致癌物质构成的非致癌风险仅是与该浓度物质未观察到不利影响水平进行比较，因此无法将致癌风险与非致癌风险进行简单的加和（Gamo M 等，2003）。因此可采用预期寿命损失法对预期寿命及预期寿命损失当量进行分析，从而将致癌物质与非致癌物质统一在相同的尺度下，并结合水环境健康风险评价模型定量评估地下饮用水水质对人体健康的影响。

3.3 研究区自然概况、区域地质及水文地质条件

3.3.1 自然地理概况

盘锦市位于辽宁省西南部，辽河三角洲核心地带，地理位置介于东经121°25′~122°31′，北纬40°39′~41°27之间。西部和北部分别与锦州市的凌海市和北宁市毗邻，南部隔大辽河与营口市相望，西南濒临渤海辽东湾。地势总体北高南低，由北向南逐渐倾斜，地面平均海拔高度为4m左右，最高海拔18.2m，最低海拔0.3m，属于辽河下游冲积平原，地形平坦。南部濒临辽东湾，海岸线118km。管辖兴隆台、双台子两个区和盘山、大洼两个县。全市总面积4071km²，占辽宁省总面积的2.75%。地理位置见图3.3。

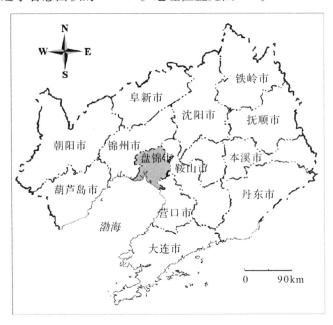

图3.3 盘锦市地理位置

3.3.2 地形地貌

盘锦地区位于辽河断陷地带，出露有从太古宇到新生界的地层。上部、地表及下部覆盖物分别为巨厚的第四纪沉积物、亚沙等河流冲积物和冰碛沙砾层、亚黏土等。

盘锦市为辽河下游冲积平原的地貌类型，由北到南地貌呈现由高到低的走势，比降为万分之一，坡度小于等于2°；海拔高度4m左右，最高与最低处有大约18m的差距。盘锦市是

东北平原的一部分, 经辽河流域中三条主要河流及其支流冲积而形成。河口一带为复合三角洲, 辽东湾有河坝浅滩, 近海海底地貌类型为堆积型地貌。

盘锦市土壤类型分为 5 种, 包括草甸土、盐土、沼泽土、水稻土和风沙土, 其中水稻土占总土地面积的比例最大。盘锦市植被分区为辽河平原草甸芦苇沼泽区。

3.3.3　区域水文地质条件

研究区域地下水主要赋存在第四系松散岩孔隙及上第三系碎屑岩类裂隙—孔隙中。按地下水赋存条件和含水介质可分为第四系松散岩类孔隙水和上第三系碎屑岩类裂隙—孔隙水两大类, 三个含水岩组, 即第四系含水岩组、明化镇组含水岩组和馆陶组含水岩组。

①第四系松散岩类孔隙水

第四系松散岩类孔隙水指各个地质阶段含水层之间的弱透水层薄且连续不断, 统称为第四系含水岩组。第四系含淡水的岩组主要由全新统、更新统冲积或洪积的各种沉积物构成。含水层一般由分选度好、磨圆度较好、颗粒均匀的沙粒或砾石组成, 结构松散, 给水能力和渗透能力都较强, 赋存着丰富的地下水, 是北部地区主要的供水目的层。第四系含水岩组分布及构成见表 3.2。

表 3.2　第四系含水岩组分布及构成

第四系含水岩组分布	含水层构成	含水层厚度 (m)	渗透系数 (m/d)	地下水埋深 (m)	单井出水量 (m³/d)
东西山前平原	砂含砾、砂砾石、砂砾卵石	57 ~ 160	25 ~ 95	3 ~ 10	7000
中部平原	中细砂、砂含砾	150 ~ 190	8 ~ 28	1 ~ 4	5000

东西山前倾斜平原, 含水层由大小不同的砾石构成, 是潜水—承压水。地下水矿化度为 0.24 ~ 0.49g/L, 类型主要为碳酸钙、重碳酸钙镁型水。中部平原, 含水层主要由中细砂、砂含砾等构成, 也为潜水—承压水。水质类型为重碳酸型或重碳酸钙钠型水, 矿化度 0.21 ~ 0.66g/L。

第四系含水岩组的地下水补给来源主要有大气降水、河水、灌溉水、地下水径流等, 排泄方式为潜水蒸发、人工开采和地下径流。据 1995 年辽宁省地质矿产厅提供的《辽宁省地下水资源复核计算及规划报告》, 估算出研究区内第四系含淡水岩组分布区补给量为 $4.94 \times 10^8 \text{m}^3/\text{a}$, 可开采量约 $2.55 \times 10^8 \text{m}^3/\text{a}$。

②明化镇组碎屑岩类裂隙—孔隙水

明化镇组地下淡水层主要分布在黄金带、兴隆台以北, 辽滨、石佛以东及腰岗子和双台子河以西的咸水外围地区, 受岩性和咸水体分布特征限制, 各地区地下淡水的赋存条件有所差异。明化镇组含水岩组分布及构成见表 3.3。

表 3.3　明化镇组含水岩组分布及构成

明化镇组含水岩组分布	含水层构成	含水层厚度 (m)	淡水含水层顶板埋深 (m)	淡水含水层底板埋深 (m)
双台子河以西	中粗砂岩、中砂岩、含砾砂岩、砂砾岩、含漂砾砂岩、泥岩薄层或透镜体	30 ~ 400	100 ~ 450	130 ~ 864

续表

明化镇组含 水岩组分布	含水层构成	含水层厚度 （m）	淡水含水层 顶板埋深（m）	淡水含水层 底板埋深（m）
陈家、新华农场一带以北	砂岩、砂砾岩	0~405	200~990	560~990
沙岭、榆树农场一带以北	中粗砂岩、含砾砂岩、砂砾岩、局部 夹有泥岩薄层	224~660	576~960	10~450
黄沙坨、田庄台一带	细砂岩、中细砂岩、含砾砂岩、砂砾 岩，薄层泥岩	300~350 0~30	300~973	700~973
辽河以东地区	砂岩、含砾砂岩、泥岩薄层或透镜体	36~380	210~600	256~690

双台子河以西的大部分地区，明化镇含水岩组由各种沙岩和砾岩及部分夹泥岩薄层或透镜体等河流相堆积物组成，含淡水层顶板埋深约 100~450m，底板埋深约 130~864m，含水层厚度约 30~400m，大凌河河口区含水层厚度达 600m，双台河口达 640~650m。

陈家、新华农场以北一带，含水岩组由砂岩、砂砾岩，泥岩构成，南部含水层泥岩夹层增多，厚度加大。淡水含水层埋藏较深，新华农场以北含水层顶板埋深约 200~345m，底板埋深约 560~984m，含水层厚度 300~405。新华农场以南淡水含水层埋深由东北向西南加深，顶板埋深在 300~990m 之间，底板埋深在 560~990m 之间，含水层厚度 0~400m。其中新立、大洼、赵圈河一带没有含淡水层。

沙岭、榆树农场以北含水岩组组成物主要为为中粗砂岩、砂岩、砂砾岩、部分夹有泥岩薄层。沙岭以南地区含水岩组由颗粒相对较细的河湖沉相积物构成，淡水含水层顶板、底板埋藏均较深，沙岭以北地区顶板埋藏深 224~300m，底板埋深 600~800m，含水层厚度约 300~450m。沙岭以南含水层顶、底板埋藏比沙岭北部地区的含水层埋藏加深，顶板埋深约 300~660m，底板埋深约 576~960m，该区含水层整体埋藏趋势由东北向西南、由中间向两侧加深，含水层厚度也随着变化，郑家店一带含水层厚度约为 100~300m，新开、榆树一带含水层约 10~100m，二界沟、唐家一带明化镇组没有淡水含水层。

黄沙坨、东风和田庄台及西贾家以北一带含水岩组主要由河流相堆积物组成，岩性为砂岩、砾岩和局部夹薄层的泥岩。西贾家以南为河湖相堆积为主，由较细的细砂岩、中细砂岩、含砾砂岩，间夹多层泥岩组成。含淡水岩层埋深极深，顶板约 300~973m，底板约为 700~973m。古城子以北含水层厚约 300~350m，以南含水层厚约 0~30m，西安、平安和水源等一带没有淡水含水层。

辽河以东地区、刘坨子、温香以北地区的含水岩组组成物为砂岩、含砾砂岩及间夹多层泥岩薄层的河流相及河流边缘相堆积物，以南区域为砾砂岩、细、中砂岩及粉砂岩和间夹多含泥岩层等河流相、河湖相及河流边缘相堆积物。北部含淡水岩层顶板埋深 210~300m，底板 256~690m，含水层厚度 60~380m，南部淡水含水层顶板埋深 215~600m，底板埋深 260~680m，耿隆、旗口以北含水层厚度为 78~300m，以南为 36~150m。

明化镇组淡水资源储存总量约为 $800 \times 10^8 m^3$，利用数值法及相关分析法计算，明化镇组可开采量占淡水资源储存总量的 5%，约为 $40 \times 10^8 m^3$。按照开采五十年，年均开采 $8000 \times 10^4 m^3/a$ 估算，明化镇组含水层的地下水日可开采量为 $22 \times 10^4 m^3/d$。明化镇组地下水的补给方式为径流补给和越流补给。天然条件下，地下水向南西运移；开采条件下，区内地下水的排泄方式为工农业和人畜饮用水开采。

③馆陶组碎屑岩类裂隙—孔隙水

馆陶组含水岩层为河流相堆积物，地下含水介质为冲积、冲洪积含砾砂岩、砂砾岩和细砾岩及含漂砾砂岩为主，中间夹着砂岩和泥岩薄层，岩石胶结程度很差，赋水条件好。馆陶组含水岩组分布及构成见表3.4。

表3.4　馆陶组含水岩组分布及构成

馆陶组含水岩组分布	含水层构成	含水层厚度（m）	淡水含水层顶板埋深（m）	淡水含水层底板埋深（m）
西部凹陷	砂砾岩、细砾岩、含漂砾砂砾岩，间夹1~2层泥岩透镜体	130~350	320~1200	330~1430
中央凸起区	砂岩、含砾砂岩、砂砾岩、间夹2~5层泥岩	100~200	830~1200	1010~1400
东部凹陷的黄沙坨、于楼、热合台地段	泥岩夹层多，砂岩、含砾砂岩中泥质含量较高，胶结较致密	60~160	820~960	930~1150
东部凹陷的西安、田庄台、荣兴地区	砂岩，含砾砂岩夹多层泥岩薄层或透镜体	14~130	824~1070	870~1160

馆陶组含水岩组分布于王回窝堡、胡家、石新和艾家以东，三道岗和营口以西地区。上覆盖明化镇组和第四系堆积物，下为太古宙侵入岩花岗质片麻岩和变粒岩，白垩系砂砾岩和泥岩以及下第三系泥岩。受新构造运动、物质来源和地形的影响，西部凹陷下降幅度大于东部凹陷及中央凸起区。

西部凹陷区大部分为河流主流相堆积物，含水层以砂砾岩、细砾岩和含漂砾的砂砾岩为主，中间夹1~2层泥岩透镜体。含水层埋深由西北向东南加深，含水层顶板埋深320~1200m，底板埋深330~1430m，一般含水层厚130~350m，到西部边界逐渐尖灭。

中央凸起区在新立、新华和大洼一带。主要以河流相堆积物为主，含水层以砂岩、含砾砂岩和砂砾岩为主，其间夹2~5层泥岩。含水层埋藏较深且由北向南由中间向两侧逐渐加深，含水层顶板埋深约830~1200m，底板埋深约1010~1400m，含水层厚度一般为100~200m，其中官家堡地区含水层厚度大于240m。

东部凹陷的黄沙坨、于楼和热合台为河漫滩相堆积物，泥岩夹层多且岩层胶结紧密，含水层顶板埋深为820~960m，底板为930~1150m，厚度为60~160m。东部凹陷区的西安、田庄台和荣兴地段，除西安和平安一带为砂岩、砂砾岩、间夹泥岩等河流相外，其他地段多为砂岩间夹多层泥岩薄层或透镜体的河流边缘相或漫滩相砂岩。含水层埋深由北东向南西加深，顶板埋深为824~1070m，底板约为870~1160m，含水层厚度为14~130m，其中西安一带厚度大于200m。

据估算，馆陶组淡水含水层水资源总储存量约为 $850 \times 10^8 m^3$，利用数值法及相关分析计算，馆陶组可开采量占淡水资源储存总量的5%，约为 $39 \times 10^8 m^3$。若按开采五十年来计算，年均开采量为 $7800 \times 10^4 m^3/a$，日开采水资源量为 $21 \times 10^4 m^3/d$。馆陶组与其他含水岩组之间存在着相互制约的水力联系。天然条件下，馆陶组地下水向南西排泄；开采条件下，含水层排泄方式为人工开采。

3.3.4 气候特征

盘锦市属于温带大陆性半湿润性季风气候，四季分明，年平均降水量651.0mm，最多、最少年降雨量分别为985.0mm、364.2mm。夏季高温多雨，平均气温为24.7℃，极端最高气温为34.8℃，降水量占全年降水量的62.6%；冬季寒冷干燥，平均气温为-8.7℃，极端最低气温为-29.9℃，降水量不到全年降水量的3%；春秋季节风大少雨，共占全年降水量的34.7%。年蒸发量1551.7mm，年均湿度66%。年日照时数达2725.9h，全年的辐射量5769.9MJ/m²，无霜期181d。11月中旬土壤开始冻结，下旬封冻，冻结深度一般在1~1.2m；解冻期在3月上旬，4月上旬可全部解冻，全年无霜期181天，全年风速均值为3.9m/s，最多风向西南风，全年8级以上大风日数21.5d。全年气候具有日照充足、温差较大、降水集中、蒸发量大和雨热同期等特点。

3.3.5 水资源概况

（1）地表水系概况

①河流。盘锦市有大、中、小型河流21条，有"九河下稍"之称，总流域面积约3750.3km²，其中辽河、绕阳河、大辽河、大凌河全程流域面积均超过5000km²，属于大型河流；西沙河全程流域面积约1000~5000km²，是一条中型河流；有16条小型河流的流域面积小于1000km²，有锦盘河、鸭子河、月牙河、大羊河、南屁岗河、丰屯河、旧绕阳河、一统河、外辽河、张家沟、新开河、西鸭子河、东鸭子河、潮沟、小柳河、太平河。各河流基本情况详见见表3.5。

表3.5 盘锦市主要河流基本情况

河流名称	双台子河	绕阳河	大辽河	大凌河
发源地	河北省七老图山	阜新市察哈尔山脉	清原县滚马岭	凌源市打鹿沟
境内长度（km）	116	71	95	22
境内流域面积（km²）	2526	868	1094.3	130
多年平均径流量（km³）	46.91	6.6	49.23	22.64
主要支流	绕阳河、小柳河、旧绕阳河、太平河、一统河、南屁岗河和潮沟7条一级支流	西沙河、沙子河、月牙子河、锦盘河、丰屯河、大羊河、张家沟、东鸭子河和西鸭子河9条一级支流	外辽河、新开河	

②水库。盘锦市规模较大的水库有荣兴水库和疙瘩楼水库以及规模较小的八一水库、青年水库、红旗水库、三角洲水库六座。这六座水库的功能主要为农业灌溉，解决降水季节分布极不均匀的问题。水库情况详见表3.6。

表3.6 盘锦市水库基本情况

水库名称	位置	汇入河流
荣兴水库	大洼县荣兴乡	大辽河
疙瘩楼水库	大洼县唐家乡	大辽河

水库名称	位置	汇入河流
三角洲水库	大洼县赵圈河附近	—
八一水库	盘山县陈家乡	小柳河
红旗水库	盘山县太平镇	绕阳河
青年水库	盘山县甜水乡	绕阳河

（2）水资源分布概况

①水资源总量。水资源总量指降水形成的地表、地下产水总量相加减去两者的重复量。2007 年盘锦市水资源总量 $2.56 \times 10^8 \mathrm{m}^3$，较去年少 11.7%。其中，地表、地下水资源量分别为 $1.78 \times 10^8 \mathrm{m}^3$、$1.76 \times 10^8 \mathrm{m}^3$，两者重复计算量 $0.98 \times 10^8 \mathrm{m}^3$。水资源量概况见表 3.7。

表 3.7　2007 盘锦市水资源总量　　　　　　　　　　　　　　　　　　　　（$\times 10^8 \mathrm{m}^3$）

行政/流域分区	计算面积（km^2）	年降水量	地表水资源量	地下水资源量	重复计算量	水资源总量
市区	242	1.339	0.146	—	—	0.146
盘山县	1757	9.449	0.750	1.258	0.582	1.426
大洼县	1353	6.882	0.886	0.497	0.396	0.987
合计	3352	17.671	1.781	1.755	0.978	2.558
辽河	1821	9.557	0.905	0.972	0.511	1.366
绕阳河	656.9	3.712	0.296	0.223	0.024	0.494
大辽河	837.6	4.244	0.566	0.561	0.443	0.684
大凌河	36.6	0.158	0.015	—	—	0.015
合计	3352	17.671	1.781	1.755	0.978	2.558

②地表水、地下水资源量。2007 年盘锦市地表水与地下水资源量分别为 $1.78 \times 10^8 \mathrm{m}^3$ 和 $1.76 \times 10^8 \mathrm{m}^3$，重复计算量 $0.98 \times 10^8 \mathrm{m}^3$。各行政、各流域分区地表水资源量均少于同期地表水资源量多年平均值。2007 年盘锦市地表与地下水资源量分布见表 3.8。

表 3.8　盘锦市地表水、地下水资源量分布　　　　　　　　　　　　（$\times 10^8 \mathrm{m}^3$）

水资源量 ＼ 行政/流域分区	盘锦市区	盘山县	大洼县	辽河	绕阳河	大辽河	大凌河
地表水	0.14	0.75	0.89	0.90	0.30	0.57	0.01
地下水	—	1.26	0.50	0.97	0.23	0.56	—

③供水及用水概况　盘锦市年供水、用水总量均为 $13.6 \times 10^8 \mathrm{m}^3$。地表水、地下水及其他水源的供水量依次为 $11.94 \times 10^8 \mathrm{m}^3$、$1.31 \times 10^8 \mathrm{m}^3$ 和 $0.35 \times 10^8 \mathrm{m}^3$；占供水总量的比例依次为 87.8%、9.6% 和 2.6%。盘锦市年用水概况见表 3.9。

表3.9 盘锦市年用水概况

指标 用途分类	农业灌溉	林牧渔畜	工业	居民生活
用水量（$\times 10^8 m^3$）	10.57	1.62	0.77	0.49
占用水量比例（%）	77.7	11.9	5.7	3.6
耗水量（$\times 10^8 m^3$）	8.22	0.81	0.54	0.26
耗水率（%）	77.8	50	70	53.2

3.3.6 饮用水源地概况

（1）盘锦市水源地基本情况

盘锦市共有8处饮用水源地，位于盘锦市境内的兴一、兴南、石山、大洼、高升和盘东水源地，均为地下水水源地。盘锦市水源地基本情况及保护区面积，见表3.10。

表3.10 盘锦市水源地基本情况

水源地名称	所属市、县	含水介质	埋藏条件	开采规模	保护区面积/km² 一级	二级
石山水源	盘锦市盘山县	孔隙水	潜水	中小型	1.5072	51.95
高升水源	盘锦市盘山县	孔隙水	潜水	中小型	0.7536	31.26
盘东水源	盘锦市盘山县	孔隙水	承压水	中小型	0.08625	
大洼水源	盘锦市大洼县	孔隙水	承压水	中小型	0.05495	
兴南水源	盘锦市大洼县	孔隙水	承压水	中小型	0.05495	
兴一水源	盘锦市双台子区	孔隙水	承压水	中小型	0.0628	
台安水源	鞍山市台安县					
右卫水源	锦州市凌海市					

（2）地下水源地基本情况

盘锦市境内共有石山、高升、大洼、兴一、兴南和盘东六个地下水源地。其中盘东水源地、石山水源地、高升水源地位于盘山县，兴南水源地和大洼水源地位于大洼县，兴一水源地位于双台子区，六个水源地分布示意图，详见图3.4。

高升和石山水源地的水来自于第四系平原组含水层地下水。平原组含水层埋藏较浅，地下水位受大气降水、人类活动及蒸发等因素影响水位变化幅度较大，每年由于5、6月份大量的农田灌溉用水和地下水位恢复的滞后性，使6～9月份地下水位出现低谷值；由于平原组含水层埋藏浅补给充分，9月份以后水位又逐渐恢复并出现峰值，开采量与补给量基本处于平衡状态，

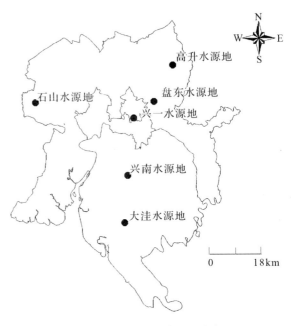

图3.4 盘锦市饮用水源地分布

地下水位年际变化不大。

盘东、兴一、兴南和大洼水源地开采上第三系明化镇组与馆陶组含水层地下水。上第三系含水层比第四系含水层的补给来源少，多年来由于地下水的不断开采，地下水水位呈逐年下降趋势。2000 年后，随着人们在生产过程中注重对淡水的重复利用，淡水的使用量不断减少，地下水水位呈逐年回升趋势。到目前，明化镇组和馆陶组地下水水位比 1999 年末地下水位稍高，说明目前该区地下水的开采量与补给量持平。六个水源地开采利用情况详见表 3.11。

表 3.11　饮用水源地地下水开采利用情况

项目	石山水源地	高升水源地	大洼水源地	兴一水源地	兴南水源地	盘东水源地
地理位置	121°37′09″E	122°11′13″E	122°04′22″E	122°3′22.5″E	122°3′57.6″E	122°6′53″E
	41°8′07″N	41°20′42″N	40°59′22″N	41°8′56.9″N	41°5′53.4″N	41°13′43″N
可开采量（$10^4 m^3$）	1825	2190	365	255.5	182.5	219
实际供水量（$10^4 m^3$）	1450	1200	270	182.5	83.95	131
综合供水量（$10^4 m^3$）	1399	1085	270	165	76	118
供水人口（10^4 人）	26	21	9	3	3	3
开采井数（口）	12	24	7	15	7	24
地质条件	开采层是粗砂含卵砾石为主的第四系平原组含水层，厚约为 60－80m。水位－5～7m 属潜水类型。	开采层是中细砂、中砂、粗砂，为主的第四系平原组含水层，厚约 65～120m。地下水位－3.36m，含水层底板埋深 95～128m。属潜水类型。	开采层是中粗砂含砾的第三系馆陶组含水层。水位－58m。含水层厚度 100～200m。地下水属承压水类型。	开采层为细砂岩、中砂岩、粗砂岩为主的上第三系明化镇组含水层。水位－12～14m。含水层厚度 100～180m。属承压水类型。	开采层砂砾岩为主的上第三系明化镇组含水层。地下水位－33～36m。含水层厚度为 200～300m。地下水属承压水类型。	开采层是细砂岩、中砂岩为主的上第三系明化镇组含水层。水位－12～15m，底板埋深 600m。厚约 200～300m。属承压水类型。

3.4　地下饮用水源地水环境健康风险评价模型

3.4.1　致癌性与非致癌性风险评价模型

对于没有阈值的化学致癌物，可借助线性多阶段模型来求解风险的上限值，利用风险值表示人体暴露于某种有毒有害物质中超出人体承受范围的致癌发病率，即通过有毒有害物质长期日均摄入剂量与致癌强度系数两者相乘得到致癌风险率（胡二邦，2000）。其模型表达式分别为：

$$R_{ij}^c = [1.0 - \exp(-D_{ij}Q_{ij})]/A \qquad (3.5)$$

式中，R_{ij}^c 为人体经某种途径 j 暴露于致癌物 i 的人均年致癌风险率，a^{-1}；D_{ij} 为人体经途径 j 暴露于致癌物 i 的日均暴露剂量，$mg/(kg \cdot d)$；Q_{ij} 为经途径 j 暴露于化学致癌物 i 的致癌强度系数，$[(mg/(kg \cdot d)]^{-1}$；A 为人类的平均寿命，a。

人体暴露于低于 RfD 的非致癌污染物的环境中，通常可能不会对人体造成损害效应，一旦超过 RfD，就会对人体造成或多或少的损害。随着暴露频率和幅度的增加，相应风险概率随之增加，假定当暴露于参考剂量 RfD 水平个体导致终生健康危害的概率为 10^{-6}，则非致癌污染物健康风险率可表示为（胡二邦，2000）：

$$R_{ij}^n = D_{ij} \times 10^{-6}/(RfD_{ij} \times A) \tag{3.6}$$

式中，R_{ij}^n 为人体经某种途径 j 暴露于非致癌物 i 的人均年风险率，a^{-1}；RfD_{ij} 为人体经暴露途径 j 暴露于非致癌物 i 的参考剂量，$mg/(kg \cdot d)$；10^{-6} 为暴露剂量 RfD 相应的健康危害概率，A 为人类的平均寿命，a。

3.4.2 不同暴露途径污染物摄入剂量计算模型

地下饮用水中污染物主要通过直接饮用、呼吸蒸汽和皮肤接触三种暴露途径对人体健康造成损害。其中皮肤接触途径健康风险与饮用和呼吸途径健康风险相差数量级在 2 ~6 个之间（郑德凤等，2014），故本章只考虑饮水和呼吸两种暴露途径，构建不同污染物的风险评价模型。每千克人体日均摄入污染物剂量是健康风险研究的关键，不同途径日均摄入量的计算模型亦不同。通常采用 U. S. EPA 推荐的暴露剂量模型，饮水途径计算模型为：

$$D_{iy} = \frac{C_i \times I_R \times E_F \times E_D}{B_W \times A_T} \tag{3.7}$$

式中，D_{iy} 为人体经饮水途径暴露于污染物 i 所致人体单位质量日均暴露剂量，$mg/(kg \cdot d)$；C_i 为饮用水源中污染物 i 的浓度，mg/L；I_R 为成人每日饮水量，L/d；E_F 为暴露频率，d/a；E_D 为暴露延时，a；B_W 为人均体重，kg；A_T 为平均暴露时间，d。

水中的污染物以水汽蒸散的形式散布在室内空气中被吸入人体，这一过程为呼吸途径的主要污染物来源。现以洗浴时吸入的污染物作为呼吸途径日均摄入量，计算模型为：

$$D_{ih} = \frac{A_i \times I_R^h \times E_T \times E_F \times E_D}{B_W \times A_T} \tag{3.8}$$

式中，D_{ih} 为人体经呼吸途径暴露于污染物 i 所致人体单位质量日均暴露剂量，$mg/(kg \cdot d)$；A_i 为水汽中污染物 i 的浓度，通常将水中污染物浓度 C_i 乘以折减系数得到 A_i，mg/m^3；I_R^h 为呼吸速率，m^3/h；E_T 为呼吸途径日暴露时间，h/d；E_F 为暴露频率，d/a；E_D 为呼吸途径暴露延时，a；B_W 为人均体重，kg；A_T 为平均暴露时间，d。

3.4.3 污染物毒性评估

饮用水中常见的有毒物质包括镉、砷、六价铬、氨氮、氟化物、氰化物、汞、铅、铁、锰、铜、锌和酚，其主要中毒症状如下：

（1）镉（Cd）：镉不是人体必需元素，但毒性较大，如果大气中镉含量高于 $0.003\mu g/m^3$，水体中多于 $10\mu g/L$，土壤中多于 $0.5mg/kg$，便会损害人体健康。人体吸收镉后形成镉硫蛋白经血液流至全身，肾、肝会选择吸取储存，肾脏存储量占吸收量的 1/3，脾、胰、甲状腺等也有一定的存积量。镉与含羟基、氨基等的蛋白质分子细胞组合使一些酶系统功能失常，进而导致肝、肾器官的功能不能正常运行。人一旦吸入含镉气体会刺激呼吸道，感染肺炎甚至肺水肿、产生呼吸困难等症状，长期暴露于空气中会造成嗅觉丧失。经饮食进入的含镉物质，会产生呕吐、胃肠痉挛、腹疼、腹泻等症状，严重者甚至死亡。

（2）砷（As）：砷与细胞中含基的酶相结合，不仅抑制细胞氧化过程而且还麻痹血管运动中枢，使毛细血管麻痹，严重时出现肝脏损害、休克，甚至心肌损害而死。长期饮用受砷污染的水可能发生慢性砷中毒，突出表现为在皮肤、指甲和神经系统方面，肤色暗沉干燥、头发脆而易掉、手掌和脚掌皮质增厚，角质化严重，神经系统多表现为神经炎，反应迟钝，四肢麻木，甚至行动失调。急性中毒主要表现为疲乏无力、呕吐和腹痛等。

（3）铬（Cr）：铬是人体必需的一种微量元素，不仅促进人体内胆固醇的分解，而且能与胰岛素结合分解葡萄糖。正常人体内仅含有 $6 \sim 7mg$，摄入量一旦超过就会造成中毒。铬溶解进入活细胞，对人体有强烈的毒害作用。饮用被铬污染的水，腹部会出现不适或腹泻等症状；皮肤接触会导致皮炎或湿疹；呼吸能刺激和腐蚀呼吸道，甚至能引起鼻炎、支气管炎和鼻中隔糜烂，是一种常见的致癌物。

（4）氨氮（NH$_3$）：水体中的氨氮主要来源于生活污水，氨氮经微生物作用，分解成亚硝酸盐氮，经再分解，最终形成硝酸盐氮。饮用水中的亚硝酸盐氮过高将与人体蛋白质结合形成一种对人体危害极大的强致癌物质亚硝胺。硝酸盐氮本身对人体没有毒害，但在人体内被还原菌作用后形成亚硝酸盐氮，其毒性变为硝酸盐毒性的 11 倍。此外，亚硝酸盐可将血红蛋白中的 Fe^{2+} 转化为 Fe^{3+}，使血红蛋白失去携带氧能力，导致人体出现窒息现象。长期摄取硝酸盐或亚硝酸盐，会导致智力下降，听觉和视觉反射迟钝。一些研究发现硝酸盐与糖尿病、高血压和甲状腺功能亢进之间也有关系。

（5）氟化物（F）：氟化物存在于各种水体中，适量的氟是人体所必需的元素之一，主要积存在牙齿和骨骼中。但摄入过量的氟就会影响到人体健康，饮用水中氟化钠含量超过 $2.4 \sim 5mg/L$ 就可出现氟骨症，超过 $6 \sim 12g$ 就可能导致人体中毒死亡。氟化氢对皮肤和上呼吸道黏膜有强烈的刺激及腐蚀作用，接触高浓度氟化氢，可导致急性肺水肿、呼吸窘迫、甚至呼吸衰竭致死。

（6）氰化物（CN）：氰化物有剧毒，易经口、呼吸道或皮肤等被人体吸收。氰化物进入血液循环后，氰根离子与血液中的细胞色素氧化酶中的 Fe^{3+} 结合生成了氰化高铁细胞色素氧化酶，丧失传递电子的能力，使呼吸链中断，细胞因窒息而死亡。中枢神经系统对氰化物最为敏感，尤其是呼吸中枢系统。氰化物慢性中毒主要症状为头痛、呕吐、头晕、动作不协调等，严重时会导致呼吸衰竭而死亡。

（7）汞（Hg）：汞可经饮食、呼吸和皮肤进入人体，主要途径是呼吸，可占人体摄入汞元素总量的80%。汞中毒主要有慢性和急性两种表现，慢性中毒症状表现为头晕、头痛、肌肉震颤、肢体麻木和疼痛、运动失调等神经系统性方面和易激动、胆怯、口吃、思想不集中、焦虑、记忆力减退、不安、精神压抑等精神状态方面；急性汞中毒症状表现为肾炎、肝炎、血尿、尿毒症和蛋白尿等。化合物甲基汞（CH$_3$Hg）极易被人体肠道吸收并分布到全身，主要蓄积脑组织中，且大脑皮层、小脑和神经末梢最先受损害，主要症状有疲乏、头痛、注意力不集中、健忘和精神异常等症状和唇、鼻、舌和手、足末端麻木等感觉障碍及语言、运动、听力和其他方面的障碍。日本著名的"水俣病"是典型的甲基汞慢性中毒事件。

（8）铅（Pb）：铅对人体各个系统和器官都有危害。铅与体内一系列酶、蛋白质和氨基酸内的官能团结合，干扰机体各方面生化和生理活动。首先，铅损害骨髓造血系统和神经系统，引起贫血和损害神经系统。其次，铅损伤小脑和大脑皮质细胞、干扰新陈代谢的正常进行，引起血管痉挛、脑贫血和脑水肿。第三，铅中毒引起心血管和肾脏的损害，引起细小动脉硬化等。第四，铅中毒影响消化系统的正常运行。

（9）铁（Fe）：铁本身不具有毒性，且是人体必需的微量元素之一，但过量摄入就导致铁中毒。铁慢性中毒症状表现为肝硬化、软骨钙化、骨质疏松、皮肤暗黄和因胰岛素分泌减少而导致的糖尿病。急性铁中毒症状表现为上腹不适、腹痛、腹泻、恶心、呕吐、面部发紫、急性肠坏死或穿孔，严重时可能出现休克甚至死亡。据报道，铁中毒还可诱发癫痫病。

（10）锰（Mn）：锰是人体所必需的微量元素之一，但过量摄入就会对机体产生不良影响。慢性锰中毒表现为动作笨拙、四肢僵直、表情举止异常、癫痫等神经方面以及易疲劳、头晕头疼、睡眠障碍、记忆力下降等肝脏方面。急性中毒主要表现头昏、头疼、气短、恶心、寒战、胸闷、高热等症状。

（11）铜（Cu）：慢性铜中毒主要表现有：①神经系统方面，如注意力分散、记忆力减退、多发性神经炎和神经衰弱综合症；②消化系统方面，如恶心呕吐、食欲不振、腹痛腹泻、部分患者出现肝肿大、肝功能异常等；③心血管方面，如心悸，高血压或低血压等；④内分泌方面，如肥胖、面部潮红和高血压等。急性铜中毒主要表现有恶心、流涎、呕吐、腹痛、腹泻、呕血，甚至出现红蛋白尿、血尿和尿少或尿闭，严重者可因肾衰而死亡。铜盐和铜尘进入眼内能引发结膜炎、角膜溃疡和眼睑水肿等。

（12）锌（Zn）：锌是人体必需的微量元素之一，但摄入过多可引起锌中毒。慢性锌中毒主要表现为贫血症状；急性锌中毒表现有呕吐、腹泻等胃肠道症状。另外，吸入锌雾可引发低热或感冒等症状。

（13）酚：酚类化合物与细胞原浆中蛋白质发生反应，形成使细胞失去活性的变性蛋白质，是一种渗透能力极强的细胞原浆毒。酚类化合物可经皮肤、呼吸道或消化道等途径进入人体。酚类化合物慢性中毒症状，表现出不同程度的头昏、头痛、精神不安、皮肤搔痒、皮疹、贫血及各种神经系统症状和食欲不振、流涎、呕吐、吞咽困难、腹泻等消化道症状。急性中毒可直接导致人昏迷和死亡。

3.5　水环境健康风险的不确定性分析

健康风险评价过程可能会受到不确定性因素的影响，影响不确定性有几个方面的因素，如数据收集的可靠性、评价模型的假设条件、暴露参数选取等等，评价过程中受主观因素影响较大，导致评价结果与实际状况存在差异，所以应该在水环境健康风险评价中加入不确定性分析研究。参数的不确定性多采用传统统计法和概率分析方法定量研究。鲁帆、严登华利用贝叶斯分析设计洪量的后验密度，进行参数不确定性的预测研究（鲁帆等，2013）。金菊良等（2008）采用 Monte Carlo 产生三角模糊数并用于描述和处理水环境风险系统中的不确定性因素引起的误差。王建平、程声通等（2006）采用 MCMC 法对模型进行参数识别和不确定因素影响评价。

目前风险评价常采用概率分析方法进行参数不确定性定量化，如概率树法、广义似然估计法、三角模糊数法和蒙特卡罗法等。对饮用水环境健康风险评价的不确定性因素影响分析多从定性的角度对随机模糊性产生的原因进行分析，如资料的不完整性、模型参数和模型选取的主观性、样本量的不确定性等方面加以分析，而没有应用定量化的方法进行研究分析。

因此采用概率分析法中的 Monte Carlo 方法对水环境中有毒有害物质健康风的险随机性、模糊性进行研究，可使得风险评价与实际生活相一致，体现其科学性。

3.5.1　暴露参数随机模拟

风险评估中应用蒙特卡罗法模拟暴露参数，可以更好地表征风险和进行暴露评价。其分析步骤包括：①确定暴露参数的统计分布类型，参数统计模型见表 3.12；②从这些分布中随机取样；③使用随机组合参数重复模型模拟，产生 N 个值；④对输出值的特征值进行统计分析，得到比较合理的结果（王永杰等，2003）。

表 3.12　暴露参数统计模型

分布模型	概率密度函数（PDF）	累积分布函数（CDF）
Normal	$f(x)=\dfrac{1}{\sigma\sqrt{2\pi}}\mathrm{e}^{-\frac{(x-u)^2}{2\sigma^2}},\quad \sigma>0$	$F(x)=\dfrac{1}{2}\left(1+erf\dfrac{x-u}{\delta\sqrt{2}}\right)$
Lognormal	$f(x)=\dfrac{1}{\varphi x\sqrt{2\pi}}\mathrm{e}^{-\frac{(\log x-\zeta)^2}{2\varphi^2}},\quad \varphi>0,\quad x>0$	$F(x)=\dfrac{1}{2}\left\{1+erf\left[\dfrac{\ln(x)-u}{\delta\sqrt{2}}\right]\right\}$
Exponential	$f(x)=\lambda\mathrm{e}^{-\lambda x},\quad \lambda>0,\quad x\geqslant 0$	$F(x)=1-\lambda\mathrm{e}^{-\lambda x},\quad x\geqslant 0$
Uniform	$f(x)=\dfrac{1}{\beta-\alpha},\quad \alpha<x<\beta$	$F(x)=\begin{cases}0, & x\leqslant\alpha,\\ \dfrac{x-\alpha}{\beta-\alpha}, & \alpha<x<\beta\\ 1, & x\geqslant\beta\end{cases}$

健康风险评价模型中的暴露参数为满足一定分布的参数，不同分布（如均匀分布、正态分布、指数分布等）对应的随机数序列也不同。蒙特卡罗模拟过程最重要的一步就是生成随机数，普遍采用数学方法中的混合同余法产生随机数。本章利用 MATLAB 软件直接调用所需函数生成具有一定统计分布的随机数，对饮用水环境健康风险评价涉及的成人日饮水量、成人体重、人均寿命、暴露频率、暴露延时等暴露参数进行随机模拟，对各参数进行统计分析，确定相应的概率分布类型，其中成人日饮水量、暴露频率、暴露延时符合均匀分布，成人体重符合正态分布。利用 MATLAB 软件独立模拟 N 次，产生 10000 组暴露参数的随机数组合列于表 3.13。

表 3.13　基于 Monte Carlo 模拟的暴露参数随机数组

组别	成人日饮水量（L/d）	呼吸速率（h/d）	暴露频率（d/a）	暴露延时（a）	呼吸途径日暴露时间（h/d）	体重（kg）
1	2.103	13.796	319.026	36.320	17.974	70.538
2	2.097	14.142	357.013	29.140	18.183	71.834
3	1.957	11.183	302.067	35.196	16.392	67.741
4	2.062	14.171	326.325	34.827	18.201	70.862
5	1.869	13.103	322.894	27.439	17.554	70.319
6	2.082	11.070	345.931	26.785	16.324	68.692
7	1.819	11.758	347.712	32.476	16.741	69.566
8	1.911	12.778	311.212	39.396	17.358	70.343

组别	成人日饮水量 （L/d）	呼吸速率 （h/d）	暴露频率 （d/a）	暴露延时 （a）	呼吸途径日 暴露时间（h/d）	体重 （kg）
9	1.819	14.339	329.386	30.106	18.302	73.578
10	1.839	14.367	326.735	33.779	18.319	72.769
	…		…		…	…
9991	2.129	11.299	338.779	28.357	16.463	68.650
9992	2.078	14.388	342.562	36.269	18.332	73.035
9993	2.103	14.142	357.013	36.320	17.974	70.538
9994	1.957	14.171	326.325	35.196	18.201	67.741
9995	1.869	11.071	345.931	27.439	16.324	70.319
9996	1.813	12.778	311.212	32.476	16.324	69.566
9997	1.819	14.367	326.735	30.106	18.319	73.578
9998	2.129	14.388	342.562	28.357	18.332	68.650
9999	1.869	11.183	347.712	27.439	16.392	70.319
10000	1.839	11.071	326.735	33.779	17.358	72.769

3.5.2 基于蒙特卡罗方法的水环境健康风险评价结果

本次研究区域选定盘锦市的六个地下饮用水源地。抽取研究区内竖井中的地下水作为研究水样，严格按照水质采样规定进行抽取，标准参照《地下水质量标准》（GB/T 14848—93）、《生活饮用水标准检验方法》（GB/T 5750—2006）。地下水的检测项目有 pH、总硬度、挥发酚、氟化物、高锰酸钾、CN^-、Cr^{6+}、NH_3、NO_3^-、NO_2^-、As、Pb、Cd、Cu、Hg 等，其中致癌物质有：As、Cr^{6+}、Cd，非致癌物质包括：氟化物、酚、CN^-、NH_3、Pb、Cu、Hg、Fe、Mn 与 Zn，其中 Fe、Mn 与 Zn 为人体必需的微量元素，可忽略其影响。具体涉及的污染物检测结果详见表3.14。

表3.14 2007年盘锦市六个饮用水源地水质检测结果 （mg/L）

检测项目		石山水源	高升水源	兴一水源	兴南水源	盘东水源	大洼水源
致癌物	As	0.004	0.004	<0.0004	<0.0004	0.004	<0.01
	Cd	0.0005	0.0005	<0.01	<0.01	0.0005	—
	Cr	0.002	0.002	<0.004	<0.004	0.002	<0.004
非致癌物	NH_3	0.06	0.08	0.46	0.03	0.06	
	F	0.42	0.58	0.2	0.3	0.45	0.05
	CN	0.001	0.001	<0.002	<0.002	0.001	—
	Hg	0.00002	0.00002	<0.00002	<0.00002	0.00002	<0.00002
	Pb	0.005	0.005	<0.01	<0.01	0.005	<0.01
	Cu	0.005	0.005	<0.04	<0.04	0.005	<0.05
	酚	0.001	0.001	<0.002	<0.002	0.001	—

注：表中"—"表示未检出。

56

地下水中污染物中毒的主要症状表现见表3.15。为了将污染物对人体的健康损害定量化，采用致癌强度系数和非致癌物参考剂量作为某种污染物对人体损害的界限值进行健康风险计算，目前多采用美国国家环保局风险整合系统数据，具体见表3.16。

表3.15　水环境污染物中毒症状表现

污染物	症状表现
砷（As）	肤色暗沉或鞍裂、脱发，反应迟钝，四肢麻木，甚至行动失调
铬（Cr^{6+}）	遗传性基因缺陷，腐蚀呼吸道，鼻炎、支气管炎和鼻中隔粘膜糜烂
镉（Cd）	恶心呕吐、胃肠痉挛、腹疼、腹泻，死亡
氟化物（F）	氟斑牙，氟骨症（腰酸腿疼，肢体麻木，排便障碍、瘫痪抽搐）
氰化物（CN）	头痛、眩晕、恶心、动作不协调，呼吸衰竭
酚	头晕、皮疹、瘙痒、供血不足、恶心，神经系统症状
氨（NH_3）	肌随意性兴奋、角弓反射、抽搐
铅（Pb）	厌食、恶心、腹胀、腹隐痛、便秘，烦躁不安
铜（Cu）	恶心、厌食、腹痛、腹泻、肥胖、面部潮红、高血压
汞（Hg）	头昏、头疼、肌肉震颤、麻木、运动不协调、易激动、记忆力减退

表3.16　致癌强度系数与非致癌物参考剂量

致癌强度系数 $[mg/(kg \cdot d)]^{-1}$			非致癌物参考剂量 $mg/(kg \cdot d)$						
Cr^{6+}	As	Cd	CN	Hg	Pb	Cu	NH_3	酚	F
41	15	6.1	0.037	0.0003	0.0014	0.004	0.97	0.10	0.06

依据盘锦市地下饮用水源地水质检测结果，将表3.13随机模拟的暴露参数随机数组代入污染物日均摄入量计算模型式（3.7）、式（3.8），计算出不同暴露途径的污染物日均摄入剂量；再将日均摄入量分别代入致癌和非致癌污染物风险率计算模型式（3.5）、式（3.6）中计算出不同暴露途径各污染物造成人体健康风险率，对10000组风险率计算结果进行统计分析，绘制各污染物某种暴露途径的健康风险累积概率分布曲线，取各分布曲线健康风险均值作为基于随机模拟暴露参数的污染物健康风险率。以石山水源为例，经饮水途径各污染物致癌风险累积分布曲线见图3.5。盘锦市各饮用水源地污染物经饮水、呼吸途径的风险率计算结果见表3.17和表3.18。盘锦市地下饮用水源地健康风险率统计值见表3.19。

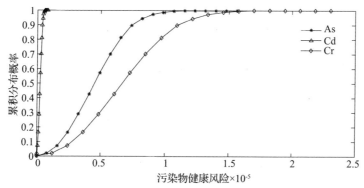

图3.5　石山水源经饮水途径致癌风险累积分布曲线

表 3.17 化学致癌物饮水途径、呼吸途径所致人体健康损害年风险率（a^{-1}）

项目	污染物	石山水源地	高升水源地	兴一水源地	兴南水源地	盘东水源地	大洼水源地
饮水途径 （$\times 10^{-5}$）	As	0.773	0.780	0.083	0.078	0.809	1.954
	Cr^{6+}	1.096	1.152	2.058	2.146	1.067	2.131
	Cd	0.040	0.041	0.804	0.831	0.041	—
	总风险	1.909	1.973	2.945	3.055	1.917	4.085
呼吸途径 （$\times 10^{-5}$）	As	0.0156	0.0154	0.0016	0.0015	0.089	0.0394
	Cr^{6+}	0.0218	0.0212	0.0445	0.0437	0.0258	0.0415
	Cd	0.0008	0.0008	0.0161	0.0165	0.0005	—
	总风险	0.0382	0.0374	0.0622	0.0617	0.1153	0.0809
跨途径总致癌风险率（$\times 10^{-5}$）		1.947	2.010	3.007	3.117	2.032	4.166

表 3.18 非致癌污染物饮水途径、呼吸途径所致人体健康损害年风险率（a^{-1}）

项目	污染物	石山水源地	高升水源地	兴一水源地	兴南水源地	盘东水源地	大洼水源地
饮水途径	氨氮	9.216×10^{-12}	1.229×10^{-11}	7.066×10^{-11}	4.608×10^{-12}	9.216×10^{-12}	—
	氟化物	1.043×10^{-9}	1.440×10^{-9}	4.966×10^{-10}	7.450×10^{-10}	1.117×10^{-9}	1.242×10^{-10}
	氰化物	4.027×10^{-12}	4.027×10^{-12}	8.054×10^{-12}	8.054×10^{-12}	4.027×10^{-12}	—
	汞	9.933×10^{-12}	9.933×10^{-12}	9.933×10^{-12}	9.933×10^{-12}	9.933×10^{-12}	9.933×10^{-12}
	铅	5.321×10^{-10}	5.321×10^{-10}	1.277×10^{-10}	1.064×10^{-09}	5.321×10^{-10}	1.064×10^{-09}
	铜	1.862×10^{-10}	1.862×10^{-10}	1.490×10^{-09}	1.490×10^{-09}	1.862×10^{-10}	1.862×10^{-09}
	酚	1.490×10^{-12}	1.490×10^{-12}	2.980×10^{-12}	2.980×10^{-12}	1.490×10^{-12}	—
	总风险	1.786×10^{-9}	2.186×10^{-9}	2.206×10^{-9}	3.325×10^{-9}	1.860×10^{-9}	3.061×10^{-9}
呼吸途径	氨氮	1.062×10^{-13}	1.417×10^{-13}	8.145×10^{-13}	5.312×10^{-14}	1.062×10^{-13}	—
	氟化物	1.202×10^{-11}	1.660×10^{-11}	5.725×10^{-12}	8.588×10^{-12}	1.288×10^{-11}	1.431×10^{-12}
	氰化物	4.642×10^{-14}	4.642×10^{-14}	9.284×10^{-14}	9.284×10^{-13}	4.642×10^{-14}	—
	汞	1.145×10^{-13}	1.145×10^{-13}	1.145×10^{-13}	1.145×10^{-13}	1.145×10^{-13}	1.145×10^{-13}
	铅	6.134×10^{-12}	6.134×10^{-12}	1.227×10^{-11}	1.227×10^{-11}	6.134×10^{-12}	1.227×10^{-12}
	铜	2.147×10^{-12}	2.147×10^{-12}	1.718×10^{-11}	1.718×10^{-11}	2.147×10^{-12}	2.147×10^{-11}
	酚	1.718×10^{-14}	1.718×10^{-14}	3.435×10^{-14}	3.435×10^{-14}	1.718×10^{-14}	—
	总风险	2.059×10^{-11}	2.520×10^{-11}	3.622×10^{-11}	3.916×10^{-11}	2.145×10^{-11}	2.424×10^{-11}
非致癌总风险率		1.807×10^{-9}	2.212×10^{-9}	2.242×10^{-9}	3.364×10^{-9}	1.882×10^{-9}	3.085×10^{-9}

表 3.19 盘锦市各饮用水源地健康风险统计值 （a^{-1}）

风险统计值	水源地	石山水源地	高升水源地	兴一水源地	兴南水源地	盘东水源地	大洼水源地
平均值	致癌风险率	1.947×10^{-5}	2.010×10^{-5}	3.007×10^{-5}	3.117×10^{-5}	2.032×10^{-5}	4.166×10^{-5}
	非致癌风险率	1.807×10^{-9}	2.212×10^{-9}	2.242×10^{-9}	3.364×10^{-9}	1.882×10^{-9}	3.085×10^{-9}
最小值	致癌风险率	1.749×10^{-5}	1.761×10^{-5}	2.805×10^{-5}	2.809×10^{-5}	1.804×10^{-5}	3.887×10^{-5}
	非致癌风险率	1.641×10^{-9}	1.708×10^{-9}	1.756×10^{-9}	2.781×10^{-9}	1.718×10^{-9}	2.647×10^{-9}

风险统计值	水源地	石山水源地	高升水源地	兴一水源地	兴南水源地	盘东水源地	大洼水源地
最大值	致癌风险率	3.462×10^{-5}	3.517×10^{-5}	5.719×10^{-5}	5.891×10^{-5}	3.519×10^{-5}	7.326×10^{-5}
	非致癌风险率	3.259×10^{-9}	3.555×10^{-9}	3.376×10^{-9}	4.380×10^{-9}	3.528×10^{-9}	3.965×10^{-9}
标准差	致癌风险率	1.078×10^{-5}	1.095×10^{-5}	1.781×10^{-5}	1.736×10^{-5}	1.096×10^{-5}	2.292×10^{-5}
	非致癌风险率	1.119×10^{-9}	1.107×10^{-9}	1.051×10^{-9}	1.352×10^{-9}	1.099×10^{-9}	1.037×10^{-9}

健康风险评价结果显示：盘锦市地下饮用水源地存在致癌风险与非致癌风险（致癌风险率远大于非致癌风险率），都会对人体健康造成损害。不同暴露途径导致的人体健康风险存在很大差异性，经饮水途径的风险明显高于呼吸途径，故饮水途径是健康风险的主要暴露途径。

图 3.5 为石山水源地经饮水途径致癌风险累积分布曲线。累积分布概率 P 为 95% 时，比较三种致癌物致癌风险：从图 3.5 可以看出石山水源地 Cd 的致癌风险最小，As 的致癌风险次之，Cr^{6+} 致癌风险最大。同理通过各水源地致癌风险累积分布曲线可以得到大洼、高升和盘东饮用水源地化学致癌物经饮水途径的风险率大小依次为 $Cr^{6+} > As > Cd$，其中 Cr^{6+} 和 As 的致癌风险较高。而兴一、兴南水源地化学致癌物的风险率依次为 $Cr^{6+} > Cd > As$，Cr^{6+} 和 Cd 的致癌风险较高。

从表 3.17 可知，化学致癌物经饮水途径所致人体健康年风险率在 $10^{-5} \sim 10^{-7} a^{-1}$ 之间，经呼吸途径所致人体健康终生风险率在 $10^{-7} \sim 10^{-9} a^{-1}$ 之间，跨途径总致癌风险率为 $10^{-5} a^{-1}$，已超过人体最大可接受风险水平，人们对此类风险关心并愿意采取措施消除或减轻这种风险。图 3.6 表征盘锦市地下饮用水源地致癌物经饮水途径致癌风险率，其中大洼水源地风险最大，兴一和兴南水源地次之，石山、高升与盘东水源地风险相对较小，对这些水源地存在的致癌风险必须采取有效措施加以消除或减轻。

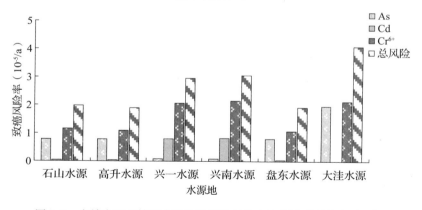

图 3.6　盘锦市地下饮用水源地致癌物经饮水途径致癌风险率（a^{-1}）

由图 3.7 可知，受模型参数不确定性因素的影响，各水源地致癌风险存在一定的波动。石山水源地风险值小于 2.186×10^{-5} 的概率为 95%；高升水源地风险值小于 2.200×10^{-5} 的概率为 95%；兴一水源地风险值小于 3.612×10^{-5} 的概率为 95%；兴南水源地风险值小于 3.522×10^{-5} 的概率为 95%；盘东水源地风险值小于 2.223×10^{-5} 的概率为 95%；大洼水源

地风险值小于 4.398×10^{-5} 的概率为 95%。

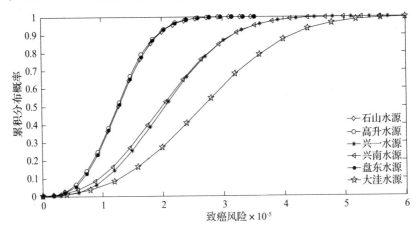

图 3.7　盘锦市饮用水源地致癌物跨途径总风险累积分布曲线

由表 3.18 可知,盘锦市地下饮用水中非致癌物氨氮、挥发酚、氰化物、汞、铅、铜、氟化物等经饮水和呼吸途径导致人体健康人均年风险率多小于 $10^{-9}\mathrm{a}^{-1}$,说明非致癌物对人体健康损害的程度很小。六个水源地非致癌风险按风险程度大小排列为兴南水源地 > 大洼水源地 > 兴一水源地 > 高升水源地 > 盘东水源地 > 石山水源地。

对盘锦市六个饮用水源地 10000 组致癌风险率与非致癌风险率进行统计分析,得到风险率平均值、最大值、最小值和标准差等统计数据,见表 3.19。平均值代表一组数据的均衡点,通过平均值可以对六个水源地致癌风险率、非致癌风险率进行横向的比较;最大值、最小值与标准差体现一组数据的离散程度,也是对模型中参数不确定性的定量化。由表 3.19 中盘锦市健康风险统计值的最大值、最小值可以看出,受评价过程中模型参数选取的不确定性影响,各水源地水环境健康风险评价结果多少有些差异。以石山水源为例,致癌风险率最大值、最小值分别为 1.749×10^{-5}、3.462×10^{-5},非致癌风险率最大值、最小值分别为 1.641×10^{-9}、3.259×10^{-9},可以看出致癌、非致癌风险率的最大值都近似为最小值的 2 倍。如果在风险评价过程中忽略参数选取的不确定性,不进行不确定性分析,致使结果与实际情况存在较大差异。所以,在风险评价过程中应进行模型参数的不确定性分析,以保证评价结果的准确性。

3.6　基于预期寿命损失法的水环境健康风险评价

3.6.1　基于预期寿命损失的水环境健康风险评价模型

通常将事故发生概率 P 与事故造成的环境或健康后果 C 的乘积定义为风险 R(胡二邦,2000),即:

$$R = P \times C \tag{3.9}$$

在水环境健康风险模型中用 P 表征事故发生概率;用预期寿命损失表征环境或健康后果 C。假定致癌物对人体的影响最终将导致死亡,其寿命损失当量值为 10^{-5} 致癌风险下所导致的 LLE 值;非致癌物所造成的健康效应仅对人体机能和功能有或多或少的影响,表 3.20

为人体不同健康受损程度与寿命损失 LLE 的对应关系（Gamo M. 等，2003），通过式（3.9）将非致癌物质与致癌物质统一在一起，进行总风险的计算。

表 3.20 不同健康受损状态的 LLE 值

健康状态受损分类	LLE/（a）	健康状态受损分类	LLE/（a）
Ⅰ 不能进行日常活动	14.3	Ⅳ 慢性疾病（有一种疾病）	2.01
Ⅱ 日常活动困难	6.24	Ⅴ 有痉挛、疲劳等征兆	1.05
Ⅲ 慢性疾病（有两种以上疾病）	3.27	Ⅵ 无任何征兆	0

预期寿命损失计算模型的计算公式为（Gamo M. 等，1995；杨宇等 2005）：

$$LLE(x) = L_0(x) - L(x) \tag{3.10}$$

式中：$L_0(x)$ 为无暴露条件下预期剩余寿命，可由式（3.11）计算；$L(x)$ 为特定暴露条件下的预期剩余寿命，可由式（3.12）计算：

$$L_0(x) = \frac{\dfrac{S_0(x) + S_0\max}{2} + \sum_{y=x+1}^{\max} S_0(y)}{S_0(x)} \tag{3.11}$$

式中：x 表示年龄；max 为最长寿年龄；$S_0(x)$ 表示年龄组别人口分布，即同时出生的 10 万人在 x 岁时的存活人数；$S(x)$ 表示有暴露条件下的人口分布，替代 $S_0(x)$ 即可求得有暴露条件下的预期剩余寿命 $L(x)$（杨宇等，2005），即：

$$L(x) = \frac{\dfrac{S(x) + S_0\max}{2} + \sum_{y=x+1}^{\max} S_0(y)}{S(x)} \tag{3.12}$$

暴露条件下死亡率为无暴露下死亡率与过剩癌症发病率之和：

$$\Delta u(x) = a \times u(x) \times \Sigma[(y-h) \times k(y-h)] \tag{3.13}$$

式中：$u(x)$ 表示年龄为 x 时的癌症发病率；h 为潜伏期，参考放射性致癌调查结果，通常取 10；a，k 均为系数，k 可参考放射性致癌的调查结果，按式（3.14）进行计算（Gofman JW，1990）。

$$k(x) = \begin{cases} epx(-0.0935x) & (0 \leqslant x \leqslant 27) \\ \exp(-1.98 - 0.0192x) & (x \geqslant 27) \end{cases} \tag{3.14}$$

3.6.2 基于预期寿命损失法的水环境健康风险计算及结果分析

盘锦地区癌症发病率和人口统计死亡率资料见表 3.21、表 3.22。

表 3.21 盘锦地区癌症发病率 $u(x)/10^{-5}$

年龄组	0	1~4	5~9	10~14	15~19	20~24	25~29
$u(x)$	8.41	8.79	3.70	2.48	6.59	7.13	8.50
年龄组	30~34	35~39	40~44	45~49	50~54	55~59	60~64
$u(x)$	17.70	35.31	66.69	71.90	111.78	167.26	255.92
年龄组	65~69	70~74	75~79	80~84	85 岁及以上		
$u(x)$	368.18	581.93	841.96	1140.55	1719.96		

注：数据来源于《2011 年中国卫生统计年鉴》。

表 3.22　盘锦地区人口年龄组别死亡率

年龄（岁）	死亡率（‰）	年龄（岁）	死亡率（‰）
0	1.29	50～54	4.18
1～4	1.29	55～59	6.19
5～9	0.30	60～64	10.31
10～14	0.30	65～69	17.21
15～19	0.39	70～74	30.64
20～24	0.50	75～79	49.52
25～29	0.61	80～84	84.81
30～34	0.81	85～89	127.43
35～39	1.16	90～94	190.78
40～44	1.76	95～99	217.10
45～49	2.61	≥100	454.35

注：数据来源于《2011年中国卫生统计年鉴》。

根据式（3.10）~式（3.14）得到盘锦市各年龄组别预期寿命以及 10^{-5} 致癌风险下的年龄组别预期寿命损失，详见表 3.23。

表 3.23　盘锦地区年龄别预期寿命及 10^{-5} 致癌风险下的预期寿命损失

年龄	死亡率（‰）	$S_0(x)$	$\Sigma S_0(y)$	$(S_0(x)+S_0\max)/2$	$(S_0(x)+S_0\max)/2+\Sigma S_0(y)$	$L_0(x)$	$L(x)$	$L_0(x)-L(x)$
0	1.29	99871.00	7613131.52	50406.32	7663537.84	76.73	76.73	7.04×10^{-5}
1	1.29	99742.17	7513389.35	50341.91	7563731.26	75.83	75.83	7.05×10^{-5}
2	1.29	99613.50	7413775.86	50277.57	7464053.43	74.93	74.93	7.05×10^{-5}
3	1.29	99485.00	7314290.86	50213.32	7364504.18	74.03	74.03	7.06×10^{-5}
4	1.29	99356.66	7214934.20	50149.15	7265083.35	73.12	73.12	7.07×10^{-5}
5	0.30	99326.85	7115607.34	50134.25	7165741.59	72.14	72.14	7.08×10^{-5}
6	0.30	99297.06	7016310.28	50119.35	7066429.64	71.16	71.16	7.08×10^{-5}
7	0.30	99267.27	6917043.02	50104.46	6967147.47	70.19	70.19	7.08×10^{-5}
8	0.30	99237.49	6817805.53	50089.57	6867895.10	69.21	69.21	7.08×10^{-5}
9	0.30	99207.72	6718597.81	50074.68	6768672.49	68.23	68.23	7.08×10^{-5}
10	0.30	99177.95	6619419.86	50059.80	6669479.66	67.25	67.25	7.09×10^{-5}
11	0.30	99148.20	6520271.66	50044.92	6570316.58	66.27	66.27	7.09×10^{-5}
12	0.30	99118.46	6421153.20	50030.05	6471183.25	65.29	65.29	7.09×10^{-5}
13	0.30	99088.72	6322064.48	50015.18	6372079.66	64.31	64.31	7.09×10^{-5}
14	0.30	99058.99	6223005.49	50000.32	6273005.81	63.33	63.33	7.09×10^{-5}
15	0.39	99020.36	6123985.13	49981.00	6173966.13	62.35	62.35	7.07×10^{-5}
16	0.39	98981.74	6025003.38	49961.70	6074965.08	61.37	61.37	7.05×10^{-5}
17	0.39	98943.14	5926060.24	49942.39	5976002.64	60.40	60.40	7.02×10^{-5}
18	0.39	98904.55	5827155.69	49923.10	5877078.79	59.42	59.42	6.98×10^{-5}
19	0.39	98865.98	5728289.71	49903.81	5778193.52	58.44	58.44	6.92×10^{-5}

年龄	死亡率（‰）	$S_0(x)$	$\Sigma S_0(y)$	$(S_0(x)+S_0\max)/2$	$(S_0(x)+S_0\max)/2+\Sigma S_0(y)$	$L_0(x)$	$L(x)$	$L_0(x)-L(x)$
20	0.50	98816.55	5629473.16	49879.10	5679352.26	57.47	57.47	6.84×10^{-5}
21	0.50	98767.14	5530706.03	49854.39	5580560.42	56.50	56.50	6.74×10^{-5}
22	0.50	98717.75	5431988.27	49829.70	5481817.97	55.53	55.53	6.62×10^{-5}
23	0.50	98668.40	5333319.87	49805.02	5383124.90	54.56	54.56	6.48×10^{-5}
24	0.50	98619.06	5234700.81	49780.35	5284481.17	53.58	53.58	6.33×10^{-5}
25	0.61	98558.90	5136141.91	49750.28	5185892.18	52.62	52.62	6.12×10^{-5}
26	0.61	98498.78	5037643.13	49720.22	5087363.34	51.65	51.65	5.89×10^{-5}
27	0.61	98438.70	4939204.43	49690.17	4988894.60	50.68	50.68	5.65×10^{-5}
28	0.61	98378.65	4840825.78	49660.15	4890485.92	49.71	49.71	5.38×10^{-5}
29	0.61	98318.64	4742507.14	49630.14	4792137.28	48.74	48.74	5.09×10^{-5}
30	0.81	98239.00	4644268.13	49590.32	4693858.46	47.78	47.78	4.36×10^{-5}
31	0.81	98159.43	4546108.70	49550.54	4595659.24	46.82	46.82	3.57×10^{-5}
32	0.81	98079.92	4448028.78	49510.78	4497539.57	45.86	45.86	2.72×10^{-5}
33	0.81	98000.47	4350028.31	49471.06	4399499.37	44.89	44.89	1.83×10^{-5}
34	0.81	97921.09	4252107.22	49431.37	4301538.59	43.93	43.93	8.74×10^{-6}
35	1.16	97807.51	4154299.71	49374.58	4203674.29	42.98	42.98	8.04×10^{-6}
36	1.16	97694.05	4056605.66	49317.85	4105923.51	42.03	42.03	7.25×10^{-6}
37	1.16	97580.72	3959024.94	49261.19	4008286.12	41.08	41.08	6.35×10^{-6}
38	1.16	97467.53	3861557.41	49204.59	3910762.00	40.12	40.12	5.36×10^{-6}
39	1.16	97354.47	3764202.94	49148.06	3813351.00	39.17	39.17	4.28×10^{-6}
40	1.76	97183.12	3667019.81	49062.39	3716082.20	38.24	38.24	5.22×10^{-7}
41	1.76	97012.08	3570007.73	48976.86	3618984.60	37.30	37.30	1.84×10^{-6}
42	1.76	96841.34	3473166.39	48891.49	3522057.89	36.37	36.37	3.16×10^{-6}
43	1.76	96670.90	3376495.49	48806.27	3425301.76	35.43	35.43	4.46×10^{-6}
44	1.76	96500.76	3279994.73	48721.20	3328715.94	34.49	34.49	5.75×10^{-6}
45	2.61	96248.89	3183745.84	48595.27	3232341.11	33.58	33.58	6.53×10^{-6}
46	2.61	95997.68	3087748.16	48469.66	3136217.82	32.67	32.67	7.30×10^{-6}
47	2.61	95747.13	2992001.03	48344.39	3040345.42	31.75	31.75	8.06×10^{-6}
48	2.61	95497.23	2896503.80	48219.44	2944723.24	30.84	30.84	8.83×10^{-6}
49	2.61	95247.98	2801255.82	48094.81	2849350.63	29.92	29.92	9.60×10^{-6}
50	4.18	94849.84	2706405.98	47895.75	2754301.72	29.04	29.04	9.52×10^{-6}
51	4.18	94453.37	2611952.60	47697.51	2659650.11	28.16	28.16	9.46×10^{-6}
52	4.18	94058.56	2517894.05	47500.10	2565394.15	27.27	27.27	9.43×10^{-6}
53	4.18	93665.39	2424228.65	47303.52	2471532.17	26.39	26.39	9.44×10^{-6}
54	4.18	93273.87	2330954.78	47107.76	2378062.54	25.50	25.50	9.50×10^{-6}
55	6.19	92696.51	2238258.28	46819.08	2285077.35	24.65	24.65	8.23×10^{-6}

续表

年龄	死亡率（‰）	$S_0(x)$	$\Sigma S_0(y)$	$(S_0(x)+S_0\max)/2$	$(S_0(x)+S_0\max)/2+\Sigma S_0(y)$	$L_0(x)$	$L(x)$	$L_0(x)-L(x)$
56	6.19	92122.71	2146135.56	46532.18	2192667.74	23.80	23.80	7.06×10^{-6}
57	6.19	91552.47	2054583.09	46247.06	2100830.15	22.95	22.95	6.00×10^{-6}
58	6.19	90985.76	1963597.33	45963.71	2009561.03	22.09	22.09	5.09×10^{-6}
59	6.19	90422.56	1873174.76	45682.10	1918856.87	21.22	21.22	4.34×10^{-6}
60	10.31	89490.31	1783684.46	45215.98	1828900.43	20.44	20.44	1.31×10^{-6}
61	10.31	88567.66	1695116.79	44754.65	1739871.45	19.64	19.64	4.53×10^{-6}
62	10.31	87654.53	1607462.27	44298.09	1651760.35	18.84	18.84	7.83×10^{-6}
63	10.31	86750.81	1520711.46	43846.23	1564557.68	18.04	18.04	1.12×10^{-5}
64	10.31	85856.41	1434855.05	43399.03	1478254.07	17.22	17.22	1.46×10^{-5}
65	17.21	84378.82	1350476.23	42660.23	1393136.46	16.51	16.51	1.79×10^{-5}
66	17.21	82926.66	1267549.56	41934.15	1309483.72	15.79	15.79	2.14×10^{-5}
67	17.21	81499.49	1186050.07	41220.57	1227270.64	15.06	15.06	2.50×10^{-5}
68	17.21	80096.89	1105953.18	40519.27	1146472.45	14.31	14.31	2.87×10^{-5}
69	17.21	78718.42	1027234.76	39830.03	1067064.80	13.56	13.56	3.26×10^{-5}
70	30.64	76306.49	950928.28	38624.07	989552.34	12.97	12.97	3.66×10^{-5}
71	30.64	73968.46	876959.82	37455.05	914414.87	12.36	12.36	4.09×10^{-5}
72	30.64	71702.06	805257.76	36321.85	841579.61	11.74	11.74	4.54×10^{-5}
73	30.64	69505.11	735752.65	35223.38	770976.03	11.09	11.09	5.03×10^{-5}
74	30.64	67375.48	668377.17	34158.56	702535.73	10.43	10.43	5.55×10^{-5}
75	49.52	64039.04	604338.13	32490.34	636828.47	9.94	9.94	6.15×10^{-5}
76	49.52	60867.83	543470.30	30904.74	574375.04	9.44	9.44	6.80×10^{-5}
77	49.52	57853.65	485616.65	29397.65	515014.30	8.90	8.90	7.52×10^{-5}
78	49.52	54988.74	430627.91	27965.19	458593.10	8.34	8.34	8.30×10^{-5}
79	49.52	52265.70	378362.21	26603.67	404965.88	7.75	7.75	9.15×10^{-5}
80	84.81	47833.04	330529.17	24387.35	354916.51	7.42	7.42	1.04×10^{-4}
81	84.81	43776.32	286752.84	22358.99	309111.83	7.06	7.06	1.18×10^{-4}
82	84.81	40063.65	246689.19	20502.65	267191.84	6.67	6.67	1.33×10^{-4}
83	84.81	36665.86	210023.33	18803.75	228827.08	6.24	6.24	1.50×10^{-4}
84	84.81	33556.22	176467.11	17248.94	193716.04	5.77	5.77	1.70×10^{-4}
85	127.43	29280.15	147186.95	15110.90	162297.85	5.54	5.54	1.99×10^{-4}
86	127.43	25548.98	121637.97	13245.32	134883.29	5.28	5.28	2.34×10^{-4}
87	127.43	22293.28	99344.69	11617.46	110962.15	4.98	4.98	2.74×10^{-4}
88	127.43	19452.44	79892.25	10197.05	90089.29	4.63	4.63	3.21×10^{-4}
89	127.43	16973.62	62918.63	8957.63	71876.26	4.23	4.23	3.76×10^{-4}
90	190.78	13735.39	49183.23	7338.52	56521.75	4.12	4.11	4.72×10^{-4}
91	190.78	11114.95	38068.28	6028.30	44096.58	3.97	3.97	5.92×10^{-4}

年龄	死亡率（‰）	$S_0(x)$	$\Sigma S_0(y)$	$(S_0(x)+S_0\max)/2$	$(S_0(x)+S_0\max)/2+\Sigma S_0(y)$	$L_0(x)$	$L(x)$	$L_0(x)-L(x)$
92	190.78	8994.44	29073.84	4968.05	34041.88	3.78	3.78	7.41×10^{-4}
93	190.78	7278.48	21795.35	4110.07	25905.42	3.56	3.56	9.26×10^{-4}
94	190.78	5889.89	15905.46	3415.77	19321.23	3.28	3.28	9.62×10^{-4}
95	217.70	4607.66	11297.79	2774.66	14072.45	3.05	3.05	1.12×10^{-3}
96	217.70	3604.58	7693.22	2273.11	9966.33	2.76	2.76	1.42×10^{-3}
97	217.70	2819.86	4873.36	1880.75	6754.11	2.40	2.39	1.90×10^{-3}
98	217.70	2205.98	2667.38	1573.81	4241.19	1.92	1.92	2.63×10^{-3}
99	217.70	1725.74	941.65	1333.69	2275.34	1.32	1.31	3.69×10^{-3}
100	454.35	941.65	0.00	941.65	941.65	1.00	0.99	7.17×10^{-3}

根据表 3.23 以及中国目前分年龄组别人口比重，将分年龄组别预期寿命损失值进行加权，得到盘锦市 10^{-5} 致癌风险下的平均预期寿命损失值 LLE 为 0.014d，则通过式（3.10）与表 3.17 中的饮水途径、呼吸途径化学致癌物致癌年风险率得到致癌风险的预期寿命损失，见表 3.24。

表 3.24 致癌物经饮水途径、呼吸途径的预期寿命损失风险（d）

项目	污染物	石山水源地	高升水源地	兴一水源地	兴南水源地	盘东水源地	大洼水源地
饮水途径	As	0.7575	0.7644	0.0813	0.0764	0.7928	1.9149
	Cr^{6+}	1.0741	1.1290	2.0168	2.1031	1.0457	2.0884
	Cd	0.0392	0.0402	0.7879	0.8144	0.0402	—
	总风险	1.8708	1.9335	2.8861	2.9939	1.8787	4.0033
呼吸途径	As	0.0153	0.0151	0.0016	0.0015	0.0872	0.0386
	Cr^{6+}	0.0214	0.0208	0.0436	0.0428	0.0253	0.0407
	Cd	0.0008	0.0008	0.0158	0.0162	0.0005	—
	总风险	0.0374	0.0367	0.0610	0.0605	0.1130	0.0793
跨途径总致癌风险		1.9083	1.9702	2.9471	3.0544	1.9917	4.0826

非致癌物质对人体的影响最终不会造成死亡，将非致癌物质对于人体健康的影响程度分为六类进行度量，详见表 3.20。盘锦地区地下饮用水源地非致癌物质对人体健康影响表征见表 3.25。

表 3.25 盘锦地区非致癌物质对人体影响表征

污染物	健康影响表现	健康受损状态	LLE（a）
NH_3	窒息	I	14.3
	高血压、糖尿病、甲状腺功能亢进	III	3.27
F	中毒死亡	I	14.3
	氟骨症	IV	2.01
CN	窒息	I	14.3
	头痛、呕吐、头晕等	V	1.05

续表

污染物	健康影响表现	健康受损状态	LLE(a)
Hg	肝炎、肾炎	Ⅲ	3.27
	头痛、头晕等	Ⅴ	1.05
Pb	贫血、损害神经系统	Ⅲ	3.27
	脑水肿、动脉硬化、痉挛等	Ⅴ	1.05
Cu	神经衰弱、恶心呕吐	Ⅴ	1.05
	高血压、结膜炎	Ⅲ	3.27
酚	头晕、头痛	Ⅴ	1.05
	贫血	Ⅳ	2.01

结合表3.19、表3.25与式（3.10），得到盘锦地区非致癌物质经饮水途径、呼吸途径的非致癌风险预期寿命损失，结果见表3.26。

表3.26 非致癌物经饮水途径、呼吸途径终身预期寿命损失风险（d）

项目	污染物	石山水源地	高升水源地	兴一水源地	兴南水源地	盘东水源地	大洼水源地
饮水途径	NH₃	4.137×10^{-6}	5.516×10^{-6}	3.172×10^{-5}	2.069×10^{-6}	4.137×10^{-6}	—
	F	4.346×10^{-4}	6.002×10^{-4}	2.070×10^{-4}	3.104×10^{-4}	4.657×10^{-4}	5.174×10^{-5}
	CN	1.579×10^{-6}	1.579×10^{-6}	3.159×10^{-6}	3.159×10^{-6}	1.579×10^{-6}	—
	Hg	1.096×10^{-6}	1.096×10^{-6}	1.096×10^{-6}	1.096×10^{-6}	1.096×10^{-6}	1.096×10^{-6}
	Pb	5.873×10^{-5}	5.873×10^{-5}	1.410×10^{-5}	1.175×10^{-4}	5.873×10^{-5}	1.175×10^{-4}
	Cu	2.056×10^{-5}	2.056×10^{-5}	1.645×10^{-4}	1.645×10^{-4}	2.056×10^{-5}	2.056×10^{-4}
	酚	1.165×10^{-7}	1.165×10^{-7}	2.330×10^{-7}	2.330×10^{-7}	1.165×10^{-7}	—
	总风险	5.208×10^{-4}	6.878×10^{-4}	4.217×10^{-4}	5.989×10^{-4}	5.519×10^{-4}	3.759×10^{-4}
呼吸途径	NH₃	4.769×10^{-8}	6.359×10^{-8}	3.656×10^{-7}	2.385×10^{-8}	4.769×10^{-8}	—
	F	5.010×10^{-6}	6.919×10^{-6}	2.386×10^{-6}	3.579×10^{-6}	5.368×10^{-6}	5.964×10^{-7}
	CN	1.821×10^{-8}	1.821×10^{-8}	3.641×10^{-8}	3.641×10^{-7}	1.821×10^{-8}	—
	Hg	1.264×10^{-8}	1.264×10^{-8}	1.264×10^{-8}	1.264×10^{-8}	1.264×10^{-8}	1.264×10^{-8}
	Pb	6.770×10^{-7}	6.770×10^{-7}	1.354×10^{-6}	1.354×10^{-6}	6.770×10^{-7}	1.354×10^{-7}
	Cu	2.370×10^{-7}	2.370×10^{-7}	1.896×10^{-6}	1.896×10^{-6}	2.370×10^{-7}	2.370×10^{-6}
	酚	1.343×10^{-9}	1.343×10^{-9}	2.686×10^{-9}	2.686×10^{-9}	1.343×10^{-9}	—
	总风险	6.004×10^{-6}	7.928×10^{-6}	6.053×10^{-6}	7.232×10^{-6}	6.362×10^{-6}	3.114×10^{-6}

通过表3.24与表3.26可得到盘锦市六个地下饮用水源地致癌物质与非致癌物质对人体健康构成的总风险，见表3.27。

表3.27 致癌物质与非致癌物质所致人体健康总风险（d）

项目	石山水源地	高升水源地	兴一水源地	兴南水源地	盘东水源地	大洼水源地
致癌物跨途径总风险	1.9083	1.9702	2.9471	3.0544	1.9917	4.0826
非致癌物跨途径总风险	0.0005	0.0007	0.0004	0.0006	0.0006	0.0004
总风险	1.9088	1.9709	2.9475	3.0550	1.9922	4.0830

　　表 3.17、表 3.18 是通过水环境健康风险评价模型式（3.5）~式（3.8）计算得出，如果应用表 3.17、表 3.18 的数据作为最后的评价结果，那么致癌物质与非致癌物质健康风险至少相差 5 个数量级，致使非致癌性风险常常被忽略。而应用水环境健康风险评价模型与预期寿命损失相结合的方法，可以减少致癌物质与非致癌物质健康风险评价结果数量级上的显著差异，可以提高评价结果的可信度。

　　表 3.27 为盘锦市各饮用水源地的总风险损失，其中石山水源地 1.9088d，高升水源地 1.9709d，兴一水源地 2.9475d，兴南水源地 3.0550d，盘东水源地为 1.9922d，大洼水源地 4.0830d。将总风险按风险程度大小排序：大洼水源地 > 兴南水源地 > 兴一水源地 > 盘东水源地 > 高升水源地 > 石山水源地。基于 ArcGIS 的盘锦市六个地下饮用水源地水环境健康风险分区见图 3.8。大洼、兴南水源地同属于盘锦市大洼县境内；兴一水源地处双台子区；高升水源地、盘东水源地、石山水源地位于盘锦市盘山县境内。从整体上来看，盘锦市盘山县的水质受污染程度要小于大洼县的水质受污染程度。原因是多方面的，盘山县的区域面积比大洼县的区域面积大得多，但其人口密度却只有大洼县人口密度的 1/2。同时盘山县是辽宁省优质大米出口基地，河蟹养殖基地，其经济水平要高于其他县区。双台子区位于盘锦市中部，人口密度大，但其第二、三产业蓬勃发展，基础设施建设日臻完善，社会保障趋于成熟，城区环境得到明显改善。

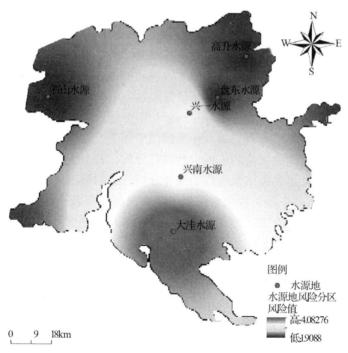

图 3.8　盘锦市地下饮用水源地水环境健康风险分区图

　　应用 ArcGIS 软件绘制盘锦市地下饮用水源地水环境健康风险分区图时，由于各水源地补给范围难以划定，因此采用克里金插值法进行空间插值。将矢量数据栅格化处理，以栅格化图形数据为基础，进行空间数据插值计算，并对插值后的栅格数据进行分类分析，得到地下饮用水源地水环境健康风险分区图。由图 3.8 可以看出石山水源、高升水源和盘东水源为蓝色区域，风险值比较低；兴一与兴南水源为黄色区域；大洼水源为红色区域，风险值比较高。区域风险值的变化整体上呈现是由东北方向与西北方向向南逐渐增大的趋势。大洼水源为最大值点，由大洼水源向南风险值逐渐变小。

石山水源地段地处大凌河流域，高升水源、盘东水源地段地处绕阳河流域，由此可以看出大凌河流域所处地段的水质相对的要好于饶阳河流域水质。大洼县内的大洼、兴南两个水源地地下水埋藏条件均为承压水，含水层岩性相近，差异性在于两水源地含水层厚度不同、所处的流域不同。高升水源、石山水源开采第四系平原组含水层地下水。平原组含水层埋藏浅，易受大气降水、人工开采、灌溉蒸发等因素影响，年内水位变化幅度明显，主要随季节上下波动。但平原组含水层由于埋藏浅而补给充分，致使枯水期形成的水位降能够在丰水期得以恢复，因而地下水位年际变化不大。盘东、兴一、兴南及大洼水源源头为上第三系明化镇组与馆陶组含水层地下水。侧向径流是含水层补给的主要来源，地下水的开采是含水层的主要排泄方式。经过对地下水的开采和利用，使地下水水位呈逐年下降趋势。虽然上第三系含水层与第四系含水层相比，接受补给来源相对较少，不易于受污染。但是第三系地下水在地质演变过程中因海水入侵作用使地层中储存了大量的咸水，又由于地下水流动缓慢导致地下水水质恶化。

以石山水源地为例从不同物质角度，3 种致癌物质的总健康风险为 1.9088d，非致癌物的总健康风险为 0.0005d，非致癌物的健康风险明显小于致癌物的健康风险。从致癌物质的角度，可以看出 Cr^{6+} 的预期寿命损失最大，说明饮用水中 Cr^{6+} 的致癌风险较高。人们长期饮用含铬污染的水会有腹部不适或腹泻，腐蚀呼吸道，支气管炎和鼻中隔糜烂等症状。从非致癌物的角度，可以看出 F 的总风险是其他非致癌物的 10 ~ 100 倍，饮用水中 F 对人们身体的潜在影响较大。我国饮用水中氟化物含量最低限制为 1.0mg/L。人体摄入过量的氟会造成身体损害，饮用水中氟化物含量超过 2.4 ~ 5mg/L 很可能会得氟骨症，甚至人体中毒致死。非致癌物对人体的潜在损害也不容忽视，相关部门应加强监测与管理。

在 3.5 节中对水环境健康风险的不确定性进行分析，着重于水环境健康风险模型中参数的随机模拟，并对 10000 组模拟结果进行了统计分析，绘制健康风险累积概率分布曲线。由表 3.19 可以看出盘锦市六个地下饮用水源地风险率离散程度较小，以各水源地风险率的平均值作为最后的风险率，进行基于预期寿命损失法的水环境健康风险的计算，减少了评价过程中不确定因素对计算结果的影响。

本次研究计算得到的盘锦市 10^{-5} 致癌风险下的平均预期寿命损失值 LLE 为 0.014d，略低于天津地区单位致癌风险（10^{-5}）的平均预期寿命损失 0.043d（62.16min，杨宇等）；日本人口预期寿命损失为 0.046d(66.24min，Gamo)，原因可能在于后两者研究资料均选自大约 20 年前统计数据，随着经济社会的发展、医疗水平的提高、人们受教育程度的提高，现期疾病死亡率与之相比有所下降。本研究中盘锦市饮用水源地基于预期寿命损失的致癌风险为 1.9088 ~ 4.0830d，非致癌风险 0.0004 ~ 0.0007d。与同类研究预期寿命损失相比较，中国主要致癌物预期寿命损失为 17.9d，非致癌物预期寿命损失为 8.6d（许海萍等）。比较发现致癌风险与非致癌风险均存在较大的差异，原因一方面在于所研究的污染物不同，致病机理不同；另一方面在于本研究的地下水环境这一特殊环境，水体赋存于地面岩层以下，污染物经过下渗、弥散等一系列物理化学作用进入水体，需要一个积累、潜伏、由量变到质变的发展过程，因此水体中污染物的含量相对较小。正是因为地下水环境这一特殊性，水体一旦受到污染需相当长的时间才能恢复。

目前地下水污染备受关注，为确保人民身体健康，建议盘锦市有关部门遵循统筹规划，综合治理、节流优先，治污为本、因地制宜，着眼加强法制法规建设，有效保护的规划原则，加强对各地区饮用水进行系统调查和分析，摸清饮用不安全水的人口数量、饮用水质状况和地区分布，追踪污染物的确切来源，查明污染物含量较高的具体原因，并采取适当的措施，保证饮用水达到国家卫生标准，减少对居民身体健康的危害。制定管辖区域饮用水源地保护方案和应急预案，建立应急监测指挥系统；开展饮用水源地污染突发事件应急演练，保证污染处理效率得到提高。确保污水处理率达标，垃圾资源化，畜禽养殖集约化、无害化，有效解决环境污染问题。充分利用广播、电视、互联网等媒体资源广泛宣传饮用水安全必要性和紧迫性，调动全社会参与与监督的积极性。健康无污染的饮用水对于人类至关重要，所以有必要对饮用水源地进行水环境健康风险评价。通过水环境健康风险评价可以清楚地了解水体中的污染物对人体健康的损害程度，同时还能为水源地风险管理提供科学合理的决策依据。

第4章 基于不确定参数的水环境 健康风险评价方法与应用

4.1 水环境健康风险评价模型

水环境健康风险评价对象主要是水体中对人体有毒有害的物质，这些毒害污染物对人体健康产生危害主要通过3种暴露途径：饮食饮水、皮肤接触和呼吸。饮水途径主要指水体中污染物以日常饮用形式直接被人体吸收的途径；皮肤接触途径指我们日常的洗漱和洗浴过程中，水体中污染物直接经人体皮肤摄入的途径；呼吸途径指水中污染物被气化或雾化在空气中被人体吸入的途径。

国际癌症研究机构（IARC）、世界卫生组织（WHO）和美国环保署（U. S. EPA）在综合分析毒理学、流行病学和临床统计资料以及动物实验数据的基础上，根据有毒有害物质对人体致癌的可能性程度，将对人体有毒有害的污染物分为基因毒物质和躯体毒物质，前者包括化学致癌物质和放射性污染物，同时大多数化学致癌物质对人体都具有非致癌慢性毒害作用，且对人体危害没有阈值的限制。后者主要是化学非致癌物质。考虑不同性质的污染物对人体的作用机理，相应选择不同的评价模型。

4.1.1 致癌物风险率的计算模型

致癌风险率是指用风险值表示人体暴露于某种毒害物中且超过人体正常接受水平的致癌发病概率。公式可表达为有害有毒物质长期的日摄入剂量与致癌强度系数的乘积。

（1）致癌物经过饮水暴露途径产生的个人致癌风险评价模型为：

$$R_i^y = 1 - \exp(-E_i^y \times Q_i) \tag{4.1}$$

式中，R_i^y 为化学致癌物 i 经过饮水暴露途径产生的个人年致癌风险率，无量纲；E_i^y 为化学致癌物 i 经饮水暴露途径的单位体质量的日均摄入剂量，mg/kg·d；Q_i 为化学致癌物质 i 经饮水暴露途径的致癌强度系数 $(mg/kg·d)^{-1}$。

（2）致癌物通过皮肤接触途径所致的个人致癌风险评价模型为：

$$R_i^p = 1 - \exp(-E_i^p \times Q_i) \tag{4.2}$$

式中，R_i^p 为化学致癌物 i 经皮肤接触暴露途径所致个人年平均风险率，无量纲；E_i^p 为化学致癌物 i 经皮肤接触暴露途径的单位体质量的日均摄入剂量，mg/kg·d；Q_i 为化学致癌物质 i 经皮肤接触暴露途径的致癌强度系数 $[mg/(kg·d)]^{-1}$。

（3）致癌物经呼吸暴露途径所致个人致癌风险的评价模型为：

$$R_i^y = 1 - \exp(-E_i^h \times Q_i) \tag{4.3}$$

式中，R_i^h 为化学致癌物 i 经呼吸暴露途径所致个人年平均风险率，无量纲；E_i^h 为化学致癌

物 i 经呼吸暴露途径所致的单位体质量的日均摄入剂量，mg/kg·d；Q_i 为化学致癌物质 i 经呼吸暴露途径的致癌强度系数 $[mg(kg \cdot d)]^{-1}$。

化学致癌物的总致癌年风险公式：

$$R_{总} = \sum_{i=1}^{n} R_i \tag{4.4}$$

4.1.2　非致癌物质的风险率计算模型

非致癌化学物质对人体的风险用风险指数 HI 表示，计算公式可表达为长期日摄入量与非致癌物参考剂量的比值。

（1）非致癌物质通过饮水途径所致个人健康风险评价模型为：

$$HI_i^{\gamma} = E_i^{\gamma} \times 10^{-6}/RfD_i \tag{4.5}$$

式中，HI_i^{γ} 为非致癌化学物 i 经饮水暴露途径所致人体健康危害的年平均风险，无量纲；E_i^{γ} 为非致癌化学物 i 经饮水暴露途径产生的单位体质量的日均摄入剂量，$mg(kg \cdot d)$；RfD_i 为非致癌物 i 的参考剂量，$mg(kg \cdot d)$。

（2）非致癌物质通过皮肤接触途径所致人体非致癌风险评价模型为：

$$HI_i^{p} = E_i^{p} \times 10^{-6}/RfD_i \tag{4.6}$$

式中，HI_i^{p} 为非致癌化学物 i 经皮肤接触暴露途径所致健康危害的年平均非致癌风险，无量纲；E_i^{p} 为非致癌化学物 i 经皮肤接触暴露途径产生的单位体质量的日均摄入剂量，mg/kg·d；RfD_i 为非致癌物 i 的参考剂量，$mg(kg \cdot d)$。

（3）非致癌物质经呼吸途径所致个人非致癌风险评价模型为：

$$HI_i^{h} = E_i^{h} \times 10^{-6}/RfD_i \tag{4.7}$$

式中，HI_i^{h} 为非致癌化学物 i 经呼吸暴露途径所致健康危害的年平均非致癌风险，无量纲；E_i^{h} 为非致癌化学物 i 经呼吸暴露途径产生的单位体质量的日均摄入剂量，$mg(kg \cdot d)$；RfD_i 为非致癌物 i 的参考剂量，$mg(kg \cdot d)$。

4.1.3　放射性物质的风险率计算模型

放射性物质所致人体健康危害的计算公式为

$$R^{r} = \sum_{i=1}^{j} R_i^{r} \tag{4.8}$$

$$R_i^{\gamma} = 1.25 \times 10^{-2} D_i \tag{4.9}$$

$$D_i = \Delta C_i \times u^{a} \times g^{a} \tag{4.10}$$

式中：R_i^{r} 为放射污染物 i 所致的个人健康危害年均风险；D_i 为放射污染物 i 对个人单位体质量产生的日均暴露剂量，$mg/(kg \cdot d)$；1.25×10^{-2} 为人群辐射诱发的癌症死亡概率，Sv^{-1}；u^{a} 为 a 年龄组个人的水摄入量，L/a；g^{a} 为 a 年龄组饮水途径的剂量转换因子，Sv/Bq；ΔC_i 为放射性物质年平均浓度增量，mg/L。

4.1.4　暴露剂量计算方法

由式 4.1~式 4.7 可以看出，无论是计算致癌物的风险率还是非致癌物的风险率，单位体质量的日均摄人量 E 是整个风险评价体系的关键。考虑到不同暴露途径暴露机理不同，不同暴露途径采用不同的暴露剂量计算公式。

（1）由饮水途径所致单位体质量日均摄入剂量 E_i^y 计算公式为（李如忠，2007）

$$E_i^y = \frac{C_i \times I_R^r \times E_F \times E_D}{B_W \times A_T} \tag{4.11}$$

式中，C_i 为水体中化学物质的浓度，mg/L；I_R^r 为成人每日饮水量，L/d；E_F 为暴露频率，d/a；E_D 为暴露延时，a；B_W 为人均体重，kg；A_T 为平均暴露时间，d。

（2）经皮肤接触途径单位体质量日均摄入剂量的计算方法（王喆等，2008；何海星等，2006）：

$$E_i^p = \frac{I_i \times A_s \times F_E \times E_F \times E_D}{B_w \times A_T} \tag{4.12}$$

式中，I_i 为每次洗澡单位面积对水体中污染物的吸附量，mg/（cm² · 次）；A_s 为皮肤表面积，cm²；F_E 为洗澡的频率，次/d；E_F 为暴露的频率，d/a；E_D 为暴露延时，a；B_W 为成人平均体重，kg；A_T 为平均暴露时间，d。

每次洗澡单位面积对污染物质的吸附量 I_i 的计算见公式（杨全锁等，2008）

$$I_i = 2 \times 10^{-3} \times k \times C_i \times \sqrt{\frac{6 \times t \times T_E}{\pi}} \tag{4.13}$$

式中，k 为皮肤吸收系数；C_i 为水源中有毒物质 i 的浓度，mg/L；t 为水体中污染物在人体滞留时间，h；T_E 为每次洗澡的持续时间，h。

根据美国环保署（U. S. EPA）提出的皮肤表面积计算公式（王喆等，2008）：

$$A_s = 0.0239 \times H^{0.417} \times W^{0.517} \tag{4.14}$$

式中，H 为身高，m；W 为体重，kg。

王宗爽等根据美国已统计出的人体各部位表面积在总面积中的比例，计算出我国居民人体各部位的表面积，见表4.1(王宗爽等，2009)。

表 4.1　我国居民身体不同部位表面积（m²）

项目	头部	躯干	上肢				下肢			
			手臂	上臂	前臂	手	腿	大腿	小腿	脚
成年男性	0.124	0.584	0.232	0.129	0.103	0.085	0.524	0.312	0.211	0.112
成年女性	0.118	0.558	0.222	0.122	0.097	0.082	0.501	0.229	0.202	0.107

（3）呼吸暴露途径的污染物来源主要有日常清洗时、洗澡时被气化蒸散在室内空气中被吸入人体的污染物质。本研究计算的经呼吸暴露途径日均摄入剂量主要计算洗浴时吸入的污染物，计算公式为：

$$E_i^h = \frac{A_i \times I_R^h \times E_F \times F_E \times E_D}{B_W \times A_T} \tag{4.15}$$

式中：E_i^h 为有毒物质 i 经呼吸途径所致人体单位体质量日均暴露剂量，mg/（kg · d）；A_i 为空气中污染物 i 的浓度，mg/m³；I_R^h 为呼吸速率，m³/d；E_D 为呼吸途径暴露延时，a；E_F 为呼吸途径暴露频率，h/d；F_E 为呼吸途径日暴露时间，h/d；B_W 为平均体重，kg；A_T 为平均暴露时间，d/a。空气中污染物 i 的浓度 A_i 按水体中污染物浓度 C_i 的 10^{-4} 倍计算，10^{-4} 表示洗浴时液态水转化为水汽中污染物的折减系数。其中呼吸速率的计算公式为（王宗爽等，2008）：

$$I_R^h = 4.18E \times H \times VQ \qquad (4.16)$$

式中，H 为消耗单位能量的耗氧量，取 $0.05L/KJ$；VQ 为通气当量，一般取 27；E 为单位能量消耗，kJ/min。其中 E 的计算公式为：

$$E = BMR \times N \qquad (4.17)$$

式中，BMR 为基础代谢率，kJ/d 或 MJ/d；N 为各类活动强度水平下的能量消耗量与 BMR 的比值，无量纲。

表 4.2　成年人基础代谢率计算公式

年龄（岁）	男性	女性
[18, 30)	$63W + 2896$	$62W + 2036$
[30, 60)	$48W + 3653$	$34W + 3538$
>60	$370 + 20H + 52W - 25A$	$1873 + 13H + 39W - 18A$

注：H 为身高，cm；W 为体重，kg；A 为年龄，a。

根据梁洁等（2008）在"中国健康成人基础代谢率估算公式的探讨"中的研究结果，Schofield 公式比较适用于估算我国 18～30 岁健康成人的基础代谢率，Shizgal - Rosa 公式适用于 60 岁以上人群的基础代谢率计算，计算公式详见表 4.2。而坐、轻微活动、中度体力活动、重体力活动和极重体力活动的能量消耗分别约为基础代谢率的 1.2，1.5，4.6 和 10 倍（李可基等，2004；荻玉峰等，2006；张春华等，2007；赵文华等，2004）根据呼吸速率计算公式，结合我国居民的生活习惯，计算出适合我国居民特点的呼吸速率，结果见表 4.3。

表 4.3　中国成年人的呼吸速率（王贝贝等，2010）

年龄（岁）	性别	不同活动强度下的呼吸速率/（m³/h）						呼吸速率/（m³/d）
		睡眠	轻度运动	中度运动	重度运动	重体力活动	极重体力活动	
18～30	男	0.29	0.35	0.59	1.18	1.77	2.94	11.78
	女	0.28	0.34	0.57	1.14	1.70	2.84	11.36
30～60	男	0.48	0.57	0.95	1.90	2.85	4.75	19.02
	女	0.35	0.43	0.71	1.42	2.13	3.54	14.17
>60	男	0.29	0.35	0.58	1.15	1.73	2.88	11.53
	女	0.26	0.31	0.52	1.04	1.55	2.59	10.36

4.2　评价参数的模糊数确定与区间转化

4.2.1　评价参数的模糊数确定

暴露参数的准确性直接影响到评价结果的可信度。美国首先公布了本国的《暴露参数手册》，随后，欧洲各国、亚洲的韩国、日本也参照美国的《暴露参数手册》发布了适合他们本国人群的暴露参数手册（U. S. EPA，1989；Kim S，2006）。我国一些学者也进行了适合我国人群暴露参数的探讨，但目前仍没有一套参数数据作为参考标准。目前，健康风险评价中使用的重要参数基本上是引用美国国家环保局（U. S. EPA）公布的研究成果（U. S. EPA，2008；U. S. EPA，2009；Ainsworth B E，2000），本研究参考国际上和我国已有的一些关于暴露参数的研究结果，结合我国人群特征及生活习惯，确定评价模型中各项参数的值。

（1）成人日饮水量的模糊数确定

成人饮水量随着季节、性别、职业以及个人喜好的不同而不同。根据 U. S. EPA 推荐的成人日饮水量 2.2L。结合我国气候特点、人群特征以及生活习惯，将成人日饮水量 I_R 的三角模糊数确定为（1.5，2.0，2.5）L/d。

（2）暴露频率和暴露延时的模糊数

根据我国的产业结构、人群特征、人群生活习惯和人口流动性，将暴露频率 E_F 的三角模糊数取为（320，340，360）d/a，暴露延时 E_D 的三角模糊数取为（25，30，35）a。

（3）成人体重的模糊数

参考 U. S. EPA 推荐的成人平均体重 70kg，结合中国成人平均体重定位 70kg 偏高的实际情况，将中国成人平均体重确定为 65kg，成人体重 B_W 的三角模糊数取为（45，68，85）kg。

（4）人均寿命的模糊数

参考 U. S. EPA 推荐人均平均寿命为 70a，结合我国人们的实际情况，且近年来人们平均寿命有增长的势头，将人均寿命 A_T 的三角模糊数确定为（65，75，85）a。

（5）人体皮肤暴露表面积的模糊数

人体皮肤暴露的表面积大小与种族、性别，年龄及其生活的区域密切关系。如西方人整体比亚洲人长得高大，皮肤暴露的表面积也自然比亚洲人大。参照表 4.1，结合我国人群特征，将成人暴露皮肤表面积 As 的模糊数确定为（1.53，1.61，1.70）m^2。

（6）呼吸速率的模糊数

呼吸速率受年龄、性别、活动强度等多种因素的影响，与活动强度的关系最为密切（杨彦等，2012），参照 2000 年中国营养学会膳食营养素参考摄入量（DRls）中建议的劳动强度分级标准和美国第 10 版 RDA（1987 年）中体力活动分级标准（王宗爽等，2009），活动强度可分为睡眠、轻度运动、中度运动和重度运动。轻度运动主要指一般家务劳动和散步等；中度运动主要指快走、骑车和跳舞等；重度运动包括跑步、篮球和足球等剧烈运动（王贝贝等，2010）。根据表 4.3，结合我国产业结构和人们职业的实际情况，忽略不同职业之间的活动强度差别，将成人呼吸速率 I_R^h 的模糊数确定为（14.2，16.6，19.0）m^3/d。

（7）致癌斜率因子的确定

致癌斜率因子（SF）又称致癌强度系数，表示致癌物的致癌能力，即人体每日每公斤体重暴露单位剂量的致癌物的致癌风险度，单位为 mg/（kg·d）（余彬，2010）。

致癌物质的致癌风险率是对动物试验数据、人类流行病学和临床学统计资料等相关数据进行的定量研究，从动物反应剂量外推到人体反应剂量上，来解决人体实际暴露情形下剂量—反应关系的难题（国家卫生部，2007）。随着暴露人群的体征不同或致癌物质的暴露途径不同，致癌斜率因子也不相同，考虑到国际癌症研究机构（IARC）和世界卫生组织

（WHO）推荐值的客观统计意义，把致癌因子的致癌斜率因子均视为定值，见表4.4。

表4.4　致癌物的致癌强度系数　　　　　　　$[\text{mg}/(\text{kg}\cdot\text{d})]^{-1}$

污染物	六价铬 Cr^{6+}	砷 As	镉 Cd
SF	41	15	6.1

（8）非致癌物参考剂量的确定

非致癌物参考剂量（RfD），即根据最低阈值确定的非致癌风险的标准建议值（余彬，2010）。EPA把参考剂量定义为人群终生暴露于污染物后不会产生有害效应的日均暴露水平的估计值（钱家忠等，2004）。非致癌物参考剂量，是以大量相关动物试验数据、临床学统计资料、人群流行病学资料以及污染物质的毒性资料等作为基础，根据适当数学模型进行推导的结果。目前，多数非致癌物参考剂量都已被推导出，本研究应用的非致癌物参考剂量见表4.5。

表4.5　非致癌物参考剂量　　　　　　　　　　mg/(kg·d)

污染物	Zn	Mn	CN	Hg	Pb	Fe	Cu	NH_3	酚	F
RfD	0.3	0.14	0.037	0.0003	0.0014	0.3	0.004	0.97	0.1	0.06

（9）其他参数的模糊数

参考我国北方人的生活习惯，皮肤吸收因子 k、水体中污染物在人体滞留时间 t、洗澡时间 T_E 取定值，分别取值为 0.001cm/h、1h、0.4h（杨全锁等，2008）。非致癌物的转换因子取 10^{-6}。

4.2.2　三角模糊数定义与运算法则

（1）三角模糊数定义

设 a_1，a_2，a_3 分别为模糊变量 $\widetilde{A}$ 的最小可能值、最可能值和最大可能值，则3个一组数 $(a_1，a_2，a_3)$ 构成三角模糊数（李如忠，2007），令 $\widetilde{A}=(a_1，a_2，a_3)$，$a_1<a_2<a_3$，且 a_1，a_2，a_3 为实数，x 相应的隶属函数表示为：

$$\widetilde{\mu}_A(x) = \begin{cases} 0 & x < 0 \\[2mm] \dfrac{x-a_1}{a_2-a_1} & a_1 \leqslant x \leqslant a_2 \\[2mm] \dfrac{a_3-x}{a_3-a_2} & a_2 \leqslant x \leqslant a_3 \\[2mm] 0 & x > a_3 \end{cases} \tag{4.18}$$

若 $a_1=a_2=a_3$，则 $\widetilde{A}$ 是一个实数，三角模糊数可看作一个带有隶属函数的区间数。由于水环境健康风险中涉及到的因素都是非负数，故假设 $a_1>0$，则 $\widetilde{A}$ 为正三角模糊数。

（2）三角模糊数运算法则

三角模糊数的隶属度大小表示最小可能值和最大可能值区间内各数据相对可信度的大

小，不同可信度水平代表不同的数据区间（李如忠，2007）。令 α 为可信度，且 $\alpha \in [0, 1]$，则可将三角模糊数 $\widetilde{A}$ 转化为与可信度水平 α 相对应的区间数，即：

$$\widetilde{A}^\alpha = \{x \mid \mu_{\widetilde{A}}(x) \geqslant \alpha, x \in X\} \tag{4.19}$$

$\widetilde{A}^\alpha$ 为 $\widetilde{A}$ 的 α^- 截集，表示可信度水平不低于 α 的数据集合，常有：

$$\widetilde{A}^\alpha = [a_s^\alpha, a_b^\alpha] = [(a_2 - a_1)\alpha + a_1, -(a_3 - a_2)\alpha + a_3] \tag{4.20}$$

三角模糊数在进行四则运算时，尤其进行多个三角模糊数连续相乘或相除时，将计算结果看作是线性三角模糊数，可能会造成较大的计算误差。人们常用 α^- 截集技术进行三角模糊数的四则运算或函数计算。

假设两个正三角模糊数 $\widetilde{B} = (b_1, b_2, b_3)$ 和 $\widetilde{C} = (c_1, c_2, c_3)$，它们相应于给定的可信度水平（$\alpha \in [0, 1]$）的区间值分别为 $\widetilde{B}^\alpha = [b_s^\alpha, b_b^\alpha]$ 和 $\widetilde{C}^\alpha = [c_s^\alpha, c_b^\alpha]$，则有：

$$\widetilde{B}^\alpha + \widetilde{C}^\alpha = [b_s^\alpha + c_s^\alpha, b_b^\alpha + c_b^\alpha] \tag{4.21}$$

$$\widetilde{B}^\alpha - \widetilde{C}^\alpha = [b_s^\alpha - c_b^\alpha, b_b^\alpha - c_s^\alpha] \tag{4.22}$$

$$\widetilde{B}^\alpha \times \widetilde{C}^\alpha = [b_s^\alpha \times c_s^\alpha, b_b^\alpha \times c_b^\alpha] \tag{4.23}$$

$$\widetilde{B}^\alpha \div \widetilde{C}^\alpha = [b_s^\alpha / c_s^\alpha, b_b^\alpha / c_b^\alpha] \tag{4.24}$$

$$\exp(\widetilde{B}^\alpha) = [\exp(b_s^\alpha), \exp(b_b^\alpha)] \tag{4.25}$$

4.2.3 评价参数的区间数转化

根据公式 4.20，将成人日饮水量、体重、暴露频率、暴露延时等模糊三角数转化为可信度水平 $\alpha = 0.8$ 的区间数，即：

$$\widetilde{I}_R^{y\alpha} = [0.5 \times 0.8 + 1.5, -0.5 \times 0.8 + 2.5] = [1.9, 2.1]$$

$$\widetilde{A}_T^\alpha = [10 \times 0.8 + 65, -10 \times 0.8 + 85] = [73, 77]$$

$$\widetilde{B}_W^\alpha = [20 \times 0.8 + 45, -20 \times 0.8 + 85] = [61, 69]$$

$$\widetilde{E}_F^\alpha = [20 \times 0.8 + 320, -20 \times 0.8 + 360] = [336, 344]$$

$$\widetilde{E}_D^\alpha = [5 \times 0.8 + 25, -5 \times 0.8 + 35] = [29, 31]$$

$$\widetilde{A}_T^\alpha = [10 \times 0.8 + 65, -10 \times 0.8 + 85] = [73, 77]$$

$$\widetilde{A}_S^\alpha = [0.083 \times 0.8 + 1.5276, -0.083 \times 0.8 + 1.6936] = [1.594, 1.6272]$$

$$\widetilde{F}_E^\alpha = [0.1 \times 0.8 + 0.2, -0.1 \times 0.8 + 0.4] = [0.28, 0.32]$$

$$\widetilde{I}_R^{h\alpha} = [2.4 \times 0.8 + 14.2, -2.4 \times 0.8 + 19.0] = [16.12, 17.1]$$

4.3 盘锦市饮用水源地水环境健康风险评价

4.3.1 研究区水质数据分析

本次评价对象是盘锦市境内的六个饮用水源地的水环境。研究所取水样为研究区内竖井中直接抽取的地下水，严格按照《环境水质检测质量保证手册》中的规定进行采样操作，检测根据《地下水质量标准》（GB/T 14848—93）的规定进行操作。检验方法按照国家标准《生活饮用水标准检验方法》（GB 5750）执行。检测结果详见表 4.6。

表 4.6　2007 年盘锦市六个饮用水源地水质检测结果　　　　（mg/L）

项目		石山水源	高升水源	兴一水源	兴南水源	盘东水源	大洼水源
致癌物	As	0.004	0.004	<0.0004	<0.0004	0.004	<0.01
	Cd	0.0005	0.0005	<0.01	<0.01	0.0005	—
	Cr	0.002	0.002	<0.004	<0.004	0.002	<0.004
非致癌物	NH_3	0.06	0.08	0.46	0.03	0.06	—
	F	0.42	0.58	0.2	0.3	0.45	0.05
	CN	0.001	0.001	<0.002	<0.002	0.001	—
	Hg	0.00002	0.00002	<0.00002	<0.00002	0.00002	<0.00002
	Pb	0.005	0.005	<0.01	<0.01	0.005	<0.01
	Fe	0.02	0.08	1.02	0.2	0.056	<0.05
	Mn	0.025	0.043	0.012	0.08	0.025	<0.05
	Cu	0.005	0.005	<0.04	<0.04	0.005	<0.05
	Zn	0.025	0.025	<0.05	<0.05	0.025	<0.05
	酚	0.001	0.001	<0.002	<0.002	0.001	—

注：数据来源于《盘锦市饮用水水源保护区划分技术报告》；表中"—"表示检测浓度低于最低检出值。

生活生活用水的卫生标准直接关系到人们的身体健康和日常生活的正常进行。根据《中华人民共和国生活饮用水卫生标准》（GB 5749—2006）（表 4.7），生活饮用水水质卫生要符合以下的基本条件：①不能含有病原微生物；②不能含有危害人体健康的化学物质；③不能有危害人体健康的放射性物质；④感官性状要良好；⑤使用前需经过消毒处理。

表 4.7　生活饮用水卫生标准（GB 5749—2006）

污染物质	限值（mg/L）	污染物质	限值（mg/L）
As	0.010	Pb	0.010
Cd	0.005	Hg	0.001
Cr^{6+}	0.050	氰化物	0.050
F	1.000	Cu	1.000
Fe	0.300	Zn	1.000
Mn	0.100	挥发酚类（以苯酚计）	0.002

根据表 4.6，2007 年盘锦市六个水源地的地下水存在不同程度的污染，部分水源地的某些污染物含量过高，污染较严重。As、Cr 和 Cd 三种致癌物中，As 的实测浓度最大，实测值在 0.0004 ~ 0.01mg/L 之间，石山、高升、盘东和大洼水源地 As 浓度较大，兴一水源地和兴南水源地含量较低，且均小于 0.0004mg/L。Cr 的浓度大多在 0.004 ~ 0.002mg/L 之间，石山、高升和盘东水源地含量较高，浓度为 0.002mg/L。除大洼水源地外，Cd 的检测浓度均分布在 0.0005 ~ 0.01mg/L 之间，石山水源地、高升水源地和盘东水源地的浓度比较小，都为 0.0005mg/L。与国家生活饮用水卫生标准相比，盘锦市六大水源地中水质标准多数在

其标准之内，但致癌物质对人体致癌风险没有阈值的限制，即致癌物一旦存在且被人体吸收就会对人体健康造成不同程度的危害。故对盘锦市水源地水质进行健康风险评价十分必要的。

非致癌物的检测浓度目前也均在生活饮用水国家卫生标准之内，对人体健康危害的影响较小。但考虑到非致癌物质在人体内长期积累，最终也会对人体造成致癌以外的疾病，所以不能忽视非致癌化学物质对人体的潜在危害。

4.3.2 致癌物健康模糊风险率计算

将区间数形式的参数带入式（4.11）~式（4.15），分别计算出经饮水途径、皮肤接触途径和呼吸途径的个人单位体质量的日均摄入量，代入式（4.1）~式（4.4），计算出盘锦市地下饮用水源地中致癌物通过饮水途径、皮肤接触途径和呼途径导致人体健康风险率。

（1）致癌物经饮水途径所致人体健康风险率

致癌物经饮水途径所致人体健康风险率计算结果，见表4.8。

表 4.8　致癌物经饮水途径所致人体健康风险率　　　　　　（×10⁻⁴）

水源地	As	Cd	Cr^{6+}	总风险
石山水源	[5.73, 8.26]	[0.29, 0.42]	[7.83, 11.29]	[13.85, 19.97]
高升水源	[5.73, 8.26]	[0.29, 0.42]	[7.83, 11.29]	[13.85, 19.97]
兴一水源	<[0.57, 0.83]	<[5.8, 8.4]	<[15.7, 22.6]	<[22.07, 31.83]
兴南水源	<[0.57, 0.83]	<[5.8, 8.4]	<[15.7, 22.6]	<[22.07, 31.83]
盘东水源	[5.73, 8.26]	[0.29, 0.42]	[7.8, 11.3]	[13.82, 19.98]
大洼水源	<[14.3, 20.7]	—	<[15.7, 22.6]	<[30.0, 43.3]

为直观表现六个地下饮用水源地中各化学致癌物质经饮水途径所致人体健康风险分布情况，根据表4.8分别绘制饮用水源地中As、Cd和Cr^{6+}经饮水途径的致癌风险率柱状图，见图4.1~图4.3。

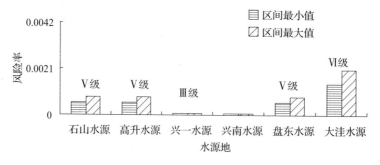

图 4.1　As 经饮水途径所致人体健康致癌风险率

根据图4.1，六个水源地中As经饮水途径对人体所致健康危害较严重，均超过美国环保署推荐的人体风险表征值$10^{-4}a^{-1}$。其中，大洼水源地As污染最为严重，经饮水途径所致人体致癌风险值范围为$1.43×10^{-3}$ ~ $2.07×10^{-3}a^{-1}$；石山水源地、高升水源地和盘东水源地的风险值均为$5.73×10^{-4}$ ~ $8.26×10^{-4}a^{-1}$；兴一水源地和兴南水源地As污染最小，但也超过了瑞典、荷兰等国推荐的人体最大可接受水平 $10^{-6}a^{-1}$，其潜在风险很大。水源地中 As 的风险值与风险表征值 $10^{-4}a^{-1}$ 相比，大洼、石山、高升、盘东、兴一和兴南水源地的风险分别为它的 14.3 ~ 20.7 倍、5.7 ~ 8.3 倍、5.7 ~ 8.3 倍、5.7 ~ 8.3 倍、0.57 ~ 0.83 倍和 0.57 ~ 0.83 倍。根据表 3.1，大洼水源地 As 致癌风险属于第 Ⅵ 级，为极高风险，考虑到大洼水源地监测数据是模糊值，实际危害小于计算结果。石山水源地、高升水源地和盘东水源地 As 致癌风险等级属于第 Ⅴ 级，为高风险。兴一水源地和兴南水源地 As 污染相对较轻，属于 Ⅲ 级，中风险。第 Ⅴ 级风险对人体危害极大，即每年每万个人里面有 5 ~ 9 个人因 As 中毒而死亡，需要采取相应措施消除或减轻这类风险。

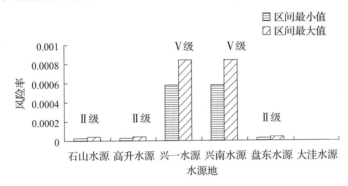

图 4.2　Cd 经饮水途径所致人体健康的致癌风险率

根据图 4.2，除大洼水源地没有检测数据外，盘锦市其他五个水源地的 Cd 经饮水途径所致人体健康危害的风险值均在美国、瑞典、荷兰等国推荐的人体风险表征值 $10^{-6} \sim 10^{-4}a^{-1}$ 之内，兴一水源地和兴南水源地的 Cd 风险值明显高于其他四个水源地的风险值，这两个水源地的 Cd 致癌风险率是美国推荐值 $10^{-4}a^{-1}$ 的 5.8 ~ 8.4 倍，属第 Ⅴ 级，为高风险，对于这类风险应采取有效措施进行处理。石山水源地、高升水源地和盘东水源地的致癌风险范围值在 $2.9 \times 10^{-5} \sim 4.2 \times 10^{-5}a^{-1}$ 之间，属于第 Ⅱ 级，为低—中风险。

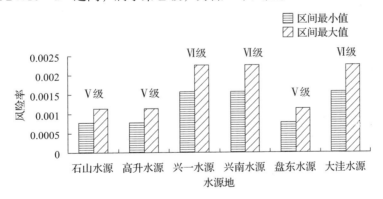

图 4.3　Cr^{6+} 经饮水途径所致人体健康致癌风险率

从图 4.3 可以看出，研究区饮用水源地中 Cr^{6+} 污染均比较严重，兴一、兴南和大洼饮用水源地最为严重，风险值是风险表征值 $10^{-4}a^{-1}$ 的 15.7 ~ 22.6 倍，其他三个水源地是它的 7.8 ~ 11.3 倍。据表 3.1，石山、高升、兴一、兴南和盘东水源地分别属于第 Ⅴ 级、第 Ⅴ 级、第 Ⅵ 级、第 Ⅵ 级、第 Ⅴ 级和第 Ⅵ 级，这两种程度的风险均为人类所不能接受的，必须加以消除或减轻这种危险的存在。

综上所述，盘锦市饮用水源地水中致癌物污染较严重，经饮水途径所致人体健康风险最大的是铬，其次是砷，最小是镉。位于盘山县石山、高升和盘东水源地总致癌物的风险值为 $1.4 \times 10^{-3} \sim 2.0 \times 10^{-3} a^{-1}$，即每1000人中有1~2人可能因饮用含As、Cd和Cr的水而中毒死亡。位于双台子区的兴一水源地和位于大洼县的兴南水源地致癌总风险值小于 $2.2 \times 10^{-3} \sim 3.2 \times 10^{-3} a^{-1}$，大于盘山县的水源地致癌风险率。位于大洼县的大洼水源地虽没有测出镉的污染浓度，但该水源地 As 和 Cr 污染很是严重，致癌率很高。

（2）致癌物经皮肤接触途径所致人体健康风险率

致癌物经皮肤接触途径所致人体健康风险率计算结果，见表4.9。

表4.9 致癌物经皮肤接触途径对人体健康的致癌风险率 （$\times 10^{-10}$）

项目	As	Cd	Cr^{6+}	总风险
石山水源	[2.4, 3.6]	[0.12, 0.18]	[3.2, 4.9]	[5.72, 8.68]
高升水源	[2.4, 3.6]	[0.12, 0.18]	[3.2, 4.9]	[5.72, 8.68]
兴一水源	<[0.24, 0.36]	<[2.4, 3.6]	<[6.4, 9.8]	<[9.04, 13.76]
兴南水源	<[0.24, 0.36]	<[2.4, 3.6]	<[6.4, 9.8]	<[9.04, 13.76]
盘东水源	[2.4, 3.6]	[0.12, 0.18]	[3.2, 4.9]	[5.72, 8.68]
大洼水源	<[5.9, 9.0]	—	<[6.4, 9.8]	<[12.3, 18.8]

据表4.9可知，六个饮用水源地中 As 经皮肤接触途径所致人体致癌风险率均小于 $10^{-9} a^{-1}$，致癌风险率明显低于瑞典、荷兰等国推荐的风险标准值 $10^{-6} a^{-1}$。其中，大洼水源地风险危害最大，为 $5.9 \times 10^{-10} \sim 9.0 \times 10^{-10} a^{-1}$，即每100亿人中可能有5~9人因为皮肤接触水源中的污染物质而死亡，其他五个饮用水源地经皮肤接触途径致癌风险率相对更低，兴一水源地和兴南水源地风险水平最低，为 $2.4 \times 10^{-11} \sim 3.6 \times 10^{-11} a^{-1}$。从表3.1可知，六个水源地经皮肤接触途径导致人体致癌风险等级均为第Ⅰ级，低风险，人们大多不会关注这类风险的发生。

研究区饮用水源地 Cd 经皮肤接触暴露途径所致人体致癌风险率均小于 $10^{-10} a^{-1}$，其中兴一水源地和兴南水源地 Cd 风险率要明显高于其他水源地，每100亿人中有3~5人可能因皮肤接触饮用水源中的 Cd 而死亡，对于这种危害程度的 Cd 污染，不关受注。

研究区水源地中 Cr 经皮肤接触所致人体致癌风险率与 As 和 Cd 相比，风险较大。兴一、兴南和大洼水源地 Cr 风险率为 $6.4 \times 10^{-10} \sim 9.8 \times 10^{-10} a^{-1}$，每100亿人中可能有6~10人因皮肤接触饮用水中的 Cr 患癌死亡。石山、高升和盘东水源地风险值 $3.2 \times 10^{-10} \sim 4.8 \times 10^{-10} a^{-1}$，略低于兴一、兴南和大洼水源地的风险率。研究区水源地的 Cr 经皮肤所致人体危害效应不明显。

综上所述，盘锦市六个饮用水源地中致癌物经皮肤接触途径致癌风险率相对较低，均在人体最大可接受风险范围之内，对人体健康危害效应不明显。其中盘山县三个水源地经皮肤接触致癌率较小，每100亿人中约有5~9人因皮肤接触饮用水而患癌死亡。大洼水源地检测浓度值为模糊值，难以用准确数据描述，最大风险为每100亿人中约有9~14人因皮肤接

80

触饮用水患癌而亡。考虑到化学致癌物质对人体健康危害没有阈值的限制（即只要存在致癌物就会对人体健康造成危害效应），应该持续关注其潜在风险，预防其危害继续扩大。

（3）致癌物经呼吸途径所致人体健康风险率

致癌物经呼吸途径所致人体健康风险率计算结果，见表 4.10。

表 4.10　致癌物经呼吸途径所致的人体健康风险率　　　　　　（×10⁻⁸）

表 4.10　致癌物经呼吸途径所致的人体健康风险率　　　　　　$(\times 10^{-8})$

项目	As	Cd	Cr^{6+}	总风险
石山水源	[5.44, 8.61]	[0.27, 0.44]	[7.44, 11.77]	[13.15, 20.82]
高升水源	[5.44, 8.61]	[0.27, 0.44]	[7.44, 11.77]	[13.15, 20.82]
兴一水源	<[0.54, 0.86]	<[5.53, 8.76]	<[14.87, 23.55]	[20.94, 33.17]
兴南水源	<[0.54, 0.86]	<[5.53, 8.76]	<[14.87, 23.55]	[20.94, 33.17]
盘东水源	[5.44, 8.61]	[0.27, 0.44]	[7.44, 11.77]	[13.15, 20.82]
大洼水源	<[13.6, 21.5]	—	<[14.87, 23.55]	[28.47, 45.05]

根据表 4.10，盘锦市六个饮用水源地 As 经呼吸途径对人体致癌风险相对较大，其中兴一水源地和兴南水源地风险值最小，为 $5.4 \times 10^{-9} \sim 8.6 \times 10^{-9} a^{-1}$，低于瑞典、荷兰等国提出的人体最大可承受风险值 $10^{-6} a^{-1}$。石山、高升和盘东水源地经呼吸对人体致癌风险比兴一水源地和兴南水源地的致癌风险高 1 个数量级。大洼水源地的致癌风险值是六个水源地中最大，每 1 亿人中可能有 13～22 人因吸入含 As 气体而患癌死亡。3 种致癌物中，镉（Cd）经呼吸途径所致人体健康风险最小。兴一水源地和兴南水源地的 Cd 的风险值较大，为 $5.5 \times 10^{-8} \sim 8.7 \times 10^{-8} a^{-1}$，即每 1 亿人中可能有 5～9 人因呼吸含镉气体患癌而亡，属中等风险，但含 Cd 气体能刺激呼吸道，极易被人们关注。Cr 经呼吸途径对人体致癌风险明显高于 As 和 Cd。兴一、兴南和盘东水源地的危害最为明显，风险达 $1.487 \times 10^{-7} \sim 2.355 \times 10^{-7} a^{-1}$，每 1 千万人中可能有 1～3 人因呼吸含 Cr 气体患癌而亡，石山、高升和大洼的风险值为 $7.44 \times 10^{-8} \sim 1.177 \times 10^{-7} a^{-1}$，六个饮用水源地中的 Cr 经呼吸途径的风险均属 Ⅰ 级低风险。

综合表 4.8、表 4.9、表 4.10 可知，相同浓度的污染物质经饮水途径对人体致癌风险率明显高于经皮肤接触途径和经呼吸途径，饮水途径为主要的致癌风险来源。研究区饮用水源地中致癌风险率明显超过风险表征值，即超过人体最大可接受风险水平。As 和 Cr 的风险在一些水源地中属于第 Ⅴ 级和第 Ⅵ 级，对于这两种程度的风险，必须采取有效措施加以消除或减轻。

4.3.3　非致癌物健康模糊风险率计算

根据公式（4.11）～（4.15），计算出经饮水途径、皮肤接触途径和呼吸途径的个人单位体质量的日均摄入量，代入公式（4.5）～（4.7），计算盘锦市饮用水源地中非致癌物经各种暴露途径导致的人体健康风险。

（1）非致癌物经饮水途径导致人体健康风险率

非致癌物经饮水途径导致人体健康风险率计算结果，见表 4.11

表 4.11　非致癌物通过饮水途径所致的人体健康风险率　　　　　（×10⁻¹⁰）

项目	石山水源	高升水源	兴一水源	兴南水源	盘东水源	大洼水源
NH₃	[5.9, 8.5]	[7.8, 11.3]	[45.5, 65.1]	[2.9, 4.3]	[5.9, 8.5]	—
F	[668, 964]	[924, 1330]	[322, 462]	[476, 686]	[700, 1050]	[77, 112]
CN	[2.6, 3.7]	[2.6, 3.7]	<[5.2, 7.7]	<[5.2, 7.7]	[2.6, 3.7]	—
Hg	[6.4, 9.1]	[6.4, 9.1]	<[6.4, 9.1]	<[6.4, 9.1]	[6.4, 9.1]	<[6.4, 9.1]
Pb	[343, 490]	[343, 490]	<[679, 980]	<[679, 980]	[343, 490]	<[679, 980]
Fe	[6.4, 9.1]	[25.2, 36.4]	[322, 469]	[63.7, 91]	[17.5, 25.9]	<[16.1, 23.1]
Mn	[16.8, 24.5]	[29.4, 42]	[8.4, 11.9]	[54.6, 77]	[16.8, 24.5]	<[34.3, 49.0]
Cu	[119, 175]	[119, 175]	<[980, 1400]	<[980, 1400]	[119, 175]	<[1190, 1750]
Zn	[7.7, 11.2]	[7.7, 11.2]	<[16.1, 23.1]	<[16.1, 23.1]	[7.7, 11.2]	<[16.1, 23.1]
酚	[0.98, 1.4]	[0.98, 1.4]	<[1.9, 2.7]	<[7.7, 11.2]	[0.98, 1.4]	—
总风险	[1176.78, 1696.5]	[1466.08, 2110.1]	[2386.5, 3430.6]	[2291.6, 3289.4]	[1219.88, 1799.3]	[2018.9, 2946.3]

为直观表述盘锦市六个饮用水源地中非致癌物质的风险率，根据表 4.11 绘制 NH₃、F、CN 等 10 种非致癌物经饮水途径的风险率柱状图，详见图 4.4～图 4.12。

根据图 4.4，六个水源地中的氨氮（NH₃）经饮水途径对人体健康危害均低于 $10^{-8}a^{-1}$，风险在人们可承受范围之内。兴一水源地氨氮（NH₃）经饮水途径对人体危害的风险率明显高于石山、高升、兴南、盘东和大洼五个水源地，风险值为 $4.55 \times 10^{-9} \sim 6.51 \times 10^{-9}a^{-1}$，即每 10 亿人中约有 4～6 人受氨氮危害影响。研究区氨氮经饮水途径对人体健康危害不明显，人们不关注这种程度的风险。

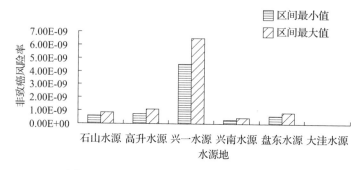

图 4.4　NH₃ 经饮水途径所致人体健康风险率

从图 4.5 可以看出，氟化物（F）经饮水途径所致人体健康危害效应相对较大，高升水源地氟化物（F）对人体健康风险 $9.24 \times 10^{-8} \sim 1.33 \times 10^{-7}a^{-1}$，每 1 亿人中约有 9～14 人受氟化物影响患病而亡。石山水源地氟化物对人体健康危害为 $6.68 \times 10^{-8} \sim 9.64 \times 10^{-8}a^{-1}$，每 1 亿人中可能有 6～10 人因饮用含氟化物的水而患病死亡。盘东水源地氟化物经饮水途径所致人体危害风险值为 $7.0 \times 10^{-8} \sim 1.05 \times 10^{-7}a^{-1}$，即每 1 亿人中可能有 7～11 人受到氟化物危害影响。大洼水源地的氟化物危害影响最小，风险值为 $7.7 \times 10^{-9} \sim 11.2 \times 10^{-9}a^{-1}$，即每 10 亿人中约有 7～12 人因饮水中氟化物中毒而死亡。六个水源地中氟化物经饮水途径导致人体健康危害按大小排列顺序为：高升水源地＞盘东水源地＞石山水源地＞兴南水源地＞兴一水源地＞大洼水源地。

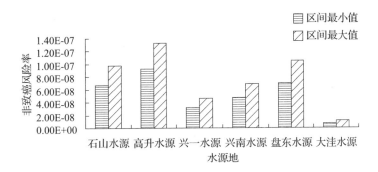

图 4.5　氟化物经饮水途径所致人体健康风险率

图 4.6 显示兴一水源地和兴南水源地中氰化物（CN）对人体健康危害的风险率明显高于其他四个水源地，风险值为 $5.2 \times 10^{-10} \sim 7.7 \times 10^{-10} \, \text{a}^{-1}$，即每 100 亿人中可能有 5~7 人因饮用含氰化物的水而受到健康危害影响。对比非致癌物对人体健康危害效应的阈值，盘锦市六个饮用水源地中氰化物（CN）经饮水途径对人体健康风险均在可接受范围之内。但氰化物（CN）有剧毒，且易被人体经口、呼吸道或皮肤吸收等特点，应持续加强对它的监控。

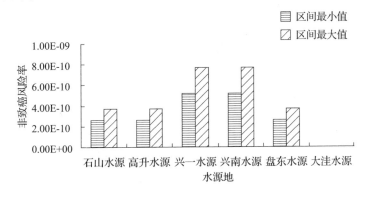

图 4.6　氰化物（CN）经饮水途径所致人体健康风险率

根据表 4.10，六个水源地中兴一、兴南和大洼水源地中汞（Hg）经饮水途径对人体健康危害的风险小于石山、高升和盘东水源地，风险值为 $6.4 \times 10^{-10} \sim 9.1 \times 10^{-10} \, \text{a}^{-1}$，即每 100 亿人中可能有 6~9 人因饮用水源中水含汞而中毒死亡。考虑到汞经消化道进入人体被吸收量很小，经饮水途径对人体健康危害可忽略不计。

从图 4.7 可以看出，六个水源地中兴一和兴南水源地中铅经饮水途径对人体健康风险较大，风险值为 $6.79 \times 10^{-8} \sim 9.8 \times 10^{-8} \, \text{a}^{-1}$，即每 1 亿人中至多有 7~10 人因饮用含铅（Pb）的水而致死。石山、高升、盘东和大洼水源地中铅经饮水途径对人体风险相对较小，均在人体最大可承受范围之内。但考虑到铅对人体的毒性，政府相关部门不能放松对铅污染的监测。

根据图 4.8，研究区六个水源地中 Fe 经饮水途径所致人体健康的风险值差异较大，兴一水源地的 Fe 风险值较大，为 $3.22 \times 10^{-8} \sim 4.69 \times 10^{-8} \, \text{a}^{-1}$，每 1 亿人中可能有 3~5 人受 Fe 影响而致死。六个水源地中铁对人体健康危害按大小排列顺序为：兴一水源地＞兴南水源地＞高升水源地＞盘东水源地＞大洼水源地＞石山水源地。

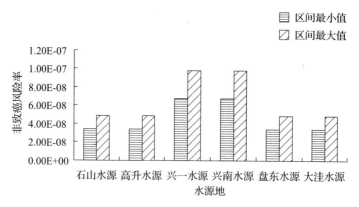

图 4.7　铅（Pb）经饮水途径所致人体健康风险率

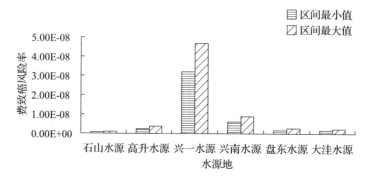

图 4.8　铁（Fe）经饮水途径所致人体健康风险率

　　图 4.9 显示兴南水源地的锰（Mn）对人体健康危害较大，风险值为 $5.5 \times 10^{-9} \sim 7.7 \times 10^{-9} \mathrm{a}^{-1}$，其次为大洼水源地，风险值为 $3.4 \times 10^{-9} \sim 4.9 \times 10^{-9} \mathrm{a}^{-1}$，高升水源地 $2.5 \times 10^{-9} \sim 3.6 \times 10^{-9} \mathrm{a}^{-1}$，盘东水源地和石山水源地的风险相同为 $1.7 \times 10^{-9} \sim 2.5 \times 10^{-9} \mathrm{a}^{-1}$，兴一水源地最小为 $8.4 \times 10^{-10} \sim 11.9 \times 10^{-10} \mathrm{a}^{-1}$。风险均在人体最大可接受风险范围内，对人体健康危害影响较小。

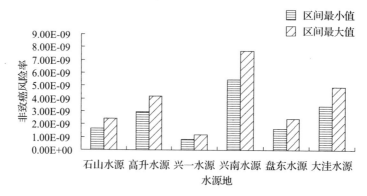

图 4.9　锰（Mn）经饮水途径所致人体健康风险率

　　根据图 4.10，铜（Cu）在盘锦市六个水源地中致癌风险大小差异较明显，大洼水源地风险值最大，为 $1.2 \times 10^{-7} \sim 1.8 \times 10^{-7} \mathrm{a}^{-1}$，每千万人中可能有 1～2 人受饮水中铜的影响患病而亡。兴一、兴南和大洼水源地风险率稍小，为 $9.8 \times 10^{-8} \sim 1.4 \times 10^{-7} a^{-1}$，即每千万人中可能有 1 人受铜影响。位于盘山县的石山、高升和盘东水源地风险最小，风险为 $1.2 \times 10^{-8} \sim 1.8 \times 10^{-8} a^{-1}$，每 1 亿人中可能有 $1 \sim 2$ 人因饮水中含铜离子患病而亡。

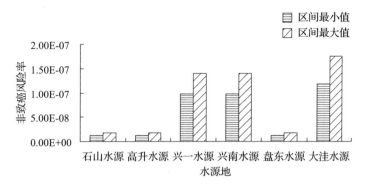

图 4.10　铜（Cu）经饮水途径所致人体健康风险率

图 4.11 显示锌（Zn）在盘锦市六个饮用水源地中的风险差异明显，兴一、兴南和大洼饮用水源地的风险率为 $1.6 \times 10^{-9} \sim 2.3 \times 10^{-9} a^{-1}$，石山、高升和盘东水源地的风险率为 $7.7 \times 10^{-10} \sim 11.2 \times 10^{-10} a^{-1}$，风险率均低于人体最大可接受风险水平。

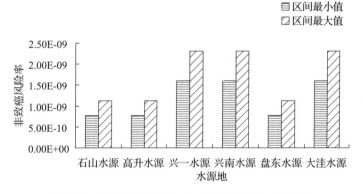

图 4.11　锌（Zn）经饮水途径所致人体健康风险率

根据图 4.12，酚对人体健康危害较小，最大风险值仅为 $1.1 \times 10^{-9} a^{-1}$。六个水源地中，兴南水源地酚对人体健康风险较大为 $7.7 \times 10^{-10} \sim 11.2 \times 10^{-10} a^{-1}$，即每 100 亿人中可能有 $8 \sim 11$ 人因饮用兴南水源地中的含酚水中毒而亡，石山、高升和盘东水源地风险较小，每 100 亿人中可能有 1 人因水中含酚而患病死亡。考虑到酚渗透力强的特点，应重视其潜在风险。

综上所述，盘锦市六个水源地中，F、Pb、Cu 经饮水途径对人体的健康危害效应相对较大，Mn、NH₃、Hg、Fe、Zn 等其次，酚对人体健康危害最小，且均在人体最大可接受风险水平之内，但基于摄入过多非致癌物质会导致人体健康危害，同时，多种有毒物质作用于人体时，可能存在协同或拮抗作用，故不能忽略非致癌物的潜在危害，应持续加强对非致癌污染物的监控，同时要加强宣传力度，使人们认识到保护水资源的重要性。

（2）非致癌物经皮肤接触途径导致人体健康风险率

非致癌物经皮肤接触途径导致人体健康风险率计算结果，见表 4.12。

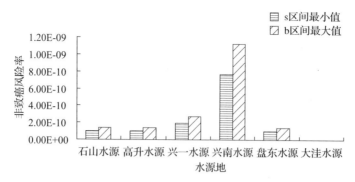

图 4.12　酚经饮水途径所致人体健康风险率

表 4.12　非致癌物经皮肤接触途径所致人体健康风险率　（×10⁻¹⁵）

项目	石山水源	高升水源	兴一水源	兴南水源	盘东水源	大洼水源
NH₃	[0.242, 0.369]	[0.325, 0.492]	[1.86, 2.83]	[0.121, 0.185]	[0.242, 0.369]	—
F	[27.4, 41.8]	[37.9, 57.6]	[13.1, 19.9]	[19.6, 29.8]	[29.4, 44.8]	[3.27, 4.97]
CN	[0.106, 0.161]	[0.106, 0.161]	<[0.212, 0.322]	<[0.212, 0.322]	[0.106, 0.161]	—
Hg	[0.261, 0.398]	[0.261, 0.398]	<[0.261, 0.398]	<[0.261, 0.398]	[0.261, 0.398]	<[0.261, 0.398]
Pb	[14.0, 39.8]	[14.0, 21.3]	<[28.0, 42.6]	<[28.0, 42.6]	[14.0, 21.3]	<[28.0, 42.6]
Fe	[0.261, 0.398]	[1.05, 1.60]	[13.3, 20.3]	[2.61, 3.98]	[0.732, 1.11]	<[0.653, 0.995]
Mn	[0.699, 1.06]	[1.20, 1.83]	[0.336, 0.512]	[2.24, 3.41]	[0.699, 1.06]	<[1.40, 2.13]
Cu	[4.90, 7.46]	[4.90, 7.46]	<[39.2, 59.7]	<[39.2, 59.7]	[4.90, 7.46]	<[49.0, 74.6]
Zn	[0.327, 0.497]	[0.327, 0.497]	<[0.653, 0.995]	<[0.653, 0.995]	[0.327, 0.497]	<[0.653, 0.995]
酚	[0.039, 0.059]	[0.039, 0.059]	<[0.078, 0.119]	<[0.078, 0.119]	[0.039, 0.059]	—
总风险	[48.235, 92.002]	[60.108, 91.397]	[97, 147.676]	[92.975, 141.509]	[50.706, 77.214]	[83.237, 126.688]

表 4.12 显示非致癌物质经皮肤接触途径对人体造成的危害风险值大多小于 $10^{-15}\mathrm{a}^{-1}$，其中氟化物、铅和铜的总风险较大，酚的总风险最小。盘东水源地潜在的总风险最大，风险值在 $5.1\times10^{-14}\sim7.7\times10^{-14}\mathrm{a}^{-1}$，其他水源地的总风险相对较小。

氨氮（NH₃）在盘锦市六个水源地含量均不高，其中兴一水源地浓度相对较高，经皮肤接触所致人体健康风险值为 $1.86\times10^{-15}\sim2.83\times10^{-15}\mathrm{a}^{-1}$，对人体危害效应甚微。氟化物（F）对人体健康危害风险值均小于 $10^{-13}\mathrm{a}^{-1}$，六个水源地风险按大小排列顺序为：高升水源地＞盘东水源地＞石山水源地＞兴南水源地＞兴一水源地＞大洼水源地。氰化物（CN）在盘锦市六个饮用水源地含量都不大，最大风险为 $2.12\times10^{-16}\sim3.22\times10^{-16}\mathrm{a}^{-1}$，风险值非常小。汞（Hg）不溶于水，通过水的介质经皮肤接触对人体危害影响很小。铅（Pb）和铜（Cu）与其他非致癌污染物相比危害稍大，但风险也均低于风险表征范围。总之，目前盘锦市六个水源地中化学非致癌物经皮肤接触对人体造成的危害很小。

（3）非致癌物经呼吸途径导致人体健康风险率

非致癌物经呼吸途径导致人体健康风险率计算结果，见表 4.13。

表 4.13　非致癌物经呼吸途径所致健康风险率　　　　　（ ×10⁻¹³ ）

项目	石山水源	高升水源	兴一水源	兴南水源	盘东水源	大洼水源
NH_3	[0.56, 0.89]	[0.75, 1.18]	[4.30, 6.81]	[0.28, 0.44]	[0.56, 0.89]	—
F	[63.5, 100.5]	[87.7, 138.8]	[30.2, 47.9]	[45.4, 71.8]	[68.0, 107.7]	[7.6, 11.9]
CN	[2.5, 3.9]	[2.5, 3.9]	<[4.9, 7.8]	<[4.9, 7.8]	[2.5, 3.9]	—
Hg	[0.61, 0.96]	[0.61, 0.96]	<[0.61, 0.96]	<[0.61, 0.96]	[0.61, 0.96]	<[0.61, 0.96]
Pb	[32.4, 51.3]	[32.4, 51.3]	<[6.5, 10.3]	<[6.5, 10.3]	[32.4, 51.3]	<[6.5, 10.3]
Fe	[0.61, 0.96]	[2.4, 3.8]	[30.8, 48.8]	[0.61, 0.96]	[16.9, 26.8]	< [1.5, 2.4]
Mn	[1.6, 2.6]	[2.8, 4.4]	[0.78, 1.2]	[5.2, 8.2]	[1.6, 2.6]	<[2.3, 5.1]
Cu	[11.3, 17.9]	[11.3, 17.9]	<[90.7, 143.6]	<[90.7, 143.6]	[11.3, 17.9]	<[113.3, 179.5]
Zn	[0.76, 1.2]	[0.76, 1.2]	<[1.5, 2.4]	<[1.5, 2.4]	[0.76, 1.2]	<[1.5, 2.4]
酚	[0.091, 0.14]	[0.091, 0.14]	<[0.18, 0.29]	<[0.18, 0.29]	[0.091, 0.14]	—

根据表 4.13，10 种非致癌物中，铅、氟化物、锰风险相对较大，酚、氰化物、氨氮等风险值相对较小。经呼吸途径致人体健康风险由高到低排列为：$Pb > F > Mn > Cu > Zn > Hg > NH_3 > CN > Fe >$ 酚。六个水源地中，石山和高升水源地铅和氟化物含量相对较大，兴一水源地氨氮、铁和铜的风险相对较大，兴南水源地中铜、锌风险相对较大，大洼水源地中铜风险相对较高。目前，虽然各种非致癌物质对人体健康风险不大，但亦应高度重视它们的潜在风险，尤其是氟化物。

综上所述，无论是经饮水途径、皮肤接触途径还是呼吸途径，非致癌物导致人体健康危害效应差异明显，其中饮水途径和呼吸途径所致人体健康风险高出皮肤接触途径 3 ~ 5 个数量级。目前，六个水源地中非致癌物总风险水平由高到低排列为：兴一水源地 > 兴南水源地 > 高升水源地 > 盘东水源地 > 大洼水源地 > 石山水源地。非致癌物对人体健康危害效应甚微，人们不关注这种程度的风险。

4.4　健康风险评价的不确定性分析

水环境健康风险评价每个过程都存在着不确定性因素，分析评价过程中的不确定性可以提高评价结果的准确性和科学性，对环境保护和环境监测等有关部门制定水源地保护措施有重要的参考意义。针对本研究存在的不确定性进行初步分析。

（1）数据收集

本次研究应用盘锦市 2007 年六个水源地的污染物监测数据，其中有些数据低于分析方法的最低检测浓度，有些数据检测出一个模糊值，这些都直接影响到评价结果的准确性。

（2）参数确定

目前我国尚没有一套可供参考的适合我国居民的风险评价参数标准体系，研究中评价参数是在参考美国环保署推荐值的基础上，结合盘锦市居民特点和生活习惯确定的，由于地域差异，生活方式差异等，研究中评价参数并不完全符合盘锦市实际情况，使评价结果具有一定的模糊性。

（3）暴露评估

本研究仅考虑了水体中污染物经饮水、皮肤接触和呼吸等途径进入人体的含量，没有考虑经食物链和日常呼吸进入人体的污染物量。计算人体单位体质量日均摄入量时，呼吸速率、皮肤渗透率等参数均采用定值，这使暴露评估具一定的模糊性。

（4）风险表征

研究采用的风险表征标准值取美国环保署、国际防辐射委员会和瑞典、荷兰等国提出的人体最大可接受风险值，但这些值都是以西方人为研究对象的，我国居民不完全符合，评价结果的表述有一定的模糊性。

第5章　地下水开发风险评价理论、方法与应用

5.1　地下水开发风险系统的基础理论及评价方法

5.1.1　地下水开发风险系统的内涵及特征

（1）地下水开发风险系统的内涵

风险问题一直备受关注，但风险学科的形成较晚，目前还处于初级发展阶段，有许多问题还没有解决。水资源风险是人与自然、社会共处的一个系统，如果失事事件对人类和社会没有什么影响，就称不上风险事件。水资源风险事件的发生主要有以下两种方式：一种是调节风险因子的不确定性，如果超出工程的调节能力则有可能形成风险事件，并且风险事件形成后对人类社会经济系统造成损失，则形成了最终的风险；另一种是风险因子直接作用到人类社会经济系统形成风险事件。这两种风险事件的形成都离不开风险因子系统和人类社会经济系统。

地下水开发利用风险评价是指对人类各种开发利用地下水的活动所引发的或面临的危害对人体健康、社会经济发展、生态环境系统等造成的损失进行评估，并据此进行管理和决策的过程。从系统论的观点来看，风险因子、地下水工程、人类社会经济相互作用，相互影响，相互联系形成了一个具有一定结构、功能及特征的复杂体系，这就是地下水风险系统。地下水系统由于受特殊的地质、地貌及气候等条件影响，本身具有一定的脆弱性，当它在一定的外在机制作用下，容易由一种状态演变成另一种状态，这种变化不是瞬时的，也不是一次性的，而且部分结果具有不可逆性，这时的地下水系统的状况完全不同于开发前的系统状况，这是因为系统状况发生了突变。一般而言，地下水开发风险评价是对区域内多种因素进行综合评价，在考虑资源、生态环境、经济等多目标条件下，给出一个综合评价值，为水资源决策提供依据（冶雪梅等，2006）。

（2）地下水开发风险系统的特征

地下水开发风险系统是地下水系统与社会、经济、生态系统相互影响、相互作用、相互交叉形成的具有一定结构和功能的开放复杂系统。因此它具有大系统的基本属性，如高维持性、关联性和复杂性、不确定性、层次性、动态性、开放性和环境适应性等基本属性，而且它具有一些自身独特的特性，如综合性和整体性、空间性和差异性、多目标性、非线性、自适应性和自组织性等。这些功能特性充分展示了地下水开发风险所具有的本质特性。

①高维持性

地下水开发风险系统是由风险因子系统、水资源工程子系统和人类社会经济子系统等子系统组成，而每一个子系统又包括其各自的子系统。例如，人类社会经济子系统又包括人类

生活子系统、工业子系统、农业子系统等子系统。水资源工程子系统又包括蓄水工程子系统、提水工程子系统、引水工程子系统、水力发电子系统、输水工程子系统、配水工程子系统等。如此逐层分解，形成了地下水开发风险系统庞大的层次结构。显然，地下水开发风险系统具有极高的维数。

②关联性和复杂性

地下水开发风险系统内各个子系统或局部子系统之间相互作用、相互联系，形成了复杂的关联，关联的复杂性可以体现在结构上和内容上，可以是物质、能量或信息的关联，同时各个子系统关联的形成是多种多样的，不是局限于某一种形式。随着社会的发展产生了更大的用水需求，人类为躲避自然灾难而修建各种水利工程，这些都决定着水资源工程的规划和运行方式，但是由于水文风险、水利风险及工程本身的诸多不确定因素使得地下水风险系统更加复杂。因此地下水开发风险系统具有关联性和复杂性。

③动态性

世界万物都在不断变化之中，水环境也是不断变化的，所有自然系统的平衡都只是一种相对稳定状态。水量、水质等情况的变化都是围绕着稳定状态在自然波动，只是在不同的时段偏离到不同的平衡位置。地下水开发风险系统是涉及大量要素的复杂开放系统，系统的构成要素的水平和变化速度都是处于不断的变化之中（曾畅云，2004）。

④综合性和整体性

综合性主要是指地下水的开发利用应与社会、经济、生态发展相适应，包括发电、灌溉、供水和生态系统等综合作用。整体性是指以流域或区域为单元，将流域内自然条件、生态系统和社会经济等视为一个不可分割的整体，进行水资源开发和社会经济的综合规划，达到安全合理开发地下水资源的目标（陈绍金，2005）。

⑤空间性和差异性

在地下水开发风险系统中，由于各要素的自然状况、地理位置、科学技术和历史背景等方面都是完全不同的，因此都会对系统的组成产生不同程度的影响，体现出系统的空间性、差异性。

⑥不确定性

根据地下水资源评价中不确定性因素产生的原因，分为客观随机性因素和主观不确定性因素。地下水资源系统内在的随机性引起的客观随机性与水文、水文地质变量的时间和空间变化有关，而主观不确定性是由人为对系统认识不足引起的，比如模型的建立、求解、参数的选择等（束龙仓等，2000）。

⑦多目标性

地下水开发风险系统可以看作是一种结合与分散共同存在的控制系统，系统内部各个子系统都有自己的目标，而每个目标又有自己的子目标和指标群，这样构成了地下水开发风险系统的指标体系（Odum，1985），因此地下水开发风险系统具有多目标性。

⑧自适应与自组织性

地下水开发风险系统是一个整体，一旦外界环境发生变化，系统结构和要素也会相应发生变化，系统会自动重新建立新的结构和状态来适应新的环境，它的变化状态是从稳定到不稳定，然后恢复到稳定状态的循环过程。自适应性和自组织性主要有三方面表现：第一，外界发生变化后系统会产生自动反应性；第二，系统受到外界变化干扰后能够自动恢复平衡，具有稳定性；第三，系统为适应新的环境而发生突变，导致系统结构会发生变化和重组，因此地下水开发风险系统具有自适应和自组织性（Odum，2001）。

地下水系统本身处于稳定状态，也就是说处于人与自然和谐共处的状态，但是在地下水开发的过程中，人类活动打破了原有的平衡状态。如过量开采地下水、人口的增长、城市化进程的加快等等，这些都使地下水资源的供需矛盾日益突出，为了使供需平衡，受趋稳原理的支配，系统出现自适应性的变化。实际上，自适应变化作为一种手段，它促使系统吸收、消化、改变，它的积极意义不次于突破性变化。没有这种适应性变化，系统最终也许只有失衡，而在适应性变化完成后，系统重新进入稳定状态，度过了一个完整的演变周期，这样产生的人与水资源的相互依赖模式更加的稳定和安全。

任何事物都有正反两方面，不是所有地区都适应同一原理。决定地下水系统中的稳定性和应变能力的三个要素有承载力、缓冲力和恢复力。不同的区域有不同的对待方式，在地下水资源较丰富的地区其地下水开发的承载力和缓冲力较高，因此它的恢复力也很强。而在地下水资源相对匮乏的地区，即承载力、缓冲力、恢复力都很低的地区，就不能随意进行开发，最好保持原有状态。

5.1.2　地下水开发风险的评价内容及影响因素

（1）地下水开发风险评价内容

地下水开发风险评价的内容由评价的目的所决定，不同的研究区评价的内容有所不同。主要的影响因素大体分为自然因素、社会因素和经济因素三个方面。一般包括含水层水力特性、地下水基本状况、生态环境状况和社会经济状况。

①含水层水力特性

含水层由相互连通的孔隙、裂隙和溶洞组成，地下水在各种空隙中的流动十分复杂。通过研究局部区域含水层特性的平均状况如孔隙率和渗透系数，能够确定介质的一些宏观特性。通过对含水介质结构、分布及埋藏条件等研究能够了解研究区的地质环境如何，以及在人类活动的干预下会导致何种情况的发生。

②地下水基本状况

水质和水量两个问题相互依存，因此应在一个综合的框架下进行研究。地下水作为一种客观存在的物质资源，它的基本状况受到自然因素和人为因素的影响。自然因素包括天然补给量、含水层储水能力、原生水水质等方面，人为因素包括人类不合理地开发及对水源造成的污染等。这两方面因素能够涵盖地下水资源的现状，全面地反映地下水的变化趋势，因此地下水开发风险评价中应包括地下水的基本状况。

③生态环境状况

地下水的过量开采和地下水储存量的不断消耗，使部分地区产生地下水降落漏斗、地面沉降、海水入侵、地下水水质恶化等一系列的水文地质环境地质问题，同时还间接地引起河流功能衰退、湿地生态退化、地表水水质恶化等生态环境问题。因此生态环境状况是地下水开发风险评价中的重要问题。

④社会经济状况

水资源是国民经济建设中的基础性自然资源，也是一个国家的战略性资源。随着人口增长、生活质量提高、城市化进程的加快，使部分地区人均水资源占有量进一步减少，而用水量却不断增加，从而导致水资源供需矛盾日益突出。缺水已成为影响国家经济发展、粮食安全、社会安定和环境改善的主要制约因素。因此地下水开发风险评价中对社会经济状况的研究不容忽视。

（2）地下水开发风险的影响因素

风险是由于系统的不确定性因素引起的。不确定性是指人们对未来某事件发生结果所持的怀疑态度，由于人们对客观世界的认识受到某些条件的限制，不可能准确预测风险的发生，即人们难以准确预测未来事件发生的结果。从这个意义上来说，风险是具有不确定性的。也就是说，风险的存在是客观的、确定的，而风险的发生是不确定的。

由于地下水系统是一个开放的复杂巨系统及人类本身认识客观世界的局限性，地下水系统总是存在着各种不确定性因素，这些不确定性因素的来源主要分为以下几个方面：第一，自然现象或有关随机过程的不确定性（如降雨量、蒸发量的变化、耗水量等均具有较大的不确定性）；第二，社会现象的不确定性（如人口变化、经济发展、政治上的战争等均具有不确定性）；第三，模型化的不确定性，模型参数估计不准确常常导致不确定性增加；第四，需求、效益和费用不能准确的预知结果，运行后参数的改变这些都能引起不确定性；第五，决策过程的不确定性。这些不确定性因素都是导致地下水开发产生风险的原因（韩宇平，2008）。根据以上分析，影响地下水开发风险的主要因素大体分为自然因素、社会因素和经济因素。

①自然因素

自然因素主要是指气候变化及地理、地质环境差异所引起的变化，这些是人类无法改变的自然现象，如降雨量、径流量的改变及由此引起的各种不确定因素是十分重要的。

②社会因素

社会因素主要指人类无法准确预测未来的发展，如人口的增加、城市化进程的加快，供需矛盾的增加，进而导致多种水资源问题如过度开发地下水、水质污染等。

③经济因素

经济因素主要是指人类认识的局限性和科学技术条件限制使人们无法得知所有的未知因素。经济损失是指那些由风险事件造成的物质破坏所引起的，可以用经济指标来衡量的损失，是人类社会或各种团体、居民家庭及个人的各种既得经济利益或预期利益的丧失。如在人类生活和工农业生产中，生活污水、工业废水以及各种废弃物的排放污染了水体，导致水质下降；人们掠夺式开发地下水资源又造成了水资源枯竭；这些因素都是地下水开发风险中应予以重视的。

5.1.3　地下水开发风险评价指标体系的建立

（1）地下水开发风险评价指标体系的构建原则

目前，国内外关于地下水开发风险评价的研究已取得了一定的进展，由于地下水系统是个复杂开放的大系统，它所反映的信息量非常庞大和复杂，涉及到的领域繁多。因此，评价指标的确定具有一定的难度，而正确构建指标体系又十分重要，全面系统的指标体系通常具备以下几个标准：①指标易获取性；②指标相对容易理解；③指标能够测量；④指标测量的内容是有实际意义的；⑤指标描述的状态与指标获取时间间隔是短暂的；⑥指标可用来比较不同的地理区域；⑦指标能够进行国际比较。这些标准对如何构建地下水开发风险评价指标具有十分重要的指导意义，地下水开发风险评价指标的设计原则应以人与自然和谐发展为准则，注重其时效性，为决策者提供一定的参考依据。完整的指标体系应具备以下几个原则：

①科学性原则

地下水开发风险评价既是理论问题，又是实践问题。地下水开发风险概念的界定不能离开水资源开发利用的基本理论，需要二者相互联系、相互融合。选取的指标要具有科学性、真实性和规范性，并且具有稳定性强、相关性好等特点。指标的选取不仅要考虑以上几点还要结合社会经济发展的现实状况，指标应能够反映社会经济、人口变化、环境状况、资源状况等各系统发展情况，同时能够反映上述各系统之间相互作用的整体性，从而保证指标体系能真实地反映研究区地下水开发利用状况（杨伟光等，1999）。

②动态性原则

地下水系统是在不断变化的，因而需要通过一段时间才能得到反映，指标的选择要充分考虑到地下水系统动态变化的特点，能够较好地表现和反映地下水开发系统未来的发展趋势（乔春明，2003）。

③可比性原则

地下水系统是个复杂的巨系统，它可以分解成若干子系统。因此，在对地下水开发系统进行评价时，应在不同层次上选择不同的指标，这些指标应采用通用的名称、概念与计算方法，便于不同的指标之间进行横向和纵向比较。

④可操作性原则

可操作性是指指标应易于量化，便于收集，具有可评价性。指标体系的建立是为决策者提供决策依据，为政策的制定和科学管理服务，选取的指标要能够真实准确地反映地下水开发利用的发展现状和未来趋势。因此可操作性在指标的选取中具有十分重要的作用。

⑤定性指标与定量指标相结合的原则

指标体系中选取的指标应尽可能量化，但一些指标难以量化，其意义重大又不能舍弃，也可以采用定性指标来描述。因此指标体系的建立要遵循定性与定量相结合的原则。

⑥敏感时效性原则

敏感时效性原则是从动态监控的需要出发的。要求指标能够与经济发展相符，当社会经济呈一般波动时，这些指标能够有明显的变动，这样及时反映国民经济动态，给决策者提供依据，达到时刻监控的目的。

以上是评价指标体系建立的基本原则，评价指标的筛选则应遵循以下两个原则：

①独立性原则

描述地下水系统状况的指标通常都存在一定的相关关系，造成信息重复的现象。这样的指标会影响评价结果的客观性，因此选取的指标应择优录取，删除那些次要指标。

②协调性原则

地下水开发风险评价系统中的指标繁多，经常出现矛盾指标的现象，解决的方法是在保证指标系统的相对完备性的前提下建立一个没有相互矛盾指标的体系，或者建立一个使矛盾指标并存的体系（陈绍金，2005）。

（2）地下水开发风险评价指标体系的构建过程

地下水开发风险系统是地下水与自然因素、社会因素、经济因素相互影响、相互作用而成的复杂巨系统。如何对这个复杂的系统进行定量的分析与评价，是目前急需解决的问题。

由于地下水开发的风险形成受天气系统的降雨强度及其时空分布、下垫面条件、水资源工程、水资源运行调度和人类活动等因素的影响，度量地下水开发风险特征的指标都具有一定程度的不确定性。定量地度量上述不确定性以及由此带来的水资源系统风险是地下水开发风险工作的主要内容。

目前，我国在地下水开发风险评价指标体系的研究和应用方面还处于起步阶段，关于指标体系的研究主要集中在如何找到合适的指标来度量和评价地下水开发利用过程中的风险。在度量和评价过程中，直接来源于环境、社会、经济的指标往往存在指标之间缺乏联系、指标取舍主观性和随意性等缺陷。因此，指标体系的构建过程应遵循以下几点：

①明确地下水开发风险评价的原理和目标

地下水开发风险是一个较新的概念和领域，因此在确定目标之前，首先要确定风险的定义、原理及其实现目标。

②对地下水开发风险系统进行层次分析

地下水系统是个复杂系统，首先将复杂系统划分成不同的组成要素，再对每一个组成要素的指标进行分析，根据具体情况，通常将系统分为两个或三个层次，再对每层的指标进行筛选和分析。

③选取评价指标构建指标体系

研究内容确定后，需要建立评价指标体系进行测量。由于不同的研究目的，在指标体系构建过程中所选取的指标也存在差异，因此在进行具体研究时，要根据研究目的、研究区的实际情况选择适宜的指标构建评价体系。

（3）地下水开发风险评价指标体系的建立

地下水开发风险可简单定义为地下水系统失事的概率，但是这种定义无法完全反映在风险下运行的自然系统的特征。这种定义仅仅表示了系统安全性状态，或者在某些不确定条件下其将如何表现。概括地讲，可以认为地下水开发风险是一种表示地下水系统安全运行程度的指标。如果系统能够安全运行，则开发风险趋于 0；反之，风险趋于 1 时，系统很可能失事。

地下水开发利用风险是指人类各种开发利用地下水的活动所引发的或面临的危害及对人体健康、社会经济发展、生态环境系统等造成的损失，同时反映了地下水系统满足其社会经济活动和居民生活需要的程度。在风险条件下，水资源系统的设计原则是：在该系统的生命周期内，安全性要超过危险性。另一方面，安全原则并不意味着系统不存在风险。由于不确定因素的存在，风险总是存在的，从这个目标来讲，这种风险应该保持在尽量低的水平。然而开发风险作为表征地下水系统安全性的指标并不足以反映风险条件下系统的所有特征，这就是需要引入指标的原因。目前，应用较广泛的测度指标有两类：一个是单项指标，即用一个指标来表达系统的走向和趋势；另一个是综合指标体系，即使用多个指标来表达系统的状态。两者比较而言，综合指标体系的应用更为常见。大量的指标并不是指数量而言，指的是最能体现研究区特点的敏感指标，比如地下水质量、降雨量、蒸发量、地下水开采强度等等，这些指标是研究区地下水开发的主要控制因素，进而建立一个反映研究区自然状况、地下水开发利用、生态环境、社会经济的综合指标体系。对部分参考文献中选取的指标进行综合建立地下水资源开发利用风险评价的指标体系。指标体系由三个层次构成，即目标层、准则层和评价指标层。设总目标为 M，由准则层指标 M_1，M_2，M_3，M_4 组成，准则层 M 的下

一级准则层为 N_1，N_2，N_3，$\cdots$，N_7，指标层则包括 Q_1，Q_2，Q_3，$\cdots$，Q_{22}（图 5.1）。

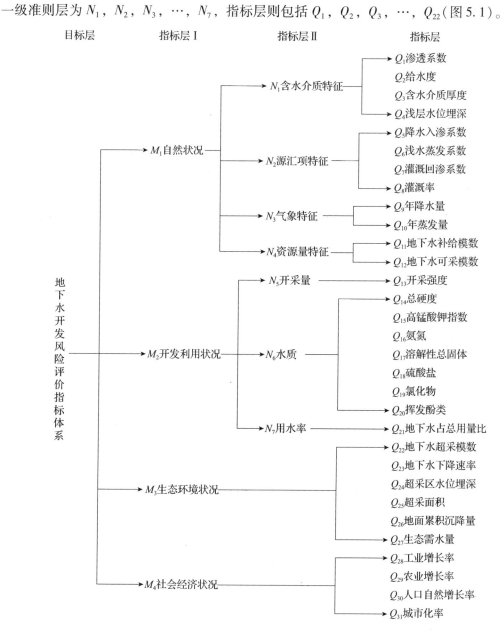

图 5.1　地下水开发风险评价的指标体系

1）地下水资源自然状况指标群 M_1

该层评价指标包括含水层岩性、地质条件、水文地质参数、地下水补给径流排泄条件等。水文地质参数主要包括含水层的给水度、渗透系数、导水系数等；地下水补给参数包括降水入渗补给系数、灌溉入渗补给系数、地下水补给模数等；地下水排泄参数包括蒸发系数、地下水开采模数等。具体指标如下：

①渗透系数、给水度、含水介质厚度、浅层地下水位埋深

这些指标反映了地下水资源的含水层特性。渗透系数是反映岩土体透水能力的参数，它的大小取决于多孔介质和流体的特性。给水度是指饱和岩土在重力作用下自由排出的重力水

的体积与该饱和岩土体积的比值，是利用动态观测资料计算降水入渗补给系数、地下水蓄存量的重要参数之一。自然界的岩石、土壤均是多孔介质，多孔介质的固体骨架间存在着形状不一、大小不等的孔隙、裂隙或溶隙，通常把既能透水，又饱含水的多孔介质称为含水介质，这是地下水赋存的首要条件。浅层地下水埋深与地下水补给排泄密切相关。

②降水入渗系数、潜水蒸发系数、灌溉回渗系数、灌溉率

降水入渗系数是指降水入渗补给量与相应降水量的比值。降水入渗补给量是指降水（包括坡面漫流和填洼水）渗入到土壤中并在重力作用下渗透补给地下水的水量。地下水的主要补给源是大气降水入渗补给和地表水入渗补给。潜水蒸发系数是潜水蒸发量与水面蒸发量的比值。潜水蒸发量是指潜水在毛细管作用下，通过包气带岩土向上运动造成的蒸发量（包括粒间蒸发量和被植物根系吸收造成的叶面蒸散发量两部分）。灌溉回渗系数是指田间灌溉回渗补给量与进入田间的灌水量的比值。灌溉率是指有效灌溉面积与灌溉面积的比值。

③多年平均降水量、多年平均蒸发量

从天空中降落到地面上的液态或固态水，未经蒸发、渗透、流失而在水平面上积聚的深度，称作降水量。多年降水量的平均值称为多年平均降水量。蒸发量是指在一定时段内，水分经蒸发而散布到空中的水汽量。多年蒸发量的平均值称为多年平均蒸发量。

④地下水补给模数、地下水开采模数

地下水补给模数反映了地下水系统补给条件的优劣及地下水资源的丰富程度。地下水可采模数反映了研究区地下水系统的富水性及开发条件，间接地表明当今条件下人们开发利用地下水资源的能力大小。

2）地下水开发利用状况指标群 M_2

人类对地下水资源的开发与利用对地下水开发风险有着很大的作用，因此将开发利用状况作为评价指标之一。

①地下水可采量

地下水可开采量是指在可预见的时期内，通过经济合理、技术可行的措施，在不引起生态环境恶化条件下允许从含水层中获取的最大水量。目前研究区的地下水主要排泄方式为人工开采，占排泄量的大部分，其次为潜水蒸发，以及沿河地带的河道排泄及沿海地带的侧向流出排泄等。地下水开采强度能够反映地下水资源的开采进度和开采状况。

②水质

地下水水质现状评价依据中华人民共和国国家标准《地下水质量标准》（GB/T 14848—1993）和《生活饮用水卫生标准》（GB 5749—2006）。地下水水质现状评价参数一般选用硫酸盐、氯化物、溶解性总固体、总硬度、硝酸盐氮、亚硝酸盐氮、高锰酸钾指数、氨氮、铁、锰、铜、锌、铅、镉、挥发性酚类、氰化物、六价铬、砷、汞、氟化物、阴离子合成洗涤剂等22项。本研究采用评分法，选取溶解性总固体、总硬度、氯化物、硝酸盐、硫酸盐及氨氮六项评价指标，对地下水环境质量等级进行评价。

①用水率

采用地下水实际开采量占总用水量比例反映用水率，即地下水利用总量与总用水量的比值。数值越大地下水开发风险就越大。

3）生态环境状况指标群 M_3

由于地下水具有水质好、温差小、易提取、费用低等特点，加上用水量增加等原因，人

们常会超量抽取地下水，以致抽取的地下水量远远大于地下水的天然补给量，造成含水层中地下水资源枯竭，引发地面沉降以及海水入侵和地下水污染等后果。地下水过量开采往往形成恶性循环，一方面，过度开采破坏含水层的平衡状态，使含水层供水能力下降；另一方面，人们为了满足需要还要进一步加大开采量，从而使开采量与可供水量之间的差距加大，破坏加剧，最终引起严重的生态退化（余钟波等，2008）。因此在确定超采引起的环境负效应指标群时，要选择反应地下水超采情况的指标，如超采模数、超采速率、超采区中心水位埋深、超采区面积等指标。

4）社会经济发展指标群 M_4

水资源的需求量与社会经济发展是密切相关的，因此需要考虑社会经济发展指标，本研究选取了人口自然增长率、工业增长率和农业增长率，这些指标反映了水资源风险系统中社会、经济、生态、水环境等系统的发展过程。

5.1.4　基于突变理论的地下水开发风险评价模型

地下水开发风险评价的对象是一类"非连续现象"，地下水开发前后系统的变化却是一个突变，而突变理论能直接处理不连续性事件，它为地下水开发风险评价研究提供了新的工具。

（1）初等突变模型

初等突变用来表示各个局部区域间发生冲突的情况，也是势函数在四维时空以上稳定的方式取得极小值的点。初等突变理论主要研究势函数，通过势函数对临界点进行分类研究，得到各临界点附近非连续变化状态的特征，从而归纳出若干初等突变模型。势函数的变量中有两种：一种是控制变量，它是成为突变原因的连续变化的因素；另一种是状态变量，它是行为状态的描述（冶雪艳等，2007）。突变理论模型表明行为曲面在中间发生折叠。在表示最少可能行为的中间叶，控制变量的微小变化均可能导致状态变量的急剧突变，这类突变理论模型称为尖顶型突变。托姆证明：只要控制变量不多于 4 个，在某种等价意义下，只有七种基本突变：除尖顶型外，还有折叠型、燕尾型、蝴蝶型、双曲脐点型、椭圆脐点型、抛物脐点型（左丽琼，2008）。初等突变类型如表 5.1 所示。

表 5.1　初等突变类型表

突变类型	势函数	状态变量	控制参量
折叠突变	$V(x) = x^3 + ax$	1	1
尖顶突变	$V(x) = x^4 + ax^2 + bx$	1	2
燕尾突变	$V(x) = x^5 + ax^3 + bx^2 + cx$	1	3
蝴蝶突变	$V(x) = x^6 + ax^4 + bx^3 + cx^2 + dx$	1	4
双曲脐点突变	$V(x) = x^3 + y^3 + axy - bx - cy$	2	3
椭圆脐点突变	$V(x) = \dfrac{1}{3}x^3 - xy^2 - a(x^2 + y^2) - bx + cy$	2	3
抛物脐点突变	$V(x) = y^4 + x^2 y + ax^2 + by^2 - cx - dy$	2	4

（2）初等突变模型归一化

折叠突变模型的归一方程为：$x_a = \sqrt{a}$

$$(5.1)$$

尖顶突变模型的归一方程为：$x_a = \sqrt{a}$，　　$x_b = \sqrt[3]{b}$　　　　　　　　　　　　　　　（5.2）

燕尾突变模型的归一方程为：$x_a = \sqrt{a}$，　　$x_b = \sqrt[3]{b}$，　　$x_c = \sqrt[4]{c}$　　　　　　　（5.3）

蝴蝶突变模型的归一方程为：$x_a = \sqrt{a}$，　$x_b = \sqrt[3]{b}$，　$x_c = \sqrt[4]{c}$，　$x_d = \sqrt[5]{d}$　　　（5.4）

其中，尖顶型、燕尾型、蝴蝶型突变模型是进行综合评价时较常用的归一化公式。归一公式将系统内部各控制变量的不同质态归化为可比较的同一种质态，即用状态变量表示的质态。运用归一化公式，可求出表征系统状态特征的系统总突变隶属度函数值，作为综合评价的凭据。这种经过归一化处理后状态变量和控制变量的取值范围均为 0 ~ 1 的函数称为突变模糊隶属度函数，这是突变多准则评价方法的核心。

（3）突变评价原则

利用突变理论进行模糊综合分析与评价时，根据实际情况可采取三种不同准则：第一，非互补准则，即控制变量在利用归一化公式计算每个状态变量值时，若系统的各控制变量之间不可相互弥补不足，则对该变量所对应的各个控制变量计算出的 x 值采用"大中取小"的原则；第二，互补准则，即当系统的各控制变量之间可以相互补充其不足时，则取控制变量 a、b、c、d 相对应的 x_a、x_b、x_c、x_d 的平均值。第三，过阈互补准则，系统的各控制变量必须达到某一阈值后才能互补。为了使评价结果更趋于合理应尽量选择科学合理的控制变量，删除影响较小的因素，并严格限制次要控制变量，主要凸显起主导作用的控制变量。

5.2　基于突变理论的辽宁中南部地区地下水开发风险评价

5.2.1　辽宁中南部地区概况

（1）研究区地理位置

研究区位于辽宁中南部地区即下辽河平原的中东部及渤海辽东湾东北部，北部边界以太子河为界，东部边界临丘陵山区与平原接触带，西部边界至太子河和大辽河，南部边界到鲅鱼圈南的吴屯。地理位置为东经 122°04′35″ ~ 123°19′39″，北纬 40°11′59″ ~ 41°22′10″，地势自北向南、自东西两侧向中部倾斜，南部大致为低地丘陵，中部为广阔的辽河平原。辽宁中南部地区包括辽阳、鞍山、营口城区、大连及其周边地区，面积约 4040km²。辽宁中南部地区是联系东北三省和关内的交通枢纽，是全省公路网的中心地区。通往各个市的高速公路网已经形成，还有国道、省道和铁路穿梭其中，共同构建了发达便利的交通网络。以沈阳为枢纽的铁路、公路向本区及全省辐射，沈阳市处于中心位置，是联结关内外、国内外的重要交通枢纽。辽宁中南部地区包括长大、沈山、沈吉、沈丹、大郑等铁路，由沈阳辐射到全省。公路也由沈阳畅通全省各地，民航可通向东北及全国各大城市，沈阳、鞍山、本溪、抚顺、辽阳 5 个大中城市地区的铁路密度很高，方便的交通网络为辽宁中南部地区经济发展创造了良好的条件。

（2）辽宁中南部地区的自然状况

辽宁中南部位于中纬度地区，地处亚洲东部沿海和太平洋西北岸，属半湿润大陆性季风气候。冬季受西伯利亚—蒙古高压控制，盛行北风和西北风，降雨降雪量少，春季蒙古高压北撤，西南风盛行，雨量稍微增多。夏季由于西风带气旋频繁通过，加上热带风暴与台风频繁北上，携带大量水汽，在太平洋副热带高压位置偏北偏西的情况下，易形成暴雨或特大暴雨，反之，在太平洋副热带高压位置偏南的情况下则易形成干旱少水。秋季由于太平洋副热带高压位置南移进入少雨季节。因此，辽宁中南部地区气候主要特征是四季分明，雨热同期，日照丰富，干燥多风。

研究区全年平均风速在 $2 \sim 5m/s$，一年中春风最大，秋风次之，冬夏风速比较小。多年平均气温 8.25℃，最高气温 38.4℃，最低气温 −25.4℃，年内气温高低悬殊。多年平均降水量 711.07mm，由东南向西北、由山前向平原逐渐递减，多年平均蒸发量为 1303.0mm。全年日照时数 $2270 \sim 2990h$，平均无霜期在 $124 \sim 215d$。

辽宁中南部地区有杨柳河、南沙河、运粮河、十里河、海城河、太子河和大清河等诸多河流。近年来，由于城市人口的增多、工业急剧发展，污染物排放不断增加，造成区内地下水污染日益严重，并且由于长期大量开采地下水，主要水源地已形成规模不等的降落漏斗或区域性水位下降，如位于辽阳市、鞍山市的首山水源和营口市的大清河水源。首山水源是辽阳市、鞍山地区鞍钢和市政的大型水源地，位于辽阳的首山镇。自 1919 年至今，首山水源已有 80 年的开采历史，形成以哈蜊、尤庄子、方双树子村为中心的地下水开采漏斗。漏斗中心水位下降 20 多米，漏斗面积最大达 $310km^2$，其中市区 $63km^2$，近郊区 $20km^2$，辽阳县 $225km^2$。近十多年来，由于政府的大力限制超采地下水、增加地下水补给等补救措施，使降落漏斗面积维持在 $300km^2$ 左右，处于相对稳定状态。到 2005 年，首山漏斗区水位埋深 18.2m，面积为 $220km^2$，年末漏斗区中心水位上升 0.20m。

（3）辽宁中南部地区的经济状况

辽宁中南部地区工业发展的物质基础较好、矿产资源丰富，主要矿藏有铁、煤、油页岩、铜、铅、锌、石油等。其中铁矿资源特别丰富，鞍山、辽阳、本溪一带，已累计探明储量达 100 亿吨左右，占全省储量的 93.3%，占全国铁矿储量的 1/5 左右，为我国最大最集中的铁矿产区，铁矿开采量占全省的 98%。菱镁矿已探明总储量达 23 亿吨，占世界探明储量的 1/4，约占全国储量的 2/3。海城镁矿平均品位为 46.4%，辽阳石门硅石矿，已探明储量 5700 万吨，占全省总储量 57.7%，品位高达 98.5%，Al_2O_3 含量在 0.4% 以下。研究区煤炭资源共有 53 亿吨，占全省煤炭储量的 75.7%，其中统配煤矿（抚顺局、铁法局、沈阳局）为 50 亿吨，占全省统配煤矿储量的 78.7%。区内矿产资源储量大，分布集中，为发展工业提供了非常有利的条件。

辽宁中南部地区以农副产品为主的城市也有很多，规模较大的城镇有沈阳市、瓦房店市，辽阳市等。沈阳市地处平原，发展农业生产的条件良好。1985 年全市有耕地 602 万亩，其中水田 172 万亩，占全省水田面积的 24.0%，农业总产值占全省 5%，粮豆总产量 14.6 万吨，占全省的 15%。粮食作物中，水稻播种面积占全省 23.9%。水稻产量占全省的 27.8%，是辽宁省的主要水稻产区。瓦房店市以机械、纺织工业为主。辽阳市是以轻纺工业为主的工业城市，轻纺工业产值在工业总产值中占 72%。辽化的建成使辽宁省成为全国化纤原料基地之一，生产能力居全国第二位。辽阳和灯塔均为辽宁省商品粮基地县，粮食亩产也较高，达 400 多公斤。每一农业人口产粮量 850 多公斤，每一农业人口交售商品粮约 400 公斤，为国家提供了大量的商品粮。辽宁中南部地区得天独厚的优势条件使其经济发展迅速，人民生活水平较高，为其奠定了良好的经济基础，促进辽宁中南部地区的不断发展壮大。

（4）辽宁中南部地区的地质条件

辽宁中南部地区位于中朝准地台北部，与吉林、黑龙江、内蒙古—大兴安岭褶皱系接壤部位，地质构造复杂，类型齐全。

1）地层

研究区为山前倾斜平原，出露地层主要为第四纪地层，前第四纪地层主要出露于平原东丘陵区和构成工作区基底。前第四纪地层区内发育地层有太古界鞍山群，中元古界辽河群，上元古震旦系，古生界的寒武系、奥陶系、石炭系、二迭系以及新生界的第三系。第四系松散地层分布于研究区的大部分地区，自地表向下为全新统冲积、冲洪积、坡洪积层，上、中更新统冲积、冲洪积、坡洪积层以及下更新统冰碛和冰水碛层。

①下更新统

下更新统区内发育较广泛，厚度为 30～70m，可分为上、下两段：上段为一套冲洪积相地层，以灰色、灰白色粗砂以及砂砾石为主，部分地区为亚黏土与亚砂土互层。下段主要为冰碛、冰水积物，冰碛物岩性为棕褐、棕红色含砾黏土层，埋藏于杨柳河冲洪积扇 60～80m以下，厚约 10～20m；冰水相沉积比较普遍，岩性为灰黄色半胶结状混合砂砾卵石层夹含砾黏土层，埋藏于太子河冲洪积平原 100～200m 以下，总厚度 10～60m。

②中更新统

研究区中更新统广泛分布，厚度变化大，一般为上、下两岩段，整个中更新统一般呈现出从山前向中部平原，由北向南逐渐增厚的趋势。

下段分布于山前地带，多为冰碛、冰水沉积物。其他地段以冲洪积为主，一般超覆于下更新统之上，岩性多为灰色、灰绿色及灰黄色中砂、粗砂、砂砾石及亚黏土含砾等，卵砾石成分复杂，多以石英岩、灰岩为主，且风化较严重。

上段以冲洪积为主，少量为洪积和冲积。冲积相主要埋藏在太子河冲积平原 70～160m以下，东部地段岩性主要为黄褐、灰绿、灰黄色黏土、亚黏土与中细砂、粉细砂互层，西部地段岩性主要为灰白、灰绿、浅黄色中粗砂及混土砂砾石层，总厚度 20～70m；冲洪积相埋藏在杨柳河冲洪积扇 40～60m 以下，岩性主要为棕黄色亚黏土，扇轴下部为棕黄色混合土砂砾石层，总厚度为 15～20m；坡洪积相主要分布在山前坡洪积裙底部，岩性为棕色亚黏土，厚约 10～20m。

③上更新统

此层在全区范围内均有分布，成因类型多，在冲积平原区主要为冲积相与冲洪积相。在近山前地区有少量坡洪积相。它的厚度变化较大，山前约为 10m 左右，向西逐渐增厚至几十米，甚至百米，整套地层显示了下粗上细的沉积规律，可将其划分为上、中、下三段。

下段主要为冲洪积、冲积及冲湖积相。冲洪积、冲积相岩性多为颜色较杂的卵石、砾石、粗砂、中细砂、含砾粗砂、中砂等，主要有冲积、冲洪积及坡洪积相；冲湖积相多为淤泥质亚黏土、颜色较杂的亚砂土、亚黏土等。一般与中更新统共同出现。

中段、上段：成因类型复杂，主要为冲洪积、冲积、冲湖积、坡洪积等相。岩性主要有浅黄色、浅灰色、黄褐色等卵石、砾石、中砂、细砂、淤泥质亚黏土、亚砂土等。

冲积相埋藏于太子河冲积平原 20～30m 以下，西部地段岩性主要为灰绿、灰褐及黄褐色中细砂、中粗砂夹亚黏土、亚砂土层，东部地段粘性土增多为中细砂、中粗砂与亚黏土、亚砂土互层，总厚度 60～140m；冲洪积相埋藏于杨柳河冲积扇 20～30m 以下，岩性上、中部主要为褐黄色亚黏土、亚砂土层，下部为黄褐色中粗砂，砂砾石层夹薄层亚黏土，总厚度20～30m；坡洪积相主要分布在沈大铁路以东的山前坡洪积裙及埋藏在铁路以西坡洪积裙10～20m以下，岩性主要为棕黄色，黄褐色亚黏土，局部夹碎石、砾石透镜体，总厚度10～20m。

④全新统

全新统几乎覆盖整个研究区、成因类型主要有冲积、冲洪积、冲湖积等。其中冲积、冲洪积相在地貌上多构成冲洪积平原，其主要岩性有灰、绿灰色中细砂和灰黄色亚黏土。在各河漫滩上，多为灰黄色、黄色、灰白色等卵石、砾石、细砂、亚黏土等。沿河两侧分布的牛轭湖中多为湖沼相的淤泥质亚黏土及草碳层等。

河流冲积相分布于现代河床及河漫滩，太子河相为浅黄色—灰褐色粉细砂及亚砂土；冲积相分布于太子河平原表层，为黄褐色亚黏土、亚砂土、粉细砂、中细砂层，局部地段为灰褐—黑褐色亚黏土，总厚度20～30m；坡洪积相主要分布在沈大铁路以西鞍山市区及西部坡洪积裙表层，岩性主要为黄褐色亚黏土，底部地段有黑褐色淤泥质亚黏土，总厚度10～20m。

2）构造

研究区位于中朝准地台的胶辽台隆、华北断陷的二级构造单元，位于新华夏系第二巨型隆起带与第二巨型沉降带的过渡边缘地带，次级构造属于下辽河拗陷东部斜坡带。出现的构造形迹可分为东西向构造，新华夏系构造及旋钮构造等。

东西向构造是阴山东西复杂构造带的东延部分。主要由大致东西向展布的紧密褶皱，强烈的压性断裂带组成；旋钮构造为辽阳莲花状构造，由两个环形断裂带构成，主要是鞍山市东部山区的前峪至大孤山一线东西向的向斜，向斜两翼东鞍山、西鞍山及大石头一代有密集北东向和北西向断层，部分断层构造旋回的作用成弧形分布，辽阳市北部发育的压性断裂，呈北东向分布，长约近60km，营口—宽甸台拱的西部，平原区处于辽河断陷上。

（5）辽宁中南部地区的水文地质条件

研究区地下水按赋存条件、含水介质的性质、岩性可划分为松散岩类孔隙水、碎屑岩裂隙水、碳酸盐岩类裂隙岩溶水和基岩裂隙水四种。

1）地下水类型

①松散岩类孔隙水

松散岩类孔隙水是由第四系冲洪积、冲积、冲海积及坡洪积物组成，分布于研究区大部分地区，由山前倾斜平原和南部的滨海低平原所组成，地下水流向基本与地表水径流方向一致。

区内的太子河冲洪积扇区地下水资源丰富，含水层岩性以砂砾石和卵石层为主，扇的轴部水量最大，单井涌水量可大于$5000m^3/d$，扇的翼部水量在$3000～5000m^3/d$之间。富水程度均属极丰富—丰富地段。含水层厚度一般为20～50m，最厚可达70m。水化学类型主要为重碳酸型及重碳酸氯化型水，矿化度一般小于0.5g/L。

扇间平原和中部平原区富水性较丰富，单井涌水量$1000～3000m^3/d$，扇间平原地层厚度20～50m，至中部平原可达120～170m。含水层的岩性为砂砾石、粗砂含砾、中粗砂、细砂，含水层逐渐变细，其粘性土薄层逐渐增多，厚度加大，地下水类型从潜水过渡为承压水。地下水化学类型主要为重碳酸型水，矿化度小于0.5g/L，地下水中铁离子含量普遍较高。至南部营口地区滨海低平原地层中有咸水体，大清河下游存在海水入侵。

中部平原及山前坡洪积层地段为水量中等至水量贫乏区，单井涌水量为 $100\sim1000m^3/d$ 及小于 $100m^3/d$，含水层岩性为砂、中粗砂、砂砾石及亚砂土、粉细砂、中细砂，水化学类型以重碳酸钙型为主，矿化度小于 $0.5g/L$。

②碎屑岩类裂隙孔隙水

碎屑岩类裂隙孔隙水分布在鞍山、辽阳地区东部，丘陵区零星分布，该含水层包括震旦系、石炭系、二迭系等，以石英岩、石英砂岩、砂岩、砾岩为主，一般富水性较差，单井涌水量小于 $500m^3/d$。水化学类型以重碳酸型为主。

③碳酸盐岩类裂隙岩溶水

碳酸盐岩类裂隙岩溶水主要分布在长大铁路两侧，由寒武系、奥陶系灰岩组成，大部分被第四系掩埋，埋藏深度不一，地表只有几处零星分布，灰岩的岩溶裂隙较发育，含有较为丰富的裂隙岩溶水，属水量中等微弱区，富水性极不均，单井涌水量 $100\sim1000m^3/d$。

④基岩裂隙水

基岩裂隙水主要分布在研究区内鞍山、辽阳地区的东南部及营口地区的东北部。地下水主要沿构造裂隙及断裂破碎带呈脉状分布，以下降泉形式流出地表，富水性极不均匀，涌水量一般为 $10\sim100m^3/d$。东南部地下水主要赋存于风化壳部位，发育深度约 $50\sim200m$，分布极不均匀，富水性较弱，涌水量小于 $10m^3/d$。

⑤海水入侵区

研究区的海水入侵区，以氯离子入侵为界限，把氯离子含量大于 $250g/L$ 的区域定义为海水入侵区，分布面积约为 $1142.17km^2$。主要分布在大石桥市的石佛镇、沟沿镇、高坎镇、营口市，沿着渤海海岸分布。

2）地下水的补给、径流、排泄条件

①地下水的补给条件

研究区内地下水的补给来源为大气降水和灌溉水回渗，天然降水补给主要包括三个方面：一是在垂向上降水直接入渗补给；二是降水形成地表径流补给地下水；三是汇水区降水渗入地下，补给地下水，构成侧向补给的主要来源。其补给受地形、地貌及水文地质条件限制。

②地下水的径流条件

研究区内浅层地下水的径流条件主要受地形、地貌和第四纪地质条件的控制，其影响因素包括含水层的导水性能和地下水的水力坡度，在扇区地下水的径流条件好，为强径流区；中部平原为径流滞缓区，到滨海平原区水平径流比较滞缓或停滞，地下水以垂直运动为主。

天然状态下，地下水总的运动方向为山前倾斜平原向平原区，由平原上游向滨海平原区径流，且径流速度逐渐缓慢，最后近于停滞。

3）地下水的排泄条件

在山前冲洪积扇区的地下水丰富地段且多为周围城市及工业供水水源区，人工开采是主要排泄方式；从山前向平原中部到下游滨海区水平径流几乎停滞，变为垂直上升水流，因此地下水的垂直蒸发是地下水的主要排泄方式之一；同时也会有地下水通过微弱的地下径流排泄到区外。

4）地下水水化学特征

研究区内地下水水化学受地质、地貌单元及水文地质条件和区内的各种人为因素的作用，形成了较复杂的水化学类型。通过对浅层地下水取样进行全分析、简分析可知，在各种人为因素的影响下，部分地区天然地质环境已遭到破坏，有的地区水化学类型已经改变了自然状态的分布规律。

目前区内水化学类型总体上以 $HCO_3 - Na$ 和 $HCO_3 - Na \cdot Ca$ 型水为主。

①重碳酸钙钠或钠钙（钙钠镁、镁钙）型水

主要分布在研究区的东部山前地带及西部边界太子河右岸，如辽阳县、鞍山市及海城市、大石桥的东部，主要水化学类型为 $HCO_3 - Na \cdot Ca$、$HCO_3 - Ca \cdot Na$、$HCO_3 - Ca \cdot Na \cdot Mg$、$HCO_3 - Mg \cdot Ca$，这些是地下水强烈交替和补给带的典型类型。

在山前冲洪积倾斜平原，由于地下水径流条件好，水交替强烈，对含水层的溶滤作用强烈，主要的阴离子 HCO_3^-、阳离子 Ca^{2+} 或 Mg^{2+} 构成了 $HCO_3 - Ca$、$HCO_3 - Mg \cdot Ca$ 型水。地下水在运移过程中，由于运移的距离增长，水流经过的介质增多，在一定的人为污染下，水中某些离子如 Na^+ 取代了 Mg^{2+} 形成了 $HCO_3 - Ca \cdot Na$ 型水。

②重碳酸氯化物钠钙型水

本类型水只在研究区的东北部，分布在辽阳市边界的李家堡子，处于太子河冲洪积扇的边缘，总体上是沿着东部山前的重碳酸型水的外围分布，水位埋藏浅，地下水水平径流，排泄条件差，循环缓慢，有利于盐类的聚集和蒸发浓缩，形成了 $HCO_3 \cdot Cl - Na \cdot Ca$ 型水。矿化度为 $0.20 \sim 0.35 g/L$，HCO_3^- 含量为 $91.6 \sim 160 mg/l$，Cl^- 含量为 $27.5 \sim 50.6 mg/L$，Na^+ 含量为 $25 \sim 43.7 mg/L$，Ca^{2+} 含量 $16.9 \sim 40 mg/L$。

③氯化物重碳酸钙（钠镁）型水

该类型水分布在海城市的耿庄镇与盖州市的团山镇，还有研究区的南部芦屯镇都有分布，分别处在海城河扇边缘与大清河阶地，水位埋藏浅，地下水水平径流，排泄条件差，循环更新缓慢，有利于盐类的聚集，都处在旱田中，以及农村生活污水聚集使其水文地质条件改变，出现了 $Cl \cdot HCO_3$ 型水。其矿化度为 $0.91 \sim 1.76 g/L$，Cl^- 含量为 $182.4 \sim 445.80 mg/L$，HCO_3^- 含量为 $194.19 \sim 426.14 mg/L$，Na^+ 含量为 $60.83 \sim 364.99 mg/L$，Ca^{2+} 含量 $57.01 \sim 156.36 mg/L$，Mg^{2+} 含量为 $33.59 \sim 82.99 mg/L$。

④氯化物钙钠（钙镁钠）型水

本类型的地下水在研究区内出现四个点，主要分布在研究区的北部和南部的沿海地区，在研究区北部太子河南岸处的黄泥洼镇和沙岭镇以及南部沿海的鲅鱼圈地区，其中北部是由地下水径流、排泄条件差，水平交替滞缓，垂直上升毛细作用强烈，有利于盐分的聚集和浓缩，再加上人为因素的污染，南部的海边地带主要是由于海水入侵影响造成。矿化度为 $0.27 \sim 0.83 g/L$，Cl^- 含量为 $56.8 \sim 348 mg/L$，HCO_3^- 含量为 $194.19 \sim 426.14 mg/L$，Na^+ 含量为 $38.2 \sim 93.5 mg/L$，Ca^{2+} 含量 $39.8 \sim 105.4 mg/L$，Mg^{2+} 含量 $10.2 \sim 35.2 mg/L$。

⑤氯化物硫酸钠钙（钠镁钙）型水

研究区内此类型地下水主要出现在辽阳县立开堡及盖州市的王而岗地段，地处扇边缘，一方面由于盐分的聚集和浓缩，再加上人为污染，形成了此类地下水类型。矿化度为 $0.25 \sim 1.46 g/L$，Cl^- 含量为 $55.1 \sim 405.03 mg/L$，SO_4^{2-} 含量为 $73.4 \sim 466.09 mg/L$，Na^+ 含量为 $47.8 \sim 231.04 mg/L$，Ca^{2+} 含量 $27.2 \sim 153.07 mg/L$，Mg^{2+} 含量为 $5.2 \sim 101.02 mg/L$。

⑥硫酸重碳酸氯化物钙型水

这种水化学类型在研究区只出现了一点，在海城市的验军镇，主要是由于多种人为因素作用如各种生活及工业污染、农业灌溉造成。其矿化度为 0.64g/L，SO_4^{2-} 含量为 151.0mg/L，HCO_3^- 含量为 180.0mg/L，Cl^- 含量为 92.9mg/L，Ca^{2+} 含量 111.7mg/L。

（6）辽宁中南部地区的地下水开发利用现状

从研究区水资源整体情况分析，由于水资源与人口和土地资源组合很不匹配，导致水资源问题更加突出。根据联合国科教文组织统计，当人均水资源量不少于 3000m³ 为丰水，人均水资源量在 2000～3000m³ 之间为轻度缺水，人均水资源量在 1000～2000m³ 之间为中度缺水，人均水资源量在 500～1000m³ 之间为重度缺水，人均水资源量少于 500m³ 为极度缺水。2000 年沈阳人均水资源量为 341m³，大连人均水资源量为 590m³，鞍山人均水资源量为 825m³，抚顺人均水资源量为 1337m³，本溪人均水资源量为 2061m³，营口人均水资源量为 463m³，辽阳人均水资源量为 613m³。因此，辽宁中南部地区水资源均处于严重缺水和极度缺水状态。

辽宁中南部地区是老工业基地和粮食产地，人口密度大。就现状来看，辽宁中南部地区的需水量明显高于供水量。多年来，都是以生活用水和工业用水为主，为了满足其大量需求只能减少农业供水。特别是在加大辽宁老工业基地的改造力度后，工业用水处于基本持平的状态，生活用水量和农业用水量也逐渐增加，已经明显地感觉到更大的水资源需求压力。但由于缺水一些地区采用分时供水的方式来降低供水量，一些地区靠超采地下水来维持供需平衡，且已产生环境负效应，如海水入侵、大面积的地下水降落漏斗、土壤沙化和河流断流等问题。为了解决上述问题，加大了各类供水工程的快速发展，总供水能力已达到 162.74 亿 m³，在水资源利用方面，对辽宁中南部地区的经济和社会发展起到了积极的促进作用。尽管如此，仍需清醒地认识到辽宁中南部地区水资源的供需矛盾仍十分突出。

5.2.2 辽宁中南部地区地下水开发风险评价计算过程

（1）评价指标的选取

地下水具有隐蔽性、难以逆转性和滞缓性等特征，因此即使出现地下水过度开发、地下水污染等问题，其发展变化过程也是相当缓慢的。根据辽宁中南部地区的地下水开发状况及人类活动和自然因素的影响，采用地下水自然状况、开发利用状况和社会经济状况等指标对辽宁中南部地区进行多准则、多层次的地下水开发风险综合评价。研究区评价以浅层地下水为研究对象，根据研究区的实际情况选取了部分评价指标，构建地下水开发风险评级指标体系，见表 5.2。

表 5.2　辽宁中南部地区地下水开发风险评价指标体系

准则层 M	准则层 N	指标层 P	指标单位
M_1 自然状况	N_1 含水介质特征	P_1 渗透系数	m/d
		P_2 浅层地下水位埋深	m
	N_2 源汇项特征	P_3 降水入渗系数	—
		P_4 潜水蒸发系数	—
	N_3 气象特征	P_5 多年平均降水量	mm
		P_6 多年平均蒸发量	mm
	N_4 资源量特征	P_7 地下水补给模数	$10^4 m^3/(km^2 \cdot a)$
		P_8 地下水可采模数	$10^4 m^3/(km^2 \cdot a)$

续表

准则层 M	准则层 N	指标层 P	指标单位
M₂ 开发利用状况	N₅ 开采量	P₉ 地下水开采强度	%
	N₆ 水质	P₁₀ 地下水质量等级	—
	N₇ 用水率	P₁₁ 地下水占总用水量比例	%
M₄ 社会经济状况		P₁₂ 工业增长率	%
		P₁₃ 农业增长率	%
		P₁₄ 人口自然增长率	‰

根据选取的地下水开发风险评价指标，参照《辽宁年鉴》，《辽宁统计年鉴》，《辽宁省水资源》（辽宁省水利厅，2006），《辽宁水旱灾害》（辽宁水文水资源勘测局，2005）确定各行政区地下水开发风险评价的各项指标值，见表 5.3。

表 5.3　辽宁中南部地区地下水开发风险评价指标值

城市 指标	沈阳	大连	鞍山	辽阳	抚顺	本溪	营口
P₁ 渗透系数（m/d）	17	15	14	15	15	13	12
P₂ 浅层地下水位埋深（m）	3	5	4	3	5	4	2
P₃ 降水入渗系数	0.22	0.14	0.22	0.23	0.15	0.13	0.2
P₄ 潜水蒸发系数	0.02	0.01	0.05	0.1	0.01	0.03	0.15
P₅ 多年平均降水量（mm）	721.7	509.9	661.9	614.3	795.6	702.4	607.4
P₆ 多年平均蒸发量（mm）	810.2	838	890.1	1424.2	822	685.3	806.6
P₇ 地下水补给模数 [10⁴ m³/(km²·a)]	8.3	8	7.8	7.5	10.5	12.3	12
P₈ 地下水可采模数 [10⁴ m³/(km²·a)]	12.48	2.07	12.32	2.83	3.54	2.07	16
P₉ 地下水开采强度（%）	85	65	85	80	95	79	90
P₁₀ 地下水质量等级	5	5	3	4	4	3	4
P₁₁ 地下水占总用水量比例（%）	87.9	27.9	73.1	36.9	15.8	13.8	15.3
P₁₂ 工业增长率（%）	23.5	30.7	16.4	15.3	19.7	15.1	35.8
P₁₃ 农业增长率（%）	8.1	9.1	9	9	20.6	20.9	8.8
P₁₄ 人口自然增长率（‰）	0.45	1.25	2.63	1.04	0.93	0.95	1.31

注：数据来源于《辽宁年鉴》，《辽宁统计年鉴》，《辽宁省水资源》（2006），《辽宁水旱灾害》（2005）。

（2）突变级数转换

地下水开发风险评价指标分为正向指标和负向指标。正向指标是指标值越大越好，即风险较小，负向指标是指标值越小越好，即风险越大。本研究所选的指标中，正向指标有降水入渗系数、多年平均降水量和地下水补给模数等，负向指标有多年平均蒸发量、地下水开采强度和地下水质量等级等。为了使不同类型的指标具有可比性，需要对指标进行标准化处理，因此采用隶属度函数法对原始数据进行转换，将所有数据转换成 0～1 的突变级数（葛书龙等，1996）。对越大越优型指标、越小越优型指标、适中型指标分别采用式 5.5、式 5.6、式 5.7 进行数据转换。

$$Y = \begin{cases} 1 & X \geqslant a_2 \\ (X - a_1)/(a_2 - a_1) & a_1 < X < a_2 \\ 0 & 0 \leqslant X \leqslant a_1 \end{cases} \qquad (5.5)$$

$$Y = \begin{cases} 1 & 0 \leqslant X \leqslant a_1 \\ (a_2 - X)/(a_2 - a_1) & a_1 < X < a_2 \\ 0 & a_2 \leqslant X \end{cases} \qquad (5.6)$$

$$Y = \begin{cases} 2(X - a_1)/(a_2 - a_1) & a_1 \leqslant X \leqslant a_1 + (a_2 - a_1)/2 \\ 2(a_2 - X)/(a_2 - a_1) & a_1 + (a_2 - a_1)/2 \leqslant X \leqslant a_2 \quad (5.7) \\ 0 & X > a_2 \text{ 或 } X < a_1 \end{cases}$$

式中 a_1、a_2 为函数的上、下界。上、下界的不同选取对最终结果有一定的影响，但在实际评价中，定量指标值是近似估算的，因此可对各定量指标的上下界取一适当范围，即在各定量指标最大、最小值基础上增减其本身的10%作为该定量指标的上下界。根据式（5.5）~式（5.7）对辽宁中南部地区地下水开发风险评价的指标值进行突变级数转化，其结果见表5.4。

表5.4　辽宁中南部地区地下水开发风险评价指标转化值

城市 \ 指标	沈阳	大连	鞍山	辽阳	抚顺	本溪	营口
P_1 渗透系数	0.7848	0.5316	0.4051	0.5316	0.5316	0.2785	0.1519
P_2 浅层地下水位埋深	0.6757	0.1351	0.4054	0.6757	0.1351	0.4054	0.9459
P_3 降水入渗系数	0.7574	0.1691	0.7574	0.8309	0.2426	0.0956	0.6103
P_4 潜水蒸发系数	0.9295	0.9936	0.7372	0.4167	0.9936	0.8654	0.0962
P_5 多年平均降水量	0.6313	0.1225	0.4877	0.3733	0.8089	0.5850	0.3567
P_6 多年平均蒸发量	0.7964	0.7671	0.7122	0.1499	0.7839	0.9279	0.8001
P_7 地下水补给模数	0.2286	0.1844	0.1549	0.1106	0.5531	0.8186	0.7743
P_8 地下水可采模数	0.6747	0.0132	0.6645	0.0614	0.1066	0.0132	0.8983
P_9 地下水开采强度	0.4333	0.8778	0.4333	0.5444	0.2111	0.5667	0.3222
P_{10} 地下水质量等级	0.1786	0.1786	0.8929	0.5357	0.5357	0.8929	0.5357
P_{11} 地下水占总用水量比例	0.1060	0.8296	0.2845	0.7211	0.9755	0.9996	0.9815
P_{12} 工业增长率	0.6157	0.3366	0.8910	0.9337	0.7631	0.9415	0.1388
P_{13} 农业增长率	0.9518	0.8923	0.8982	0.8982	0.2077	0.1304	0.9101
P_{14} 人口自然增长率	0.9819	0.6604	0.1057	0.7448	0.7890	0.7809	0.6363

（3）计算过程与评价结果

利用各突变系统的归一化公式逐步向上综合，直到最顶层评价体系，以沈阳市为例，具体计算过程说明如下：

准则层 II 中，指标 P_1、P_2 构成尖点型突变，利用公式 5.2 有 $x_{P1} = \sqrt{0.7848} = 0.8859$，$x_{P2} = \sqrt[3]{0.6757} = 0.8775$，因为 P_1、P_2 指标符合非互补原则，按"大中取小"的原则，取

$x_{N1} = 0.8775$。

指标 P_3、P_4 构成尖点型突变，利用公式 5.2 有 $x_{P3} = \sqrt{0.7574} = 0.8703$，$x_{P4} = \sqrt[3]{0.9295} = 0.9759$，因为 P_3、P_4 指标符合非互补原则，按"大中取小"的原则，取 $x_{N2} = 0.8703$。

指标 P_5、P_6 构成尖点型突变，利用公式 5.2 有 $x_{P5} = \sqrt{0.6313} = 0.7945$，$x_{P6} = \sqrt[3]{0.7964} = 0.9269$，因为 P_5、P_6 指标符合非互补原则，按"大中取小"的原则，取 $x_{N3} = 0.7954$。

指标 P_7、P_8 构成尖点型突变，利用公式 5.2 有 $x_{P7} = \sqrt{0.2286} = 0.4781$，$x_{P8} = \sqrt[3]{0.6747} = 0.8771$，因为 P_7、P_8 指标符合互补原则，按平均值的原则，取 $x_{N4} = 0.6776$。

指标 P_9 构成折叠型突变，利用公式 5.1 有 $x_{P9} = \sqrt{0.4333} = 0.6583$；则 $x_{N5} = 0.6583$。

指标 P_{10} 构成折叠型突变，利用公式 5.1 有 $x_{P10} = \sqrt{0.1786} = 0.4226$；则 $x_{N6} = 0.4226$。

指标 P_{11} 构成折叠型突变，利用公式 5.1 有 $x_{P11} = \sqrt{0.1060} = 0.3256$；则 $x_{N7} = 0.3256$。

指标 P_{12}、P_{13}、P_{14} 构成燕尾突变，利用公式 5.3 有 $x_{P12} = \sqrt{0.6157} = 0.7847$，$x_{P13} = \sqrt[3]{0.9518} = 0.9837$，$x_{P14} = \sqrt[4]{0.9819} = 0.9954$，因为 P_{12}、P_{13}、P_{14} 指标符合互补原则，按平均值的原则，取 $x_{M4} = 0.9213$。

准则层 II 中的 N_1、N_2、N_3、N_4 构成了蝴蝶突变，利用公式 5.4 则有：

$$x_{M11} = \sqrt{0.8775} = 0.9368, x_{M12} = \sqrt[3]{0.8703} = 0.9548,$$

$$x_{M13} = \sqrt[4]{0.7945} = 0.9441, x_{M14} = \sqrt[5]{0.6776} = 0.9251$$

因为 N_1、N_2、N_3、N_4 指标符合非互补原则，按"大中取小"的原则，取 $x_{M1} = 0.9251$。

准则层 II 中的 N_5、N_6、N_7 构成了燕尾突变，利用公式 5.3 则有 $x_{M21} = \sqrt{0.6583} = 0.8114$，$x_{M22} = \sqrt[3]{0.4226} = 0.7504$，$x_{M23} = \sqrt[4]{0.3256} = 0.7554$；因为 N_5、N_6、N_7 指标符合互补原则，按平均值的原则，取 $x_{M2} = 0.7724$。

总目标层是由 M_1、M_2、M_4 构成的燕尾突变，利用公式 5.3 并根据互补原则，有 $R_M = 0.8729$。即沈阳市地下水开发风险综合评价值为 0.8729。以此类推计算其他各行政区的评价结果，见表 5.5。

表 5.5　辽宁中南部地区各市地下水开发风险指标的突变隶属度

指标 ＼ 城市	沈阳	大连	鞍山	辽阳	抚顺	本溪	营口
P_1 渗透系数	0.8859	0.7291	0.6365	0.7291	0.7291	0.5277	0.3897
P_2 浅层地下水位埋深	0.8775	0.5131	0.8703	0.8775	0.5131	0.7401	0.9816
P_3 降水入渗系数	0.8703	0.4112	0.6984	0.9115	0.4925	0.3092	0.7812
P_4 潜水蒸发系数	0.9759	0.9979	0.6331	0.7469	0.9979	0.9530	0.4528
P_5 多年平均降水量	0.7945	0.3500	0.6583	0.6110	0.8994	0.7649	0.5972
P_6 多年平均蒸发量	0.9269	0.9154	0.9449	0.5312	0.9220	0.9754	0.9284
P_7 地下水补给模数	0.4781	0.4294	0.5334	0.3326	0.7437	0.9048	0.8799
P_8 地下水可开采模数	0.8771	0.2363	0.9439	0.3945	0.4742	0.2363	0.9649
P_9 地下水开采强度	0.6583	0.9369	0.9648	0.7378	0.4595	0.7528	0.5676
P_{10} 地下水质量等级	0.4226	0.4226	0.5702	0.7319	0.7319	0.9449	0.7319

城市 指标	沈阳	大连	鞍山	辽阳	抚顺	本溪	营口
P_{11} 地下水占总用水量比例	0.3256	0.9108	0.7978	0.8492	0.9877	0.9998	0.9907
P_{12} 工业增长率	0.7847	0.5802	0.9548	0.9663	0.8736	0.9703	0.3726
P_{13} 农业增长率	0.9837	0.9627	0.9142	0.9648	0.5922	0.5071	0.9691
P_{14} 人口自然增长率	0.9954	0.9015	0.9126	0.9290	0.9425	0.9400	0.8931
N_1 含水介质特征	0.8775	0.5131	0.6365	0.7291	0.5131	0.5277	0.3897
N_2 源汇项特征	0.8703	0.4112	0.8703	0.7469	0.4925	0.3092	0.4582
N_3 气象特征	0.7945	0.3500	0.6984	0.5312	0.8994	0.7649	0.5972
N_4 资源量特征	0.6776	0.3329	0.6331	0.3636	0.6090	0.5706	0.9224
N_5 水量	0.6583	0.9369	0.6583	0.7378	0.4595	0.7528	0.5676
N_6 水质	0.4226	0.4226	0.9449	0.7319	0.7319	0.9449	0.7319
N_7 用水率	0.3256	0.9108	0.5334	0.8492	0.9877	0.9998	0.9907
M_1 自然状况	0.9251	0.7163	0.7978	0.8168	0.7163	0.6763	0.6243
M_2 开发利用状况	0.7724	0.8984	0.8824	0.9067	0.8587	0.6496	0.8841
M_4 社会经济状况	0.9213	0.8148	0.8263	0.9534	0.8028	0.8058	0.7449

表 5.6 辽宁中南部地区各市地下水开发风险评价结果

城市 指标	沈阳	大连	鞍山	辽阳	抚顺	本溪	营口
地下水开发风险综合评价值	0.8729	0.8098	0.8355	0.8423	0.7926	0.7105	0.7511

5.2.3 辽宁中南部地区地下水开发风险评价结果分析

通过表 5.5 和表 5.6 列出的各市级行政区的单项评价指标、准则层综合指标和总目标的突变隶属度，根据突变隶属度的大小结合评价标准可进行地下水开发风险评价的等级划分，进而确定各地区的风险程度。本研究选取的风险评价等级标准见表 5.7。

表 5.7 地下水开发风险状态等级划分标准

等级	特险	重险	中险	轻险	微险
风险值	$R \geqslant 0.95$	$0.85 \leqslant R < 0.95$	$0.5 \leqslant R < 0.85$	$0.30 \leqslant R < 0.50$	$R < 0.30$

根据地下水开发风险状态等级划分标准，选取几个重要的单项指标进行风险评价，分别为地下水可开采模数、地下水开采强度、地下水质量等级和地下水占总用水量比例。具体如下：

地下水可开采模数是反映区域地下水可采资源量丰富程度的指标。单从地下水可采模数一个指标来看，沈阳、鞍山和营口为重险，地下水可采资源量缺乏，由于沈阳、鞍山和营口都是大型工业城市，地下水开发利用程度较高，地下水资源量十分短缺。辽阳和抚顺为轻险，地下水可采资源较为丰富，具有较大的开发潜力。大连和本溪为微险，地下水可采资源十分丰富，说明其含水介质富水性好，埋藏条件好，补给来源充足（图5.2）。

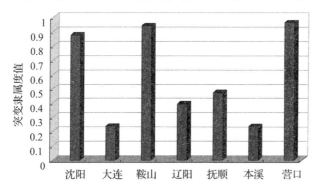

图5.2 地下水可开采模数的突变隶属度评价结果示意图

地下水开采强度是反映人类开采地下水程度的指标，从地下水开采强度的突变隶属度结果看，鞍山为特险，大连为重险，说明鞍山、大连地下水开采强度较大，人口增长速度快，经济发展迅速，消耗资源速度快，能开采的地下水资源较少。沈阳、辽阳、本溪和营口为中险，抚顺为轻险。说明这些城市地下水开采强度较低，区内地表水资源相对丰富，能利用的地下水资源也较多（图5.3）。

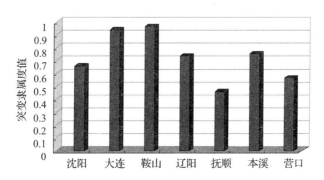

图5.3 地下水开采强度的突变隶属度评价结果示意图

地下水质量等级是反映地下水污染程度的指标。地下水污染成因分为人为污染和天然污染。天然污染是地下水形成过程中与含水层及外界物质相互作用的过程中自然形成的，人为污染主要是由于人类生产活动和排放生活废弃物造成的。从地下水质量等级的突变隶属度来分析，本溪为重险，地下水污染较严重，究其原因一方面在地下水开发过程中没有保护好地下水水质，另一方面是本溪的自然条件原因，本溪地处山丘区，受天然污染影响较大。鞍山、辽阳、抚顺和营口为中险，浅层地下水水质受到一定程度的污染，但不是很严重，不影响正常的生活和生产。沈阳和大连为轻险，地下水污染较轻，基本符合饮用水水质要求（图5.4）。

辽宁中南部地区各行政区地下水开发风险综合评价值分别为沈阳0.8729，大连0.8098，鞍山0.8355，辽阳0.8423，抚顺0.7926，本溪0.7105，营口0.7511，整体来看风险值在0.7105~0.8729之间，根据风险等级划分标准，沈阳为重险，大连、鞍山、辽阳、抚顺、本溪和营口为中险（图5.5）。地下水开发风险优劣排序依次为本溪、营口、抚顺、大连、

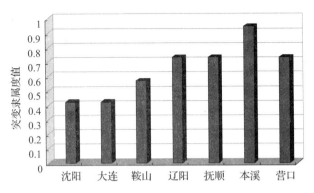

图 5.4 地下水质量等级的突变隶属度评价结果示意图

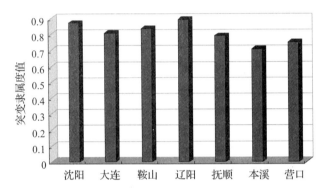

图 5.5 辽宁中南部地区地下水开发风险综合评价结果示意图

鞍山、辽阳、沈阳。从以上评价结果得出本溪、营口、抚顺、大连、鞍山和辽阳降水入渗补给量较大，虽然降水量不如蒸发量大，但地下水补给量较充沛，地下水开采强度较小，地下水占总用水量比例不大，工业增长率和农业增长率较大，人口增长率较小，这样综合起来地下水开发风险值较低。沈阳属重工业城市，降水量稍低于蒸发量，地下水地下水开采强度稍大，工业增率高，农业增长率和人口增长率较低，地下水占总用水量比例较高，因此综合起来沈阳的地下
水开发风险值较大。

通过上述分析，辽宁中南部地区地下水开发风险比较严重，应尽可能地降低地下水的开发风险强度，使人类发展和生态环境和谐一致。本次评价结果与辽宁中南部地区地下水系统的实际情况基本吻合，说明应用突变理论对辽宁中南部地区地下水进行风险评价是切实可行的，评价结果客观合理。

5.3 基于突变模型的下辽河平原地区地下水开发风险评价

5.3.1 评价指标体系的构建

根据下辽河平原地下水资源条件、地下水补给条件、开发利用状况和经济社会状况构建下辽河平原地下水开发风险评价指标体系如表5.8所示。

表 5.8 下辽河平原地下水开发风险评价指标体系

准则层	指标层	指标单位	指标性质
地下水资源条件 N_1	渗透系数 P_1	m/d	正向指标
	地下水埋深 P_2	m	正向指标
	降水入渗系数 P_3	—	正向指标
	潜水蒸发系数 P_4	—	负向指标
地下水补给条件 N_2	地下水补给模数 P_5	mm	正向指标
	多年平均蒸发量 P_6	mm	负向指标
	地下水补给模数 P_7	$10^4 m^3/(km^2 \cdot a)$	正向指标
开发利用现状 N_3	地下水开采模数 P_8	$10^4 m^3/(km^2 \cdot a)$	正向指标
	地下水开采强度 P_9	%	负向指标
	地下水质量等级 P_{10}	—	负向指标
	地下水供水比重 P_{11}	%	正向指标
经济社会条件 N_4	工业增长率 P_{12}	%	负向指标
	农业增长率 P_{13}	%	负向指标
	人口自然增长率 P_{14}	‰	负向指标

参照《辽宁年鉴》、《辽宁统计年鉴》确定下辽河平原各行政区的评价指标值，见表 5.9。

表 5.9 下辽河平原地下水开发风险评价指标值

评价指标	沈阳	鞍山	辽阳	抚顺	营口
P_1 渗透系数（m/d）	17	14	15	15	12
P_2 地下水位埋深（m）	3	4	3	5	2
P_3 降水入渗系数	0.22	0.22	0.23	0.15	0.2
P_4 潜水蒸发系数	0.02	0.05	0.1	0.01	0.15
P_5 多年平均降水量（mm）	721.7	661.9	614.3	795.6	607.4
P_6 多年平均蒸发量（mm）	810.2	890.1	1424.2	822	806.6
P_7 地下水补给模数 $[10^4 m^3/(km^2 \cdot a)]$	8.3	7.8	7.5	10.5	12
P_8 地下水可采模数 $[10^4 m^3/(km^2 \cdot a)]$	12.48	12.32	2.83	3.54	16
P_9 地下水开采强度（%）	85	85	80	95	90
P_{10} 地下水质量等级	5	3	4	4	4
P_{11} 地下水供水比例（%）	87.9	73.1	36.9	15.8	15.3
P_{12} 工业增长率（%）	23.5	16.4	15.3	19.7	35.8
P_{13} 农业增长率（%）	8.1	9	9	20.6	8.8
P_{14} 人口自然增长率（‰）	0.45	2.63	1.04	0.93	1.31

注：数据来源于《辽宁年鉴》,《辽宁统计年鉴》。

5.3.2 突变隶属度的计算

（1）指标转化

原有的评价指标有正向、负向之分，为了使正向、负向指标具有可比性，可先用无量纲化公式处理原始数据，将原始指标输入值转换为 0~1 的突变级数。对越大越优型、越小越优型指标分别采用式（5.8）、式（5.9）进行指标转化计算。

$$Y = \begin{cases} 1 & X \geqslant a_2 \\ (X - a_1)/(a_2 - a_1) & a_1 < X < a_2 \\ 0 & 0 \leqslant X \leqslant a_1 \end{cases} \quad (5.8)$$

$$Y = \begin{cases} 1 & 0 \leqslant X \leqslant a_1 \\ (a_2 - X)/(a_2 - a_1) & a_1 < X < a_2 \\ 0 & a_2 \leqslant X \end{cases} \quad (5.9)$$

式中：a_1、a_2 分别代表评价指标的最小值、最大值。本研究对 a_1、a_2 进行调整，a_1 减少 10%，a_2 增加 10%。转化后的下辽河平原地下水开发风险评价指标值如表 5.10 所示。

表 5.10　下辽河平原地下水开发风险评价指标转化值

评价指标	沈阳	鞍山	辽阳	抚顺	营口
P_1 渗透系数	0.7848	0.4051	0.5316	0.5316	0.1519
P_2 浅层地下水埋深	0.6757	0.4054	0.6757	0.1351	0.9459
P_3 降水入渗系数	0.7574	0.7574	0.8309	0.2426	0.6103
P_4 潜水蒸发系数	0.9295	0.7372	0.4167	0.9936	0.0962
P_5 多年平均降水量	0.6313	0.4877	0.3733	0.8089	0.3567
P_6 多年平均蒸发量	0.7964	0.7122	0.1499	0.7839	0.8001
P_7 地下水补给模数	0.2286	0.1549	0.1106	0.5531	0.7743
P_8 地下水可采模数	0.6747	0.6645	0.0614	0.1066	0.8983
P_9 地下水开采强度	0.4333	0.4333	0.5444	0.2111	0.3222
P_{10} 地下水质量等级	0.1786	0.8929	0.5357	0.5357	0.5357
P_{11} 占总用水比例	0.1060	0.2845	0.7211	0.9755	0.9815
P_{12} 工业增长率	0.6157	0.8910	0.9337	0.7631	0.1388
P_{13} 农业增长率	0.9518	0.8982	0.8982	0.2077	0.9101
P_{14} 人口增长率	0.9819	0.1057	0.7448	0.7890	0.6363

（2）突变隶属度计算

指标 P_1、P_2、P_3、P_4 构成蝴蝶突变，根据公式 5.4 计算 $x_{p1} = \sqrt{0.7848} = 08859$，$x_{p2} = \sqrt[3]{0.6757} = 0.8775$，$x_{p3} = \sqrt[4]{0.7574} = 0.9329$，$x_{p4} = \sqrt[5]{0.9295} = 0.9855$，$P_1$、$P_2$、$P_3$、$P_4$ 指标符合互补原则，求平均值得到 N_1，即 $x_{N1} = 0.9204$。

指标 P_5、P_6、P_7 构成燕尾突变，根据公式 5.3 计算 $x_{p5} = \sqrt{0.6313} = 0.7945$，$x_{p6} = \sqrt[3]{0.7964} = 0.9269$，$x_{p7} = \sqrt[4]{0.2286} = 0.6915$，$P_5$、$P_6$、$P_7$ 指标符合互补原则，相加求平均得

到 N_2，即 $x_{N2} = 0.8043$。

P_8、P_9、P_{10}、P_{11} 构成蝴蝶突变，根据公式 5.4 计算 $x_{p8} = \sqrt{0.6747} = 0.6214$，$x_{p9} = \sqrt[3]{0.4333} = 0.7567$，$x_{p10} = \sqrt[4]{0.1786} = 0.6501$，$x_{p11} = \sqrt[5]{0.1060} = 0.6384$，$P_8$、$P_9$、$P_{10}$、$P_{11}$ 指标符合互补原则，相加求平均得到 N_3，即 $x_{N3} = 0.7166$。

P_{12}、P_{13}、P_{14} 构成燕尾突变，根据公式 5.3 计算 $x_{p12} = \sqrt{0.6157} = 0.7847$，$x_{p13} = \sqrt[3]{0.9518} = 0.8937$，$x_{p14} = \sqrt[4]{0.9819} = 0.9954$，$P_{12}$、$P_{13}$、$P_{14}$ 指标符合互补原则，相加求平均得到 N_4，即 $x_{N4} = 0.9213$。

准则层 N_1、N_2、N_3、N_4 构成蝴蝶突变，根据公式 5.4 计算 $x_{M11} = \sqrt{0.9204} = 0.9594$，$x_{M12} = \sqrt[3]{0.8043} = 0.9300$，$x_{M13} = \sqrt[4]{0.7166} = 0.9201$，$x_{M14} = \sqrt[5]{0.9213} = 0.9837$，$N_1$、$N_2$、$N_3$、$N_4$ 符合互补原则，相加求平均计算出目标层总突变隶属度，即 $x_M = 0.9483$。具体评价结果见表 5.11 所示。

表 5.11　下辽河平原地下水开发风险评价结果

评价指标	沈阳	鞍山	辽阳	抚顺	营口
P_1 渗透系数	0.8859	0.6365	0.7291	0.7291	0.3897
P_2 浅层地下水埋深	0.8775	0.7401	0.8775	0.5131	0.9816
P_3 降水入渗系数	0.9329	0.9329	0.9547	0.7018	0.8839
P_4 潜水蒸发系数	0.9855	0.9408	0.8394	0.9987	0.6261
P_5 多年平均降水量	0.7945	0.6984	0.6110	0.8994	0.5972
P_6 多年平均蒸发量	0.9269	0.8930	0.5312	0.9220	0.9284
P_7 地下水补给模数	0.6915	0.6274	0.5767	0.8624	0.9381
P_8 地下水可采模数	0.8214	0.8152	0.2478	0.3265	0.9478
P_9 地下水开采强度	0.7567	0.7567	0.8165	0.5954	0.6856
P_{10} 地下水质量等级	0.6501	0.9721	0.8555	0.8555	0.8555
P_{11} 占总用水比例	0.6384	0.7777	0.9367	0.9951	0.9963
P_{12} 工业增长率	0.7847	0.9439	0.9663	0.8736	0.3726
P_{13} 农业增长率	0.9837	0.9648	0.9648	0.5922	0.9691
P_{14} 人口增长率	0.9954	0.5702	0.9290	0.9425	0.8931
N_1 资源条件	0.9594	0.9014	0.9221	0.8577	0.8487
N_2 补给条件	0.9300	0.9043	0.8306	0.9636	0.9365
N_3 开发利用现状	0.9201	0.9546	0.9193	0.9124	0.9661
N_4 经济社会条件	0.9837	0.9626	0.9905	0.9570	0.9428
M 总隶属度	0.9483	0.9307	0.9156	0.9227	0.9235

5.3.3　下辽河平原各地区地下水开发风险评价结果分析

从表 5.11 看出所选取的 5 个城市的地下水开发总风险隶属度值分别为：沈阳市 0.9483、鞍山 0.9307、辽阳 0.9156、抚顺 0.9227、营口 0.9235。各行政区开发风险由大到小排序依次为沈阳市、鞍山市、营口市、抚顺市、辽阳市。

根据地下水开发风险等级划分标准（表5.7），对评价结果进行等级划分，进而确定下辽河平原各地区的风险级别。下辽河平原各地区地下水开发风险评价结果见表5.12。绘制开发风险等级分布图（图5.6）。

表5.12　下辽河平原各地区地下水开发风险等级

地区	沈阳	鞍山	辽阳	抚顺	营口
风险隶属度	0.9483	0.9307	0.9156	0.9927	0.9235
风险等级	重险	重险	重险	重险	重险

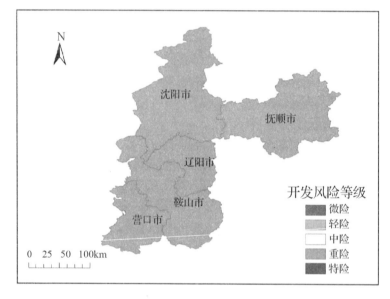

图5.6　下辽河平原地区地下水开发风险等级分布图

表5.12显示下辽河平原各地区地下水开发总风险隶属度值处在0.9156～0.9483之间，均属于重险。由于评价指标排列顺序不同，数据的统计方法不同，可能导致评价的总风险隶属度结果有所不同，数值比较集中，不利于总体评价。现从各单项指标的风险值出发对各行政区地下水开发风险进行评价。从多年平均降水量与多年平均蒸发量风险值来看，只有辽阳的多年平均降水量风险值大于多年平均蒸发量风险值，说明辽阳市大气降水量多于蒸发量，有利于地下水资源的存储，循环利用。营口市的多年平均降水量风险值与多年平均蒸发量风险值之间差别最大，说明营口市大气降水量相对于蒸发量不足，容易造成水资源的流失，对地下水资源造成影响。从地下水可开采模数风险值来看，沈阳为0.8214，风险等级为中险；鞍山0.8152，风险等级为中险；辽阳0.2478为微险；抚顺0.3256为轻险；营口0.9478为重险。单从数据分析，辽阳市地下水资源存储量相对较多，地下水开采程度不高，可开采地下水资源量较多；营口市地下水资源可开采量占总资源量的比值很小，应该减缓开采节奏，加大回灌补给促进地下水资源的循环、补给与更新。从地下水开采强度来看，抚顺的地下水开采强度风险等级相对较低，辽阳市地下水开采强度风险等级相对较高。综合来看，沈阳市工业发达，农业发展迅速，人口众多，需水量大，总开发风险隶属度值高于其他城市。

本节引入突变模型，构建了下辽河平原 5 个评价区域 14 项指标的评价指标体系，运用归一化公式导出地下水开发风险的总突变隶属度值。结合地下水环境健康评价结果（郑德凤，2010），沈阳市地下水环境健康状况为次健康，开发风险等级为重险；鞍山市地下水环境健康状况为次健康，开发风险为重险；抚顺市地下水环境健康状况为次健康，开发风险为重险；锦州市地下水环境健康为次健康；营口市地下水环境健康为不健康，开发风险为重险；辽阳市地下水环境健康状况为中等健康，开发风险为重险；铁岭地下水环境健康状况为次健康；盘锦地下水环境健康状况为不健康。研究区内各行政区地下水开发程度均较高，地下水环境健康状况堪忧。地下水环境健康状况较差的区域不利于开发活动，维持地下水环境健康系统整体平衡的情况下并结合实际情况再规划开发活动。地下水开发风险等级较高的区域，再进行地下水开发活动必然会造成地下水环境健康状况的恶化。在这些地区必须限制地下水的开采，减少地下水污染，使地下水朝着良性循环方向发展。

5.3.4　突变模型的改进与应用

突变模型虽然计算简便，合理可行，但在发展过程中仍存在一些问题。计算出的最终总突变隶属度结果往往差别不明显，如本次研究得到的地下水开发风险隶属度沈阳市为 0.9483、鞍山 0.9307、辽阳 0.9156、抚顺 0.9227、营口 0.9235，风险值只有百分之一位的差距，且比较接近 1。为此，唐明等（2009）、施玉群等（2003）提出运用分值转换对评价结果进行分割，可使评价结果的差距更加明显，更能直观看出样本的优良好坏。

首先根据评价指标体系，分别计算底层控制变量全部为 $\{0, 0.1, 0.2, \cdots, 0.9, 1\}$ 时的顶层突变评价值 r_i，并将这 11 个值作为刻画常规突变评价值（以下简称初始综合值）的等级刻度，不同等级水平的相应区间为 (r_i, r_{i+1})（$i = 0, 1, \cdots, 9$），将其映射到对应的均匀区间（[0, 1] 上的 10 个均匀区间），得到初始综合值的调整值（以下简称调整综合值）。令常规突变评价法得出的初始综合值为 $R_j \{R_1, R_2, \cdots, R_n\}$（$n$ 为待评对象的个数），则认为开发风险等级为 $i + 1$，改进突变评价法得出的调整综合值为 $R'_j = \{R'_1, R'_2, \cdots, R'_n\}$，若 $r_i \leqslant R_j \leqslant r_{i+1}$，则：

$$R'_j = \left[\left(\frac{R_j - r_i}{r_{i+1} - r_i} \right) + i \right] \cdot 0.1 \tag{5.10}$$

通过上述调整，可以将集中接近 1 的常规突变评价值调整到 0 到 1 的 10 个子区间，从而更加直观地区别评价值的等级与大小。等级刻度表如表 5.13 所示。

表 5.13　下辽河平原地下水开发风险评价等级刻度表

等级刻度（i）	底层控制变量（x_i）	调整综合值（r_i）	等级刻度（i）	底层控制变量（x_i）	调整综合值（r_i）
0	0	0	6	0.6	0.9471
1	0.1	0.7905	7	0.7	0.9627
2	0.2	0.8464	8	0.8	0.9764
3	0.3	0.8817	9	0.9	0.9888
4	0.4	0.9081	10	1	1
5	0.5	0.9293			

根据表 5.11 计算的初始综合值，运用公式 5.10 计算出相应的调整综合值，见表 5.14。

表 5.14　下辽河平原地下水开发风险评价调整综合值

地区	沈阳	鞍山	辽阳	抚顺	营口
R_j'	0.6077	0.5079	0.4354	0.4689	0.4726
调整后等级	中险	中险	轻险	轻险	轻险
调整前等级	重险	重险	重险	重险	重险

对比调整前后的综合评价值，可以看到调整综合值分布在 0.4 ~ 0.7 之间，重新调整后的风险等级也不再集中，能够直观地体现各地区风险的等级和大小。变换后的综合评价值克服了各样本原评价值均很高而差别又过小的缺陷，使评价值具有习惯意义上的"优"、"劣"概念，从而使突变评价法更具实用价值。

5.4　地下水开发风险管理对策

地下水开发风险管理是在可持续发展大前提下，既要满足开发利用又不损害环境健康。地下水开发风险管理考虑到自然因素和人为因素两方面，既遵循自然环境系统的良性循环，维持一定限度内的平衡，又要满足人类开发的需要，不能损害水环境系统，对水质造成污染。地下水开发的风险是不可避免存在的，如何最大限度地消除地下水开发所带来的风险是地下水开发风险管理的理念。通过总结以往的经验教训，结合开发利用现状，借鉴国内外研究成果，引进先进技术，达到降低地下水开发的风险。

（1）在地下水资源开发的基础上，加强对地下水资源的科学管理

面对严峻的地下水资源开发压力，为了促进地下水资源、土地资源及相关资源的协调开发和利用，在保证生态系统良性循环发展的前提下，应充分借鉴国内外的成功经验并结合研究区的实际情况，促进地下水资源、土地资源及相关资源的协调开发和管理，在进一步进行地下水资源开发的同时，加大对地下水资源需求的管理，科学运用技术改革，实现可持续开发利用水资源，使有限的地下水资源发挥出更大的经济效益和社会效益，促进经济和社会财富最大化。

（2）提高地下水资源的利用率与经济效益

要解决地下水资源合理开发的问题，根本途径是提高地下水资源的利用率与经济效益，这也是地下水资源需求管理的核心内容。首先，在各类用水产业中大力开发资源节约型工艺和技术，以节水的方式提高水资源的利用率，如工业节水和农业节水。其次，合理配置地下水资源，加大经济效益和社会效益高的用水行业和用水户的发展规模。如可逐步引进低耗水高效益工业，淘汰高耗水工业。合理布局高耗水工业，以确保经济发展与水资源供给相匹配。农业发展则应遵循客观规律，根据水资源、土地资源的具体情况合理布局，保证粮食的产量及粮食安全。

（3）加强地下水污染的治理与修复

地下水污染不仅影响地下水的利用，对生态环境也会造成破坏，进而对人类的健康构成威胁。因此应该加大废污水处理，如果每年的废污水能够在处理后重复使用，那将使水环境状况发生质的改变，大大改善地下水用水紧张的状况。另外，中水回用可以提高水资源重复利用率，这也是解决水资源短缺和水环境污染的重要手段。同时可采用物理化学方法和生物处理技术对已污染的地下水进行治理与修复，亦可促进地下水资源的开发与利用。

（4）建立科学的水价管理机制

地下水资源作为一种有限的资源，其利用的核心问题之一是建立科学的水价管理机制，主要包括水资源费、供水水价和排污费。水资源费是一种税收，应该由水的自身价值、水资源的供求关系、国家税收的总体平衡来确定，并充分考虑供水和废污水处理所需的大量成本。我国应该建立既能满足经济社会发展的需要又能保证水资源的合理有效利用的科学的水价管理机制，以合理的价格、正确的运行机制和补贴机制配合灵活的水价机制。可根据不同单位的用水量建立不同的收费标准。

（5）加强法制法规建设和行政管理体系

健全的法律法规体系和公正高效的行政执法体系能够保证水资源公平合理的运行。首先需要切合实际的、可操作的、完整的法律体系，并严格的遵从执行，二者缺一不可。其次地下水资源的利用涉及环保、农业、林业、经济计划管理、法律等多个国民经济部门，应加强各部门之间的横向交流和合作，只有各部门之间协调一致才能共同实现水资源的可持续利用。第三在水资源管理中，应加强公众的节水意识，通过宣传，逐渐引起人们的重视，最终成为公众的自觉行动。

（6）加强地下水资源的动态监测和研究

地下水资源利用系统涉及自然和人类两大系统，因此地下水管理涉及自然和社会两大科学体系。在地下水资源管理方面正面临着很多新课题亟待探索和解决。水资源管理必须以地下水资源量和质的监测与取水计量为前提。在目前的水资源管理中，最大的问题就是水资源监测数据的缺乏。针对上述问题，应采取相应的措施。首先，完善水资源监测系统，对地下水资源量、水质污染和用水方式进行科学的监测与计量；其次，加大对水资源监测和计量的资金投入。在地下水资源利用上由以开发为主，逐步转变为以管理为主，提高地下水资源监测与管理研究方面的成本，最终实现地下水资源的可持续开发利用。

（7）水资源空间转移

我国的南水北调工程、辽宁省的引英入连工程，都是针对水资源的空间分布不均所采取的解决措施。研究区降水特点决定了其水资源量的分布不均，引英入连就是水资源空间转移的例子。为将水资源合理存储以备调蓄使用，可以兴建水库和引水管道。丰水期开闸放水，将水引入到缺水的地区。枯水期闭闸蓄水，实现丰水期能存水，枯水期有水用。通过引水管道，可以将多余洪水引到干旱缺水的地区。既降低洪涝灾害，又大大缓解了水资源供求压力。这种水资源空间转移方式可以有效提高水资源的再生利用，也就大大降低了开发风险。

（8）地下水开发风险管理模式的转变

地下水开发风险管理模式的转变主要指从理念上以及从标准上的改变。传统的地下水开发风险管理模式主要是思考如何降低风险，如何消除风险，但也可以通过转移风险从而降低开发风险。从标准来说，应该提出一种大家公认的地下水开发风险标准，对于企业和个人都是一种约束。现有法规政策某种程度上是一种形式，没有真正起到约束作用。地下水开发风险标准的提出对于了解地下水开发风险状况，制定地下水开发利用计划都有借鉴作用。

地下水开发风险评价未来的道路还很漫长，面临的问题会越来越多，限于目前知识水平和经验的不足，还有很多问题有待深入探讨和研究。如何快速有效地降低地下水开发风险，涉及的指标还不够全面，指标体系还不够完善，这些都有待于进一步研究，还有如何加大地下水资源的管理和规划等方面尚需努力。

第6章 下辽河平原各行政分区地下水污染风险评价与应用

6.1 下辽河平原自然概况、区域地质及水文地质条件

6.1.1 区域自然地理概况

（1）研究区范围

下辽河平原位于辽河中下游，是辽宁省最大的平原，整个平原呈北东—南西方向带状展布于辽宁省腹地。东临辽东丘陵，西接医巫闾山，北至铁法丘陵，南部面向渤海，属渤海盆地向北延伸部分。地理位置为东经 120°42′ 至 123°40′，北纬 40°30′ 至 42°20′。总面积 29942km²，其中平原面积 26554.8km²，占总面积的 88.7%，山区面积 3387.2km²，占总面积的 11.3%。

在行政区划上包括沈阳市、铁岭市、抚顺市、辽阳市、鞍山市、营口市、盘锦市、锦州市以及阜新市的部分县（区），总跨 9 市（区）22 县（图6.1）。区内各等级城市形成了东北地区规模最大的区域经济一体化大都市圈，区域联系密切，陆路交通十分便利，水路交通相对匮乏。

（2）气象特征

下辽河平原位于亚洲东部沿海和太平洋西岸，属于温带半湿润半干旱季风气候区。下辽河平原处于半湿润气候区（辽东千山山脉）和半干旱气候区（辽西医巫闾山两侧）二者之间的过渡地带。主要气候特征是大陆性气候明显、四季分明，雨热同期，日照丰富，干燥多风。受地形、海陆位置等自然条件的影响，区域内部气象要素差异较大，在空间上总体呈现出以不同水热组合为基础的东南—西北走向的水平地域分异规律。

下辽河平原多年平均气温为 7.1 ~ 8.9°C，多年最高气温 35 ~ 38.3°C，多年最低气温 -24.7 ~ -33.7°C，年温差较大。受夏季风的影响，区内降水量时空分布极不均匀，空间上自南东向北西方向由 750mm 递减到 550mm，多年平均最大降水量分布于沈阳—鞍山一带，最小降水量分布于彰武—义县—大凌河三角洲一带。由于特定地理位置和季风气候的影响，区内降水量四季变化明显，年内分配很不均匀。正常年份最大 4 个月降雨量约占全年降水量的68.2% ~ 82.3%。年蒸发量与年降水量呈现出相反的时空特征。多种典型气象要素的组合在参与水循环的过程中也对该区的地下水与地表水资源补给产生了直接的影响。

（3）水文特征

下辽河平原属于辽河流域，流入研究区的河流从山区呈辐射状流入平原，总体向中心汇集，向南注入渤海。区内的河流主要有辽河—双台子河水系、浑河—太子河水系、大小凌河水系共同组成了区内的三大相对独立的水系。

辽河—双台子河水系：作为辽宁省内的河长之首，辽河其干流长度达 1400km，其总流域面积为 16.6 × 10⁴km。研究区内辽河贯穿南北，沈阳市、鞍山市、盘锦市、铁岭市其流经

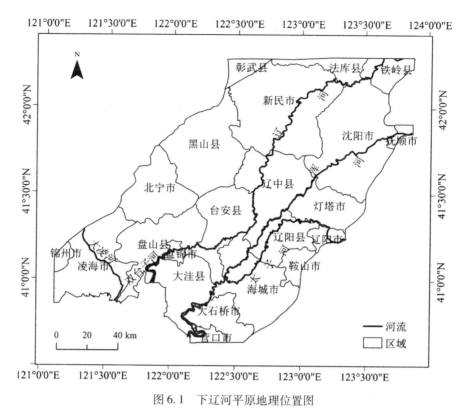

图 6.1　下辽河平原地理位置图

城市。辽河干支流所处地域宽阔，河道曲折，流经平原区河流比降小，河流搬运能力下降，部分河段泥沙积聚问题突出，汛期受洪水威胁较大。

浑河—太子河水系：浑河出自于滚马岭南麓，流域面积为 $2.73 \times 10^4 km^2$，河长 415km，年径流量 $50 \sim 70 \times 10^8 m^3$。其非对称型的水系特征具体表现为，东面支流广布，谷坡纵横，径流富足；西侧支流稀疏，径流不大。下游河口段地势低平、水域宽阔，可通航，但是汛期常受水患威胁。受气候影响冬季冰期较长，约 $3 \sim 4$ 个月。全长 413km 的太子河发源地有南北两处，南北源分别始于本溪草帽顶子山与新宾鸿雁沟。流域面积约 $1.37 \times 10^4 km^2$，多年平均径流量 $37.8 \times 10^8 m^3$，河流开发强度较高。太子河于三岔河与浑河交汇。浑河—太子河水系在本区地表水资源构成中占主体部分，其年径流量大于辽河部分。

大、小凌河水系：大凌河与小凌河为相对独立水系，分别入海。大凌河源头有三处，三源相继汇合后，整体呈北西—南东流向。大凌河全长约 397km，流域面积约为 2.35×10^4 km^2，支流纵横，发育有大规模的河口三角洲。流域内年降水量 $450 \sim 600mm$，径流量年际变率大，水土流失突出。小凌河属山溪性河流，河长 206km，中上游部分地区以荒山、丘陵为主，植被覆盖率低。其流域约跨 $5400km^2$，年平均径流量为 $3.98 \times 10^8 m^3$。

下辽河平原地处各水系下游，地势低洼，坡降很小，河曲发育，为区域地下水补给创造了有利的条件。

6.1.2　区域地质地貌条件

（1）地质条件

下辽河平原在大地构造上属于新华夏系的一级沉降带；东西两侧的山地丘陵，属于一级

119

隆起带。自第三纪以来，平原始终处于下降状态，早期以断裂为主，由北北东向及北北西向断裂组成了基底的多字形构造。晚第三纪以来，平原地区整体下陷，同时也表现出构造上的继承性和不均衡性的特点。在长期下降的过程中，平原沉积了巨厚的第四纪松散堆积物。

平原内前第四纪地层较为简单，被第四纪松散堆积物覆盖的广大平原广泛发育着新、老第三纪地层。由于第四纪地层具有连续沉积的特点，且基本上是处于还原环境下沉积的，因此各类沉积物自上而下色泽单调，以灰、浅灰、灰绿、浅绿色为主。平原周边的山前倾斜平原早期以冰水沉积为主，中后期则以洪积或冲洪积为主，其颜色与平原中部略有不同，以棕黄或棕红色为主。

平原第四纪地层时代齐全，从更新世到全新世的地层均很发育；岩相在垂直方向上的变化规律明显。概括地说，下辽河平原第四纪堆积物的特征主要是沉积连续、时代齐全、成因复杂、分布广泛、厚度可观。下辽河平原第四纪地层主要特征见表6.1。

表6.1 下辽河平原第四纪地层主要特征

地层时代			特点
第四系	全新统	冰后期	上层：冲海积层（0~8.60m），黄褐、灰褐色黏土夹层，含铁锰结核及少量的硅藻化石。
			中层：海相层（8.60~13.58m），深灰、灰黑色薄层状亚黏土和粉砂互层，内含少量的半炭化植物及硅藻化石。
			下层：（13.58~20.71m），灰色粉砂夹深灰色薄层亚黏土透镜体，具有半炭化植物，含有孔虫及陆相介形虫化石。
	上更新统	榆树组	上层：河湖相沉积（20.71~55.23m），灰色细砂含炭化植物层，以石英为主，内含亚黏土和云母片。
			中层：河湖相沉积（46.00~55.53m），灰色、浅黄绿色细粉砂夹亚砂土薄层，含泥粒。上部以亚黏土薄层为主，单层厚10厘米；下部为亚黏土含泥粒（粒径0.2~0.5cm）及浅黄绿色菱铁矿粒。
			下层：河湖相沉积（55.53~87.00m），上部以细砂为主，夹亚黏土透镜体，上细下粗，且由灰色渐变为浅灰绿色；下部为亚黏土含泥粒，与细砂互层，灰黑灰色黏土内含菱铁矿粒。
	中更新统	郑家店组	上层：冲海积（98.20~161.18m），为粉细砂夹薄层亚砂土夹层或透镜体，有少量菱铁矿粒；其中87.00~112.00m为河湖相沉积，为灰、灰黑、浅灰绿色之粉细砂夹亚砂土、亚黏土，中细砂，含亚黏土薄层，内含泥粒、菱铁矿粒和炭化植物。
			下层：河湖相沉积（112.3~156.43m），为浅灰、灰白、灰黑、浅黄绿色粉细砂夹亚砂土、亚黏土及亚砂土、粉细砂互层。亚黏土中含泥粒菱铁矿粒和草炭、植物残体。
第三系	下更新统	庄台组	上层：河湖相沉积（156.43~214.00m），灰黑、灰绿、浅灰绿色细砂、细粉砂夹亚黏土，含泥粒薄层，含炭化植物碎屑。
			中层：河湖相沉积（214.00~250.64m），灰黑色、灰绿色、浅灰绿色亚砂土、亚黏土、细砂互层及粉细砂、中砂、砂含砾，颗粒均匀，含菱铁矿粒。
			下层：洪积相沉积（250.64~359.99m），浅绿、绿、灰白、灰黑、灰绿、浅黄、浅黄绿色及含砾粗砂、亚黏土含砾、沙砾石混土、中细砂、中粗砂含砾、沙砾石层，内夹薄层亚黏土层及少量的菱铁矿粒和炭化木。
	上新统	明化镇组	厚541m。上部为灰白色砂岩、砂砾岩，含砾砂岩，夹黄绿色、棕黄色、灰绿色泥岩、泥质粉砂岩；下部为厚层灰白色砂岩、砂砾岩与灰绿色、黄绿色、褐黄色、杂色泥岩、粉砂质泥岩互层。

（2）地貌条件

下辽河平原地貌形态的形成是以升降运动为主的新构造运动、基底构造、古气候变化、流水侵蚀、沉积等内外动力地质作用综合影响的结果。由于大部分地区长期沉降，故地貌成因类型以堆积地形为主，其次为剥蚀堆积地形、剥蚀地形、构造剥蚀地形、侵蚀地形等三种地貌成因类型，这些地貌类型仅分布于周边地区，面积较小。具体地貌特征与类型划分见图6.2。

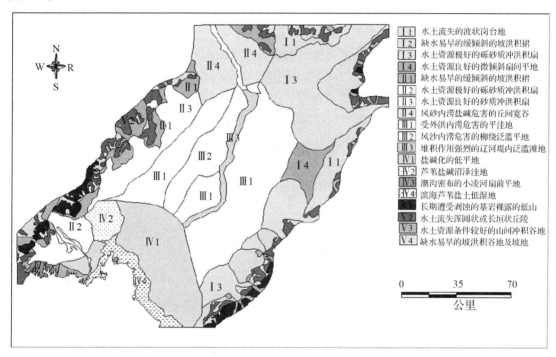

图6.2　下辽河平原地貌图

①侵蚀构造地形。分布于平原的西部、西北部和东南部的边界处，可分为尖顶状低山和圆顶状低山。其中尖顶状低山主要由黑云母片岩、花岗片麻岩、石英岩、石英砂岩、安山岩、火山角砾岩、花岗岩及大理岩组成，冲沟发育，多呈V型和U型；圆顶状低山主要由花岗岩、花岗片麻岩、火山岩等组成，圆顶状山顶，切割深度100～300m，平均自然坡降2～20‰。

②构造剥蚀地形。经长期上升作用和侵蚀剥蚀作用形成，广泛分布于西部和东部山区，包括构造剥蚀低山和构造剥蚀丘陵两种形态类型。构造剥蚀低山地区地形陡峭，山顶多为尖顶状，主要由黑云母片岩、变粒岩、石英岩、安山岩、砾岩、花岗岩等组成，冲沟发育，多为V型和U型；构造剥蚀丘陵由圆顶状高丘陵和圆顶状低丘陵组成，主要由角闪斜长片麻岩、火山角砾岩、石英砂岩、安山岩等组成，冲沟发育，切割深度20～30m，多呈V型和U型，表层多为植被覆盖。

③剥蚀地形。分布于平原北部和西北部，由圆顶状丘陵和长垣状丘陵组成。上升作用不明显，切割作用较强。圆顶状丘陵多呈圆顶状或浑圆状，坡度15～20‰，由变粒岩、安山岩、砂砾岩等组成，冲沟发育；长垣状丘陵主要由安山岩、石英片岩、混合花岗岩等组成，多呈长垣状山顶，少数馒头状，风化层较厚。

④剥蚀堆积地形。普遍分布于东西部山前地区，为山区向平原区的过渡地带。山区风化物主要为面状水流作用下沿坡角或山前很短距离内堆积而成，分别形成山间冲洪积谷地、山前坡洪积扇裙和山前坡洪积倾斜平原三种形态类型。山间冲洪积谷地零星分布于山区支流河谷地区，平面形态呈袋状或树枝状，地面坡降较大，第四系很薄，表层岩性为亚砂土、黄土状亚砂土、亚黏土和黄土状亚黏土；山前坡洪积扇裙围绕低山丘陵呈环状分布，地面起伏较大，冲沟发育，切割深度 3～15m，为 V 型和 U 型，呈树枝状分布，第四系厚度一般不超过20m，表层岩性主要为亚黏土、黄土状亚砂土、亚砂土含碎石等；山前坡洪积倾斜平原分布于山前地带，地势开阔，略有起伏，前缘与冲洪积倾斜平原为渐变过渡关系，第四系厚度一般不超过50m，主要由亚砂土、亚黏土及透镜状沙砾石组成。

⑤堆积地形。主要由冲积和冲洪积作用形成，南部为海冲积、海积作用形成。地势平坦，自东北向西南缓倾，东西两边略有起伏，可划分为以下七种成因形态类型：

山前冲洪积倾斜平原：主要由辽浑太海山前微倾斜平原、东羊黑河山前微倾斜平原和大小凌河山前微倾斜平原组成。辽浑太海山前微倾斜平原分布于平原的东部和东北部，主要由辽河、浑河、太子河及海城河的冲积和冲洪积作用形成，地势宽阔平坦，微向前缘倾斜，地表岩性主要为亚黏土、淤泥质亚黏土和亚砂土，其下部隐伏有第四纪不同时期的冲洪积扇；东羊黑河山前微倾斜平原分布于西部地区，由东沙河、羊肠河、黑鱼沟河、绕阳河等冲积和冲洪积物组成，地势平坦开阔，地表岩性由亚砂土、亚黏土组成，下面隐伏有第四纪不同时期形成的大型冲洪积扇；大小凌河山前微倾斜平原由大小凌河冲积和冲洪积作用形成，以0.5‰的坡降向东南延伸，前缘与海冲积三角洲平原相接，地面标高 5～25m，地表岩性为亚砂土、亚黏土。

冲洪积河谷阶地：主要沿辽河、浑河、太子河的一级支流两侧分布。阶地平坦，与河漫滩形成陡坎接触，表面岩性为亚砂土、亚黏土和沙砾石。

柳河冲积波状平原：位于彰武—新民间的柳河两岸，地势向东南开阔倾斜，坡降1.2‰，地表岩性以亚砂土为主，局部为亚黏土。

辽浑太河间地块冲积平原：分布于新民、辽中、台安到牛庄一带的广阔平原，由冲积作用形成，地面坡降0.3‰，地表岩性以亚砂土、亚黏土为主，局部粉细砂。

河床漫滩：呈狭窄条带状分布于辽河、浑河、太子河及其支流的两侧，表面平坦或呈波状垄岗地形，岩性由粉砂、中细砂、砾卵石组成。

海冲积三角平原：分布于盘山到沙岭一线以南至海岸的广阔平原，为海冲积和海积作用形成，地势低洼，由北向南缓倾，地面坡降0.025‰，地表岩性为亚黏土、黏土、淤泥质亚黏土及粉细砂组成。

海积漫滩：沿海岸呈条带状分布，宽窄不一，1～8km，由海积砂组成，地面标高 2～3m，有树枝状潮状沟。由于河流淤积，海岸线不断外推。

（3）地质构造

下辽河平原在大地构造上属新华夏第二沉降带和天山—阴山西向复杂构造带交接一带，西接燕山—辽西断褶带，东临新华系第二隆起带辽东隆起区，北部以法库—开原东西向次级隆起带与松辽盆地相隔，南部倾入辽东湾与渤海盆地相连。

研究区作为中新生代的断陷盆地，经历了三个主要发展阶段：燕山运动时为盆地开始形成阶段；喜山运动时为盆地的强烈分异阶段；新构造运动时期（新第三纪开始）为盆地整体拗陷（下沉）时期，堆积了较厚的上第三系和第四系。区域基底构造可分为六个次级构造单元：西部斜坡带，西部拗陷带，中央隆起带，东部拗陷带，东部斜坡带，大民屯拗陷。各构造单元间均为断层接触，整个断陷西界在黑山—锦县一带，东界在沈阳—鞍山—大石桥一线。

①西部斜坡带（大虎山隆起）。位于张家街—新民大断裂以西，西界大致在锦州、彰武一线，包括沟帮子斜坡和大虎山凸起两个次级构造单元。

②西部拗陷带（盘山拗陷）。西部以张家街—新民大断裂与西部斜坡带接界，东部以台安大断裂与中央隆起接界。宽 10～30km，北东窄南西宽，呈喇叭状。拗陷内次级断裂构造十分发育，形成若干向斜、背斜、穹窿背斜等次级构造形态。

③中央隆起带（西佛牛隆起）。西部以台安大断裂与西部拗陷接界，东部以辽中大断裂与东部拗陷接界，北部以岳家岗子断裂与大民屯拗陷接界，宽度大约 10km 左右。

④东部拗陷带（田庄台拗陷）。西部以辽中大断裂与中央隆起接界，东部以佟二堡—营口大断裂与东部斜坡带接界，北部以新驿站断裂与沈阳凸起接界。其内尚有北东向唐家堡—桃源大断裂，驾掌寺大断裂。宽度 20km 左右。此外，尚有多个次级断裂，还有背斜、向斜、断鼻等构造形态。

⑤东部斜坡带（刘二堡隆起）。西界为佟二堡—营口大断裂。包括沈阳凸起、刘二堡断阶，牛庄凸起等三个次级构造单元。基底主要为奥陶系，沈阳市附近为前震旦纪混合岩、花岗片麻岩等老沉积基底，辽阳、鞍山间以奥陶纪灰岩为主，海域附近除小片震旦纪石英砂岩外，大片为混合岩，营口至东四台子间为花岗岩。

⑥大民屯拗陷。西界为冷子堡—大民屯大断裂，东部以马三家子大断裂与沈阳凸起为界，南部以岳家岗断裂与中央隆起为界。包括大民屯凹陷、兴隆店凹陷、沈北凹陷等三个次级构造单元。

⑦开鲁拗陷。开鲁拗陷为另一大地构造单元，以南部的北票—宣化深断裂与下辽河断陷接界。

6.1.3　区域水文地质条件概况

（1）水文地质分区

下辽河平原地下水资源十分丰富，但地下水类型各不相同，地下水的形成错综复杂。研究区地下水含水岩组主要由第四系松散沉积物组成，其中第四系含水岩组在垂直方向上可划分为 I、II、III、IV 四个含水组，地质时代分别相当于全新统（Q4）、上更新统（Q3）、中更新统（Q2）、下更新统（Q1）。下辽河平原地下水类型包括第四系松散岩类孔隙水、第三系孔隙—裂隙层间承压水、碳酸盐裂隙溶洞水和基岩裂隙水。其中，第四系松散岩类孔隙水分布在平原的最上层，以含水层厚度大、分布广泛、水量丰富且稳定、开采方便为主要特点，成为区域内最主要的地下水类别。

第四系孔隙水按其赋存的地层时代、埋藏条件、水动力性质等特点可划分为浅层潜水（微承压水）和深层承压水两个亚类，分别简称为浅层水和深层水。浅层水含水岩组包括全新统（Q4）和上更新统（Q3），以上更新统为主；深层水含水岩组掩埋在浅层水含水岩组之下，包括中更新统（Q2）和下更新统（Q1），以中更新统为主。两个含水岩组以中更新统顶部相对稳定的粘性土层为区域隔水层。

　　研究区内中部区域长期处于沉降状态，积累了第三系与第四系疏松的沉积层；两侧地形抬升，在外力作用下发育了广泛的冲积平原；因岩层裂隙发育的影响，使得区域东侧奥陶系灰岩广布。地形条件影响区域水资源广泛向平原中心汇聚，外界降水与地面水体入渗是地下水的主要补给来源。以上条件影响了下辽河平原地下水系统形成的赋存条件、运移特征等，形成了一个完整的包括补给区、径流区和排泄区的水文地质单元。根据含水层成因、地下水来源等条件的不同将下辽河平原水文地质单元划分为东部山前倾斜平原、西部山前倾斜平原、中部冲积平原和南部滨海平原4个具有独特性质的水文地质单元。为了方便表达与分析进一步将其划分为9个子水文地质单元（图6.3）。

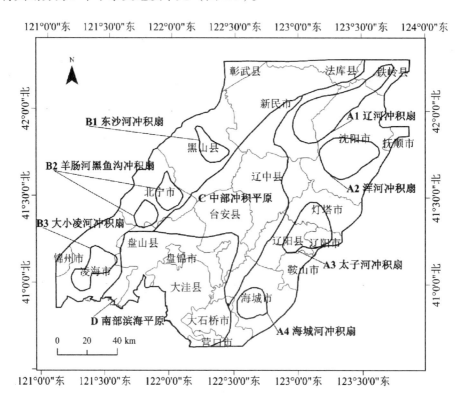

图6.3　下辽河平原水文地质分区示意图

（2）地下水含水岩组及分布特征

　　下辽河平原作为中新生代的沉降盆地，既是区域新生界尤其是第四系的沉降中心，又是区域地表水、地下水的汇集中心。巨厚的第三系河湖相碎屑沉积、厚大的第四系冲洪积和冲积层以及岩石中广泛发育的裂隙都为地下水的赋存、运移提供了广阔的空间。平原地区含水岩组主要为松散岩类孔隙水，由第四系冲洪积、冲积、冲海积及坡洪积物组成。根据含水岩组组成、分布及水文地质特征的不同，又可分为以下5个含水岩组：

　　①第四系冲洪积层含水岩组

　　分布于平原中的东、西山前倾斜平原，地貌形态由辽河、浑河、太子河、海城河、东沙河、羊肠河、黑鱼沟河、大小凌河冲洪积扇组成。含水岩组以上更新统、全新统冲洪积层为主，含水层为中粗砂、沙砾石、砾卵石层，其上为亚砂土、亚黏土覆盖，厚5~15m。含水层后缘轴部厚度 10~30m，富水性极强，单井涌水量为 5000~10000m³/d，外围多为 3000~5000m³/d。含水岩组在冲洪积扇前缘地带厚度一般为 80~120m，属强富水区，单井涌水量达 3000~5000m³/d。

②第四系冲积层含水岩组

分布于中部的新民、辽中、台安地区，为辽河、浑河、太子河及绕阳河形成的冲积平原。含水岩组总厚度 100~250m，自东西两侧向中央、自东北向西南方向厚度递增。含水层粒度由东北向西南由粗变细，由含砾中粗砂变为中细砂。在垂直方向上，上细下粗，以中更新统顶部的亚黏土为隔水层，分为深、浅两层地下水。上部为潜水含水岩组，以上更新统冲积细砂、中细砂、中粗砂为主，含水层厚度为 50~80m，地下水埋深 0.5~3m，单井涌水 2000~3000m³/d；其下部为深层承压水含水岩组，含水层为中下更新统中细砂、含砾中粗砂及混土砂砾石层，夹亚黏土含砾，厚度为 50~110m，单井涌水量 1000~2000m³/d。

③第四系冲积海积层咸水含水岩组

分布于滨海三角洲平原盘山、大洼、营口一带，含水岩组总厚度 250~400m。其中含水层为灰色、灰白色粉细砂，厚度为 20~60m，夹多层亚黏土、亚砂土层，下部为细砂、中细砂混砾，夹亚黏土层，含水层总厚度 200~300m。因潜水埋藏浅，径流滞缓，蒸发强烈，同时由于第四纪历史时期多次海侵，加之海水顶托，形成全咸水含水岩组，矿化度 10~30g/L。

④第四系冲积冲洪积含水岩组

分布于平原内部河谷平原中，含水岩组以全新统、上更新统为主，中更新统次之。含水层表层为亚砂土、亚黏土，中部为砂砾石、砾卵石层，底部为砾卵石混土。含水岩组总厚度为 10~20m，最厚可达 40m。单井涌水量一般为 500~1000m³/d，高的可达 1000~3000m³/d。该含水岩组在柳河平原中，含水层以中细砂为主，夹中粗砂、粉细砂，厚度为 20~40m，单井涌水量为 1000~3000m³/d，水质良好。

⑤第四系坡洪积层含水岩组

分布于下辽河平原山前倾斜平原中的冲洪积扇扇间地带。岩性以粘性土为主，夹砂砾石、碎石薄层或透镜体。含水层分布不均匀，厚度多变化。含水岩组最厚可达 70m，单井涌水量一般为 100~500m³/d，大者可达 1000m³/d。

（3）地下水循环特征

下辽河平原地下水的循环过程（补给、径流、排泄）是一个十分复杂的过程。由于区域地下水类型复杂，含水层结构层次较多，各个层次的地下水相互依存、相互补充，共同组成一个由补给区、径流区到排泄区的比较完整的水文地质单元。

①地下水的补给

研究区地下水的补给主要来自大气降水和地表水的入渗，区域地下水的补给以垂向补给为主，侧向补给为辅。垂向补给按渗入水来源可分为大气降水的面状渗入补给、河流渗入的线状补给和农业灌溉用水的渗入补给，侧向补给主要是通过第四系含水层和基岩含水层的侧向径流补给，即潜流补给。地下水的补给区主要为基岩裸露的山区、山前冲洪积扇后缘、部分河谷两侧第四系含水层直接出露区。其中，含水层直接出露地表地段主要分布在柳河两岸、辽河西岸及山前河流两岸。这些地区地表较低平，坡降很小，十分有利于降水的渗入，因而成为地下水重要的补给来源。其他地段含水层则为粘性土所覆盖，地势低平，部分地段黏土裂隙发育,为降水的渗入提供了有利的条件。

②地下水的径流

地下水的径流贯穿于地下水循环过程的始末,既表现在补给区,又表现在径流区,还表现在排泄区。在补给区和径流区以水平径流为主,但也有地下水的垂向运动;在排泄区,水平径流十分微弱,近乎停滞状态,但垂向运动增强,最后以垂直蒸发的形式排泄。从整个区域来看,地下水总的径流方向由山前向中部平原呈放射状;至中部平原后,由东北向西南,最后进入辽东湾。

地下水的径流条件主要取决于含水层的导水性能和地下水的水力坡度。在山前冲洪积扇发育地区,含水层以砾卵石、砂砾石为主,渗透系数 50～100m/d 或更大,水力坡度 5/10000～10/10000,地下水径流条件良好,为地下水强烈径流区。中部平原地区含水层变为中粗砂、中细砂,厚度增大,渗透性能降低,渗透系数 5～20m/d,水力坡度 1/10000～2/10000,径流条件较差,为地下水径流滞缓区。

③地下水的排泄

下辽河平原地势低平,地下水位埋藏浅,其中中部平原和南部滨海平原地下水埋深均为 1～2m。因此,地下水的垂直蒸发是区域地下水的主要排泄方式。地下水的垂直蒸发排泄有三种形式:地面蒸发、水面蒸发和植物蒸腾作用,这三种蒸发方式都是比较强烈的。南部滨海平原地区含水层颗粒较细,但厚度加大,地下水位埋深 1～2m,有的甚至直接出露地表形成沼泽,水平径流极为滞缓或停滞,代之以强烈的垂直蒸发,成为区域地下水的主要排泄区。此外,植物的蒸发蒸腾作用、地下水的人工开采以及地下水补给河水也是区域内地下水的重要排泄方式。

综上所述,地下水的补给、径流和排泄是一个密切相关的统一形成过程,三者不能孤立存在。补给区有排泄,排泄区也有补给,径流区也有补给和排泄。所以,它们既互相区别,又互相联系、互相渗透,补给和排泄共同组成下辽河平原的地下水统一体。因此,区域地下水的运移过程是一个十分复杂的相互依赖、相互制约的均衡过程。

(4)地下水水化学成分及分布规律

下辽河平原地下水化学成分的形成受气候、地质、地貌、地下水埋藏条件、补径排条件等因素的综合影响,在渗滤作用和浓缩作用的驱动下,一方面使不同地区的地下水类型十分复杂,另一方面又使地下水的水质变化呈现明显的水平分带性。为此,本研究从以下四个地区来阐述区域地下水的水化学特征。

①东部山前倾斜平原

本区由辽河、浑河、太子河、海河四大冲洪积扇及扇间地带相连而成。水化学类型除沈阳—抚顺及苏家屯附近为 $SO_4 - HCO_3 - Ca - Mg$、$HCO_3 - SO_4 - Ca - Na$、$HCO_3 - Cl - Ca - Na$ 外,其余地区均属 $HCO_3 - Ca - Na$ 型,矿化度为 0.3g/L 左右。其中辽河、太子河、海城河等三大冲洪积扇是地下水的补给形成区,也是地下水的强径流带,水循环交替十分活跃,地下水以低矿化的 $HCO_3 - Ca$ 和 $HCO_3 - Ca - Mg$ 型水为主。平原扇间地带和前缘地区地下水径流变得滞缓,因离子交替吸附作用而改变了水中的化学成分,同时提高了矿化度,地下水类型以 $HCO_3 - Ca - Na$ 型为主,局部为 $HCO_3 - Cl - Ca - Na$ 型。

②西部山前倾斜平原

由于平原前缘地下水位埋深浅,含水层径流条件差,垂直交替较为明显,加之土壤盐渍化的影响，使得水中氯离子含量相对升高，因而地下水类型以 $HCO_3 - Cl - Ca - Na$ 型水为主，矿化度较高，可达 0.12 ~ 0.63g/L；平原后缘地区岩石广布，岩溶孔隙裂隙十分发育，降水入渗补给较强，所以地下水以低矿化的 $HCO_3 - Ca - Na$ 型水为主，矿化度为 0.14 ~ 0.49g/L。此外，大小凌河冲洪积扇为 $HCO_3 - Ca - Mg$ 型水，矿化度为 0.21 ~ 0.43g/L。

③中部冲积平原

中部平原地区地形平坦开阔，地下水水力坡度较小，含水层表层渗透性能差，导致地下水径流缓慢，使得地下水的化学成分受渗流区影响发生较大改变，造成地下水类型以 $HCO_3 - Ca - Na$ 型水为主，局部为 $HCO_3 - Cl - Ca - Na$，矿化度在 0.12 ~ 0.63g/l 之间。此外，在辽中东北部一带，由于地下水位埋藏浅，含水层径流条件差，垂直交替较为明显，加之土壤盐渍化的影响，使得 Cl^- 含量相对升高，矿化度也明显增大。

④南部滨海平原（即滨海三角洲平原地区）

本区地下径流极其微弱，甚至基本停滞，垂直蒸发十分强烈，为地下水的主要垂直蒸发排泄区。由于强烈的垂直交替作用，造成地下水的矿化度不断增高，使得水中的化学成分以 HCO_3^- 和 SO_4^{2-} 为主，最后成为以 $NaCl$ 为主的高矿化咸水和卤水。其中后缘地区地下水类型为 $Cl - HCO_3 - Na - Ca$ 型水，反映了水平径流带和垂直交替带的过渡类型特点；前缘地区则为高矿化的 $Cl - Na$ 型水，反映了蒸发浓缩带地区地下水的典型特点。

综上，区域地下水由补给、径流到排泄的循环过程，就是地下水化学成分发展变化的过程。这是一个复杂的连续变化的化学过程，其间天然降水组分逐渐减少，岩石组分不断进入水中；水化学类型经历由简单到复杂又到简单的过程；与此同时，地下水矿化程度不断升高。在这一过程中，三者之间虽无严格的分界线，但它们却有着相对明显的水化学水平分带。

（5）区域地下水开发利用状况

研究区内沈阳、辽阳、鞍山等城市是辽中南城市群的主体组分，属人口密集区，工农业十分发达，水资源消耗量较大，地下水开发利用程度较高，在供水系统中一直占有较高的比例。地下水水质的不同也决定了地下水的实际开采利用状况的差别，平原南部地下水水质较差、矿化度高，出于水质状况与地下水环境保护的考虑，实际开采利用量较小（表6.2）。

表6.2　下辽河平原各市地下水开采状况

地区	总取水井（眼）	总取水量（万 m^3）	机电井（眼）	取水量（万 m^3）	人力井（眼）	取水量（万 m^3）	供水比（%）
沈阳	824660	181195.92	650700	180317.91	173960	878.01	68.09
鞍山	170601	48573.15	132697	48479.63	37904	93.52	71.74
锦州	629925	64361.73	510179	63414.67	119746	947.06	83.64
抚顺	98493	3844.89	85015	3810.01	134786	34.88	47.45
营口	251808	15527.99	166458	14453.23	85350	1074.76	20.02
盘锦	38801	11248.5	38538	11248.5	263	—	9.30
阜新	351630	21076.22	302840	20759.24	48790	316.98	70.29
辽阳	196466	55187.77	127432	54883.19	69034	304.58	35.44
铁岭	520129	59748.89	341152	57376.58	178977	2372.31	50.38

地下水系统能够自行恢复、补给更新，地下水水位也存在着动态平衡，因此在开采量不超过补给量的前提下开发利用地下水仍能够保持地下水的稳定状态。但是如果过量的集中式抽取地下水，破坏了地下水渗流场与地下水的动态平衡，就可能导致地下水位下降，进而产生地下水降落漏斗。在地下水降落漏斗区易产生地面沉降、地下水水质污染等问题。研究区内地下水漏斗区之一位于沈阳市望花地区，漏斗面积达 0.05km²，漏斗核心区埋深 2.57m；另一处位于辽阳市首山地区，面积 147.30km²，埋深为 18.70m。此外还有部分海水入侵区，其中营口市约 88.16km²，锦州地区约 151.90km²。

6.2 下辽河平原各区地下水固有脆弱性评价

在同样的污染环境下，地下水系统由于所处水文地质条件、补径排条件的差异，地下水受到污染的程度是不同的。地下水固有脆弱性评价是对评价区域地下水受到污染的难易程度进行评价。地下水固有脆弱性评价为合理利用土地，防止地下水污染提供依据。因此，对研究区含水层固有脆弱性评价是进行地下水污染风险研究的前提。

6.2.1 地下水固有脆弱性评价方法

（1）评价指标的选取

目前，水文地质学家和相关研究部门分别从不同的角度对地下水脆弱性进行了定义，国际上公认的定义是 1993 年美国国家科学研究委员会提出的污染物到达含水层之上某特定位置的倾向性与可能性。国内外评价地下水脆弱性的方法众多，主要为水文地质背景值法、参数系统法、相关分析与数值模型法和模糊数学方法等。其中参数系统法中的 DRASTIC 评价法在地下水脆弱性评价中应用最为普遍。

DRASTIC 模型是 1987 年由美国水井协会 NWWA 和美国环境保护局 USEPA 集合 40 多位经验丰富的水文地质学专家合作开发的，是宏观尺度大范围区域地下水脆弱性评价的经验模型（左海军，2006）。DRASTIC 模型易于掌握、简单易行、评价结果直观并可直接服务于决策过程中。本次研究采用 DRASTIC 模型进行地下水固有脆弱性评价。DRASTIC 方法选取的评价指标体系包括 7 项指标，分别是地下水埋深（Depth to the Water）、含水层净补给量（Net Recharge）、含水层岩性（Aquifer Media）、土壤介质类型（Soil Media）、地形坡度（Topography）、包气带介质（Impact of the Vadose Zone Media）、含水层水力传导系数（Hydraulic Conductivity of the Aquifer）。DRASTIC 方法由权重、范围（类别）和评分 3 部分组成，脆弱性指数通常用数值来表示。

（2）评价指标权重的确定

①DRASTIC 法确定评价因子主观权重

DRASTIC 模型中，首先根据 7 项评价指标对地下水脆弱性影响的大小，给 7 项指标赋予一个固定的权重值，范围为 1～5，构成权重体系。把对地下水固有脆弱性最具影响的因子权重值定为 5，把对地下水固有脆弱性影响程度最小的因子权重值定为 1。DRASTIC 方法权重的赋值分为正常和农田喷洒农药两种情况。本次研究选用正常因子的权重数值，并视其为主观权重，权重值见表 6.3。

表 6.3　DRASTIC 方法评价因子权重

评价指标	正常因子权重值	归一化的因子权重值 W_{j1}
地下水埋深	5	0.219
含水层净补给量	4	0.168
含水层岩性	3	0.132
土壤介质类型	2	0.092
地形坡度	1	0.038
包气带介质	5	0.219
含水层水力传导系数	3	0.132

②熵值法确定评价指标客观权重

熵的概念最早是 1856 年德国克劳修斯为了将热力学第二定律格式化而创立的（陈建珍等，2005），后来在信息论中将定量描述信号的不确定性称为信息熵，并给出了计算公式，为熵概念的扩展奠定了基础（Jaynes ET，1957）。

熵权法计算评价指标客观权重的步骤如下：

设 m 个评价样本 n 项指标构成初始矩阵 $(X_{ij})_{m \times n}(i = 1, 2, \cdots, m; j = 1, 2, \cdots, n)$，利用式（6.1）、式（6.2）进行标准化处理，得标准化矩阵 $Z = (Z_{ij})_{m \times n}$。

$$z_{ij} = \begin{cases} X_{ij}/(X_{ij})_{\max}, & \text{其中 } M_j \text{ 为正向指标} \\ (X_{ij})_{\min}/X_{ij}, & \text{其中 } M_j \text{ 为负向指标} \end{cases} \tag{6.1}$$

$$Z_{ij} = z_{ij}/\sum_{i=1}^{m} z_{ij} \tag{6.2}$$

根据式（6.3）、式（6.4）计算可得第 j 项评价指标的信息熵值 q_j 和权重 W_j。

$$q_j = -k \sum_{i=1}^{m} Z_{ij} \ln Z_{ij} \tag{6.3}$$

$$W_j = (1 - q_i)/\sum_{j=1}^{n} (1 - q_i) \tag{6.4}$$

式中，$k = [\ln m]^{-1}$，m 为系统的样本值。

③综合权重

合理确定评价指标的权重，直接决定了评价结果的可靠性、准确性和公平性。权重的确定方法有主观、客观赋权法两种。主观赋权法是依据研究者的实践经验和主观上对评价指标的重视程度来确定权重，如综合指数法；客观赋权法是依据指标反映的客观信息来确定的，如主成分分析法、因子分析法、熵权法等。主观赋权法主观性较强，可信度不高。本研究将 DRASTIC 模型中的权重视为主观权重，采用熵权法计算的权重为客观权重，建立最小二乘法优化决策模型使所有样本指标的主、客观赋权下的决策结果的偏差越小越好，优化模型如下：

$$\begin{cases} \min H(w) = \sum_{j=1}^{n} \sum_{i=1}^{m} \{ [(w_j - w_{j1})z_{ij}]^2 + [(w_j - w_{j2})z_{ij}]^2 \} \\ \sum_{j=1}^{m} w_i = 1 \\ w_j \geqslant 0 \end{cases} \tag{6.5}$$

式中，z_{ij}为各指标特征值归一化后的值，w_j、w_{j1}、w_{j2}分别表示指标的综合权重、主观权重和客观权重。

（3）评分体系

DRASTIC 模型中每一项指标，根据其对地下水脆弱性影响的大小将其划分为不同级别。每项指标都可以用评分值来量化这些数值范围（数值型指标，如 D、R、T、C）和类别（文字描述性指标，如 A、I、S）对脆弱性的可能影响，其评分值取值范围为 1~10。地下水脆弱性程度越强，其评分值越大，地下水受到污染的潜在可能性越大，反之评分值越小，地下水受到污染的潜在可能性越小。根据研究区下辽河平原的具体情况，并借鉴了同类地下水脆弱性研究的评价标准，本次研究中选取的定量指标（D、R、T、C）的数值范围划分级别及其对应的评分值如表 6.4，含水层介质类型、土壤介质类型和渗流区介质类型的分级及评分见表 6.5 所示，地下水固有脆弱性评价分级标准见表 6.6。

表 6.4　地下水固有脆弱性评价指标体系及评价标准

评价指标	级别				
	1 级	2 级	3 级	4 级	5 级
含水层埋深（m）	>30	20~30	10~20	5~10	<5
含水层净补给量（mm）	<50	50~100	100~180	180~260	>260
含水层介质类型	1~2	2~4	4~6	6~8	8~10
土壤介质类型	1~2	2~4	4~6	6~8	8~10
地形坡度（‰）	>2.0	1.5~2.0	1.0~1.5	0.5~1.0	<0.5
渗流区介质类型	1~2	2~4	4~6	6~8	8~10
含水层水力传导系数/$(m \cdot d^{-1})$	<10	10~20	20~40	40~80	>80

注：数据来源于《地下水脆弱性评价技术要求》。

表 6.5　含水层介质类型、土壤介质类型和渗流区介质类型的分级及评分

脆弱性级别	含水层介质类型		土壤介质类型		包气带介质类型	
	类别	评分	类别	评分	类别	评分
1 级	块状页岩	1	非胀缩和非凝聚性黏土	1	封闭层	1
	裂隙发育非常轻微变质岩或火成岩	2	垃圾	2	页岩	2
2 级	裂隙中等发育变质岩或火成岩	3	黏土质亚黏土	3	粉砂或黏土	3
	风化变质岩或火成岩	4	粉砾质亚黏土	4	变质岩或火成岩	4
3 级	裂隙非常发育变质岩或火成岩，冰碛层	5	亚黏土	5	灰岩、砂岩	5
	块状砂岩块状灰岩	6	砾质亚黏土	6	层状灰岩砂岩、页岩	6
4 级	层状砂岩、灰岩及页岩序列	7	胀缩或凝聚性黏土	7	含较多粉砂和黏土的砂砾	7
	砂砾岩	8	泥炭	8	砂砾	8
5 级	玄武岩	9	砂	9	玄武岩	9
	岩溶灰岩	10	砾	10	岩溶灰岩	10

表 6.6　地下水固有脆弱性评价分级标准

脆弱性分级	Ⅰ 级	Ⅱ 级	Ⅲ 级	Ⅳ 级	Ⅴ 级
脆弱性指数	0 ~ 1.5	1.5 ~ 2.5	2.5 ~ 3.5	3.5 ~ 4.5	4.5 ~ 5.0
脆弱程度	低脆弱性	较低脆弱性	中等脆弱性	较高脆弱性	高脆弱性

（4）DRASTIC 脆弱性指数

7 项指标评分的加权和即为地下水脆弱性指数，根据计算的 DRASTIC 脆弱性指数，即可识别出研究区各水文地质单元的地下水相对脆弱性。地下水系统固有脆弱性指数值越大，相应区域的地下水脆弱性相对越高，其地下水系统受到污染的潜在可能性越大。根据公式（6.6），可计算 DRASTIC 脆弱性指数，据此可对含水层固有脆弱性进行评价。

$$I_D = D_w D_R + R_w R_R + A_w A_R + S_w S_R + T_w T_R + I_w I_R + C_w C_R \tag{6.6}$$

式中，I_D 表示 DRASTIC 脆弱性指数，D_R、R_R、A_R、S_R、T_R、I_R、C_R 分别为 7 项指标的评分级别值，D_w、R_w、A_w、S_w、T_w、I_w、C_w 分别为 7 项指标的综合权重值。

6.2.2　研究区地下水固有脆弱性评价结果与分析

（1）研究区地下水固有脆弱性评价因子

DRASTIC 模型是在已知研究区的水文地质背景情况下，对地下水固有脆弱性的一种数值定级的评价方法。该模型根据研究区实际资料，分别确定各单元的水文地质背景，将研究区域划分为不同单元。下辽河平原各行政分区地下水固有脆弱性评价的各项指标值见表 6.7。

表 6.7　下辽河平原各行政分区地下水固有脆弱性评价指标均值

序号	评价指标	沈阳	鞍山	抚顺	锦州	营口	辽阳	铁岭	盘锦
1	含水层埋深/m	1 ~ 5	2 ~ 10	1 ~ 5	1 ~ 4	0 ~ 3	2 ~ 5	1 ~ 3	1 ~ 4
2	含水层净补给量/mm	157	130	157	152	132	137	167	152
3	含水层介质类型	8	8	8	7	8	7	8	7
4	土壤介质类型	5	5	5	5	5	5	6	5
5	地形坡度/‰	1.375	1.625	2	2	1.25	1.75	0.5	2
6	渗流区介质类型	2	3	2	2	2	2	2	2
7	含水层水力传导系/m·d^{-1}	50	10	80	100	70	60	10	40

注：①数据来源于《辽宁省国土资源地图集》；②指标 3、4、6 的值为评分值。

①地下水埋深（D）

地下水埋深是指含水层上部表层到达地表的垂直距离，它决定着地表污染物到达含水层之前所经历的各种水文地球化学过程，并且提供了污染物与大气中的氧接触致使其氧化的最大机会（张保祥，2008）。通常地下水的埋深越深，污染物到达含水层所需时间越长，则污染物在中途被稀释的机会就越多，含水层受污染的程度也就越弱，地下水脆弱性越弱（李涛，2004）。反之，则地下水脆弱性就越强。

②含水层净补给量（R）

含水层净补给量是指单位面积内施加在地表并且入渗到达水层的总水量，是各种污染物运移至地下含水层的主要载体。补给水一方面在非饱和带中垂向传输污染物,补给水是固体和液体污染物淋滤和运移至含水层的主要工具(雷静,2002);另一方面控制着污染物在非饱和带及饱水带的弥散和稀释作用。下辽河平原以垂直补给为主,侧向补给为辅。在通常年份,地下水的补给量往往达不到稀释污染物的程度。因此,补给量越大,地下水被污染的潜力越大,地下水脆弱性就越强;反之,地下水脆弱性就越弱。

③含水层介质类型(A)

含水层中的地下水渗流受含水层介质的影响,污染物的运移路线以及运移路径的长度由含水层中水流、裂隙和相互连接的溶洞所控制。运移路径的长度决定着稀释过程,如吸附程度、吸附速度和分散程度。一般情况下,含水层介质的颗粒越粗或裂隙和溶洞越多,渗透性越大,含水层介质所具有的稀释能力越小,含水介质的污染潜势越大,地下水脆弱性也就越强(李涛,2004)。

④土壤介质类型(S)

土壤介质是指非饱和带最上部具有显著生物活动的部分。土壤介质对地下水的入渗补给量具有显著影响,同时也影响污染物垂直向非饱和带运移的能力。土壤的厚度、成分、结构、有机质含量、湿度等特性决定了土壤的自净能力,而土壤的自净能力又是决定地下水脆弱性的一个主要方面。一般来说,土壤层厚度越厚,有机质含量越大,土壤的自净能力越强,地下水脆弱性越弱;反之,则地下水脆弱性越强(刘仁涛,2007)。

⑤地形坡度(T)

地形坡度影响地表污染物渗透至地下水中的浓度。坡度较小时,地表径流流速缓慢,污染物渗入地下的机会大,地下水脆弱性高;所以评价体系把地形坡度纳入其中予以参考。

⑥渗流区介质类型(I)

渗流区(包气带)是土壤和含水层之间的介质,它通过渗流区介质类型这一指标反映包气带对地下水脆弱性的影响,是地下水与大气圈、地表水系统及生态系统相互联系的纽带,是污染物进入地下含水层的必要途径。包气带的特征对地下水脆弱性程度起决定性作用,污染物经过保护层时产生一系列的物理、化学和生物作用,可降低污染物浓度,从而有效地降低污染物质向下渗透迁移。包气带介质颗粒越细、粘粒含量越高,其渗透性越差,吸附净化能力越强,污染物向下迁移能力就越弱,地下水抗污染能力越强,地下水脆弱性越弱;反之,地下水脆弱性越强。

⑦含水层水力传导系数(C)

水力传导系数反映含水介质的水力传输性能。在一定的水力梯度下它控制着地下水的流动速率,而地下水的流动速率控制着污染物进入含水层之后在含水层内迁移的速率。水力传导系数是由含水层内空隙(包括孔隙、裂隙以及岩溶管道)的大小和连通程度所决定的(粟石军,2008)。影响含水层水力传导系数大小的因素很多,主要取决于含水层中介质颗粒的形状、大小、不均匀系数和水的粘滞性等。水力传导系数越大,地下水越容易被污染,污染物在含水层内的迁移速度越快,地下水脆弱性越高

(2)计算过程与评价结果

首先利用公式(6.1)、(6.2)对下辽河平原 8 个行政分区组成的 8 个样本 7 项指标值进行标准化处理,得标准化矩阵 $(Z_{ij})_{m \times n}$。

$$z_{ij} = \begin{bmatrix} 1.0000 & 0.0001 & 1.0000 & 1.0000 & 0.0001 & 1.0000 & 1.0000 & 1.0000 \\ 0.7297 & 0.0001 & 0.7297 & 0.5946 & 0.0541 & 0.1892 & 0.0001 & 0.5946 \\ 0.0001 & 0.0001 & 0.0001 & 1.0000 & 0.0001 & 0.0001 & 0.0001 & 1.0000 \\ 0.0001 & 1.0000 & 0.0001 & 1.0000 & 1.0000 & 1.0000 & 0.0001 & 1.0000 \\ 0.4167 & 0.0001 & 0.0001 & 0.0001 & 0.5000 & 0.1667 & 0.0001 & 0.0001 \\ 1.0000 & 0.0001 & 1.0000 & 1.0000 & 1.0000 & 1.0000 & 1.0000 & 1.0000 \\ 0.5556 & 1.000 & 0.0001 & 0.0001 & 0.3333 & 0.4444 & 1.0000 & 1.0001 \end{bmatrix}$$

根据式6.3、式6.4分别计算各项评价指标的信息熵值和客观权重，结果见表6.8，根据式6.5，计算评价指标的组合权重，见表6.9。

表6.8 下辽河平原区评价指标信息熵和客观权重值

指标	含水层厚度	补给量	含水层岩性	土壤介质	地形坡度	包气带介质类型	含水层水力传导系数
信息熵	0.952	0.999	0.997	0.993	0.973	0.983	0.812
权重值	0.163	0.004	0.010	0.025	0.094	0.059	0.644

表6.9 下辽河平原区评价指标组合权重值

指标	主观权重 W_{j1}	客观权重 W_{j2}	组合权重 W_j
地下水埋深	0.219	0.163	0.162
含水层净补给量	0.168	0.004	0.103
含水层岩性	0.132	0.010	0.105
土壤介质类型	0.092	0.025	0.085
地形坡度	0.038	0.094	0.086
包气带介质	0.219	0.059	0.122
含水层水力传导系数	0.132	0.644	0.299

按照公式6.6，对各项评价指标进行加权计算，即可得出研究区各城市 DRASTIC 脆弱性指数值，根据地下水脆弱性评价分级标准，得出各分区的脆弱性等级。下辽河平原区地下水固有脆弱性评价结果见表6.10。

表6.10 下辽河平原区地下水固有脆弱性评价结果

评价区域	沈阳	鞍山	抚顺	锦州	营口	辽阳	铁岭	盘锦
脆弱性指数	3.280	3.140	2.716	3.281	3.656	2.904	2.468	3.516
脆弱性等级	3级	3级	3级	3级	4级	3级	2级	4级
脆弱程度	中等脆弱	中等脆弱	中等脆弱	中等脆弱	较高脆弱	中等脆弱	较低脆弱	较高脆弱

根据表6.10，结合下辽河平原区的实际情况，对研究区地下水固有脆弱性评价结果进行分析，结果表明，下辽河平原地区地下水固有脆弱性程度有：较低脆弱性、中等脆弱性与较高脆弱性。中等脆弱性的地区分布面积较大，有沈阳、鞍山、抚顺、锦州、辽阳。较低脆弱性与较高脆弱性地区的分布面积相对较小，较低脆弱性的地区为铁岭；较高脆弱性的地区为盘锦。相对较高脆弱性的地区主要分布在盘锦、鞍山一带，这些地区地处滨海三角洲平原

附近，渗流区介质防渗作用差，含水层透水性好是该区域地下水脆弱性高的主要原因。地下水固有脆弱性中等的地区主要分布在沈阳、抚顺、辽阳鞍山一带。这些区域地处辽河冲积平原，地形平缓，径流不畅，上覆亚黏土和亚砂土，渗流区介质防渗作用一般。地下水固有脆弱性较低的区域是铁岭一带。该区地处辽北丘陵山麓坡洪积平原，渗流区厚度大，上覆亚黏土或黏土层，防渗作用较强，脆弱性较低。

6.3 下辽河平原各区地下水资源价值评价

基于地下水资源的有限性和对地下水资源供需矛盾的分析，地下水资源同其他自然资源一样具有经济价值。水资源价值系统是一个受社会、经济、自然条件、生态环境制约的复杂系统。水资源价值研究是水资源经济管理的重要内容，可以缓解水危机，对水资源的永续利用和社会、经济、生态和谐共处都具有重要意义。

6.3.1 地下水资源价值评价指标体系的建立

（1）指标体系的建立原则

地下水资源价值评价指标体系作为一种政策性的导向，应以人与自然和谐发展为准则，考虑到人口、经济、社会、资源和生态环境的协调发展。建立地下水资源价值指标体系时，要使所建立的指标体系能够全面准确地反映地下水资源价值的现状和变化情况，选取的指标是所有指标中最具代表性、最便于度量和独立的主导性指标。确定完整的地下水资源价值评价指标体系应遵循以下原则。

①可持续性原则

地下水资源价值评价既是理论问题，也是实践问题，其指标体系的建立必须遵循水资源的可持续利用与管理的基本理论，遵循科学发展规律。采用科学的方法，遵循可持续性原则，结合研究区社会经济发展的现状，真实有效地做出评价，实现地下水资源的科学永续利用。

②系统性原则

地下水系统是一个由众多因子构成的复杂大系统，又是人与自然大系统中的一个子系统。系统中各子系统、各要素之间相互影响、相互制约。地下水资源价值评价指标体系必须基于多因素来进行综合评价，以系统思想为指导。

③指标定量化和可操作性原则

指标体系的建立是为决策的制定和科学管理服务，评价指标不能脱离相关资料信息的实际情况，因此，可操作性在指标的选取中意义重大。可操作性是指评价指标的参数应易于获取、相关信息易于量化，便于计算与分析，具有可评价性和可比性。

④动态性和敏感性原则

地下水系统是一个受自身因素和人为作用而不断发生变化的动态系统。在建立指标体系时，要充分考虑区域社会经济的发展特点，同自然生态环境的区域性结合起来，建立相应的指标体系。当社会经济发生变化时，这些指标也要有明显的变动，地下水资源价值评价指标体系的选取应具有对地下水系统变化的敏感性。

⑤时空差异性

评价因子的指标值随时间和空间的不同而不同，指标体系的建立要同区域性结合起来。

因此所选的指标及其标准值必须根据区域和时间的不同有相应的变化，力求空间和时间的统一。

（2）地下水资源价值评价指标体系的建立

选取合理的评价指标体系，准确提取各指标的性状参数并赋予其科学的评价标准，才能使评价结果真实、客观（李绍飞，2003）。地下水资源能满足人类的生命需求，能促进经济发展，能维持生态环境平衡，具有使用价值、经济价值和生态环境价值。因此地下水资源价值受社会，经济、生态环境等多方面的制约。本研究通过理论分析、文献调研和经验借鉴相结合的方法，根据评价指标选取时应遵循的代表性、可定量性、独立性和简易性原则（姜文来，1998），以分析地下水资源价值的影响因素为基础，建立地下水资源价值评价指标体系。地下水资源价值评价指标体系由 3 个层次构成：目标层、准则层和指标层。地下水资源价值评价的目的是综合评价地下水系统的价值水平，因此目标层即为地下水资源价值评价；用地下水资源价值的影响因素（自然、社会、经济和生态环境）作为准则层。建立的评价指标体系如图 6.4 所示，各评价指标所表征的意义见表 6.11。

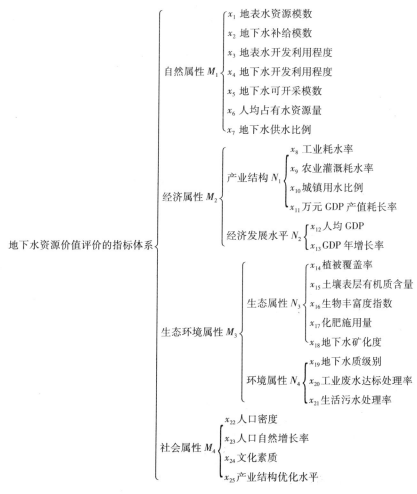

图 6.4 地下水资源价值评价指标体系

表 6.11　地下水资源价值评价指标的涵义

评价指标	单位	涵义	指标说明
x_1 地表水资源模数	$10^4 m^3/(km^2 \cdot a)$	表征地下水系统状态变化对地表径流的响应程度	正向指标
x_2 地下水补给资源模数	$10^4 m^3/(km^2 \cdot a)$	表征地下水的可再生性能	正向指标
x_3 地下水可开采模数	$10^4 m^3/(km^2 \cdot a)$	表征地下水抵抗外界胁迫的能力	正向指标
x_4 地表水开发利用程度	%	表征人类活动对地表水系统的胁迫程度	负向指标
x_5 地下水开发利用程度	%	表征人类活动对地下水系统的胁迫程度	负向指标
x_6 地下水供水比例	%	表征地下水系统的供水能力	负向指标
x_7 人均占有水资源量	m^3	表征水资源供给能力	正向指标
x_8 工业耗水率	%	表征人类生产活动对地下水环境的胁迫能力	负向指标
x_9 农田灌溉耗水率	%	表征人类生产活动对地下水环境的胁迫能力	负向指标
x_{10} 城镇用水比例	%	表征人类生产活动对地下水环境的胁迫能力	负向指标
x_{11} 万元 GDP 耗水量	$m^3/$万元	表征人类活动对地下水系统的胁迫强度	负向指标
x_{12} 人均 GDP	元/人	表征地下水环境胁迫因素的变化强度	正向指标
x_{13} GDP 增长率	%	表征人类生产活动对地下水环境的胁迫能力	正向指标
x_{14} 植被覆盖率	%	表征地下水系统的稳定性对地表生态环境的胁迫	正向指标
x_{15} 土壤含盐量	%	表征地下水位、水质的稳定性	负向指标
x_{16} 生物丰富度指数	%	表征地下水系统的稳定性对表生生态环境的胁迫	正向指标
x_{17} 化肥施用量	%	表征地下水位、水质的稳定性	负向指标
x_{18} 地下水矿化度	g/L	表征地下水的资源供给功能、水的用途	负向指标
x_{19} 地下水质综合评分	无量纲	表征地下水的资源供给功能、水的用途	负向指标
x_{20} 工业废水达标处理率	%	表征人类活动对水环境的胁迫	正向指标
x_{21} 生活污水处理率	%	表征人类活动对水环境的胁迫	正向指标
x_{22} 人口密度	人/km^2	表征地下水环境胁迫因素的变化强度	负向指标
x_{23} 人口自然增长率	%	表征地下水环境胁迫因素的变化强度	负向指标
x_{24} 人口素质	%	表征地下水环境胁迫因素的变化强度	正向指标
x_{25} 产业结构优化水平	%	表征人类活动对地下水系统的胁迫强度	正向指标

①自然属性

地下水是自然界的产物,自然因素是决定地下水资源价值的重要因素之一。自然属性决定了地下水资源的分布、数量、开发利用条件与特性,是衡量一个地区地下水丰富程度和可再生能力的重要指标。

②生态环境属性

地下水系统是生态环境的重要组成部分,地下水资源生态环境属性主要体现在维持地表生态格局向良性方向发展和维持地质环境稳定等。

③社会属性

社会属性在地下水资源价值评价中也不可忽视,公平性是地下水资源社会属性的首要特征,主要包括人口、文化素质、政策、技术等。

④经济属性

经济属性与水资源密不可分,对地下水资源价值具有重要影响,高效性是地下水资源经济属性的集中表达,主要包括产业结构、规模、水资源的开发利用效率、支撑经济可持续发展等方面。

6.3.2　研究区地下水资源价值评价指标选取

根据地下水资源价值评价指标体系,结合研究区的实际情况,选取的评价指标见图 6.5。根据选取的地下水资源价值评价指标,参照《辽宁省年鉴》、《辽宁省水资源公报》确定下辽河平原地区各个行政区地下水资源价值的各项指标值,见表 6.12。

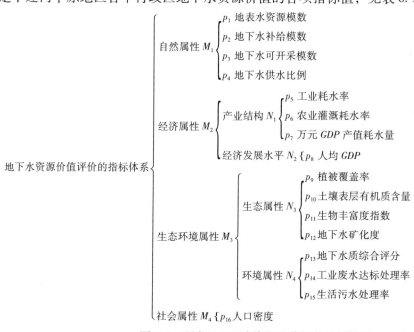

图 6.5　研究区地下水资源价值评价指标体系

表 6.12　下辽河平原地区地下水资源价值评价各指标值

行政区域 指标及单位	沈阳	鞍山	抚顺	锦州	营口	辽阳	铁岭	盘锦
P_1 地表水资源模数/[$10^4 m^3/(km^2 \cdot a)$]	7.63	22.45	21.21	6.10	11.30	14.86	5.64	13.93
P_2 地下水资源模数 [$10^4 m^3/(km^2 \cdot a)$]	17.71	9.82	4.75	8.73	5.15	18.66	5.76	9.46
P_3 地下水可开采模数/[$10^4 m^3/(km^2 \cdot a)$]	17	12	1	8	3	13	6	4
P_4 地下水供水比率/%	72.93	69.17	7.28	94.62	22.86	44.31	9.41	50.90
P_5 工业耗水率/%	16.27	46.90	67.42	52.91	20.92	68.42	18.78	45.63
P_6 农业灌溉耗水率/%	1289.60	1080.46	978.03	548.44	1529.10	2811.01	711.17	250.89
P_7 万元 GDP 产值耗水率/%	77	72	13	14	14	24	30	108
$P8$ 人均 GDP/(万元)	5.42	4.58	2.96	2.23	3.02	3.09	5.12	1.75
P_9 植被覆盖率/%	51.54	61.29	19.99	54.08	48.15	49.96	41.61	62.14
P_{10} 土壤表层有机质含量/%	1.75	2.25	1.75	1.25	2.25	1.75	1.75	1.5
P_{11} 生物丰富度指数/%	36.26	45.54	15.5	48.89	45.4	34.38	38.99	54.31
P_{12} 地下水矿化度/(g/L)	1.16	0.03	0.35	1.05	0.79	1.06	2.0	0.88

续表

行政区域 指标及单位	沈阳	鞍山	抚顺	锦州	营口	辽阳	铁岭	盘锦
P_{13} 地下水质综合评分/无量纲	5	4	4	2	5	5	4	3
P_{14} 工业废水达标处理率/%	91.46	95.51	95.04	96.30	99.69	91.38	85.28	78.73
P_{15} 生活污水处理率/%	76.6	29.25	56.88	51.5	51	79.64	53.58	83.51
P_{16} 人口密度/(人/km²)	547	379	198	318	175	385	319	236

注：数据来源于《辽宁省年鉴》、《辽宁省水资源公报》。

6.3.3 基于突变理论的下辽河平原地下水资源价值评价与结果分析

（1）初等突变模型归一化

基于突变理论的多准则评价方法，通过对分歧集的归一化处理，得到指标的突变模糊隶属度，这种方法不需要确定各个指标因素的权重，但要区分各个指标因素的主次关系。几种突变模型的归一方程为：

折叠突变模型的归一化方程是：$x_a = \sqrt{a}$ (6.7)

尖顶突变模型的归一化方程是：$x_a = \sqrt{a}$，$x_b = \sqrt[3]{b}$ (6.8)

燕尾突变模型的归一化方程是：$x_a = \sqrt{a}$，$x_b = \sqrt[3]{b}$，$x_c = \sqrt[4]{c}$ (6.9)

蝴蝶突变模型的归一化方程是：$x_a = \sqrt{a}$，$x_b = \sqrt[3]{b}$，$x_c = \sqrt[4]{c}$，$x_d = \sqrt[5]{d}$ (6.10)

经过归一化处理后的状态变量和控制变量的取值均在 0~1 的范围内，称其为突变模糊隶属度函数，这是突变多准则评价方法的核心部分。其中，进行综合评价时比较常用的归一化公式是尖顶型突变、燕尾型突变和蝴蝶型突变模型。

（2）评价原则

利用突变理论模型进行评价决策时，根据实际情况可采用非互补准则、互补准则、过阈互补准则三种不同准则。

（3）突变级数转换

地下水资源价值评价指标有正向指标和负向指标之分。正向指标是指标值越大越好，即指标值越大地下水资源价值越高；负向指标是指标值越小越好，即指标值越小地下水资源价值越高。为了使正向指标和负向指标具有可比性，需要对指标进行标准化处理，采用突变模糊隶属度函数对原始数据进行处理，将所有数据转换为 0~1 的突变级数（葛书龙等，1996）。

对越大越优型指标：

$$Y = \begin{cases} 1 & X \geqslant a_2 \\ (X - a_1)/(a_2 - a_1) & a_1 < X < a_2 \\ 0 & 0 \leqslant X \leqslant a_1 \end{cases} \qquad (6.11)$$

对越小越优型指标：

$$Y = \begin{cases} 1 & 0 \leqslant X \leqslant a_1 \\ (a_2 - X)/(a_2 - a_1) & a_1 < X < a_2 \\ 0 & a_2 \leqslant X \end{cases} \qquad (6.12)$$

对适中型指标：

$$Y = \begin{cases} 2(X - a_1)/(a_2 - a_1) & a_1 \leqslant X \leqslant a_1 + (a_2 - a_1)/2 \\ 2(a_2 - X)/(a_2 - a_1) & a_1 + (a_2 - a1)/2 \leqslant X \leqslant a_2 \\ 0 & X > a_2 \text{ 或 } X < a_1 \end{cases} \quad (6.13)$$

式中 a_1 和 a_2 表示函数的上界、下界。可以对各个定量指标的上下界取一适当范围，即在各定量指标最大、最小值基础上增减其本身的10%作为该定量指标的上下界。根据式（6.11）~式（6.13）对下辽河平原地区地下水资源价值评价的指标值进行突变级数转化，其结果见表6.13。

表6.13　下辽河平原地区地下水资源价值评价指标转化值

城市 指标	沈阳	鞍山	抚顺	锦州	营口	辽阳	铁岭	盘锦
P_1 地表水资源模数	0.1302	0.8856	0.8224	0.0522	0.3172	0.4987	0.0287	0.4513
P_2 地下水资源模数	0.8267	0.3412	0.0292	0.2741	0.0538	0.8852	0.0914	0.3191
P_3 地下水可开采模数	0.9045	0.6236	0.0056	0.3989	0.1180	0.6798	0.2865	0.1742
P_4 地下水供水比例	0.3194	0.3580	0.9925	0.0970	0.8328	0.6129	0.9707	0.5453
P_5 工业耗水率	0.9732	0.4679	0.1294	0.3687	0.8965	0.1129	0.9318	0.4888
P_6 农业灌溉耗水率	0.6289	0.7018	0.7376	0.8874	0.5453	0.0981	0.8307	0.9912
P_7 万元 GDP 产值耗水率	0.3903	0.4370	0.9879	0.9785	0.9785	0.8852	0.8291	0.1008
P_8 人均 GDP	0.8765	0.6850	0.3157	0.1493	0.3294	0.3453	0.8081	0.0399
P_9 植被覆盖率	0.6661	0.8597	0.0397	0.7166	0.5988	0.6348	0.4690	0.8766
P_{10} 土壤表层有机质含量	0.5370	0.1667	0.5370	0.9074	0.1667	0.5370	0.5370	0.7222
P_{11} 生物丰富度指数	0.4872	0.6899	0.0338	0.7630	0.6868	0.4462	0.5468	0.8814
P_{12} 地下水矿化度	0.4786	0.9986	0.8514	0.5292	0.6489	0.5246	0.0920	0.6075
P_{13} 地下水质综合评分	0.1351	0.4054	0.4054	0.9459	0.1351	0.1351	0.4054	0.6757
P_{14} 工业废水达标处理率	0.5310	0.6354	0.6232	0.6557	0.7431	0.5289	0.3717	0.2029
P_{15} 生活污水处理率	0.7671	0.0446	0.4662	0.3841	0.3765	0.8135	0.4159	0.8726
P_{16} 人口密度	0.1231	0.5014	0.9088	0.6387	0.9606	0.4878	0.6364	0.8233

（4）计算过程与评价结果

根据突变模型的归一化公式逐步向上综合，直到最顶层评价体系，以沈阳市为例，具体计算过程如下：

指标层 P 中，指标 P_1、P_2、P_3、P_4 构成蝴蝶型突变，利用公式6.10有：

$$x_{p_1} = \sqrt{0.1302} = 0.3608, \quad x_{p_2} = \sqrt[3]{0.8267} = 0.9385$$

$$x_{p_3} = \sqrt[4]{0.9045} = 0.9752, \quad x_{p_4} = \sqrt[5]{0.3194} = 0.7959$$

因为指标 P_1、P_2、P_3、P_4 符合非互补的"大中取小"原则，取 $x_{M1} = 0.3608$。

指标 P_5、P_6、P_7 构成燕尾型突变，利用公式6.9有

$$x_{p_5} = \sqrt{0.9732} = 0.9865, \quad x_{p_6} = \sqrt[3]{0.6289} = 0.8567, \quad x_{p_7} = \sqrt[4]{0.3903} = 0.7904$$

因为指标 P_5、P_6、P_7 符合互补原则，按平均值的原则，取 $x_{N1} = 0.887$

指标 P_8 构成折叠型突变，利用公式 6.7 有

$$x_{p_8} = \sqrt{0.8765} = 0.9362, \quad 则 \ x_{N2} = 0.9362$$

指标 P_9、P_{10}、P_{11}、P_{12} 构成蝴蝶型突变，利用公式 6.10 有

$$x_{p_9} = \sqrt{0.6661} = 0.8162, \quad x_{p_{10}} = \sqrt[3]{0.5370} = 0.8128$$

$$x_{p_{11}} = \sqrt[4]{0.4872} = 0.8355, \quad x_{p_{12}} = \sqrt[5]{0.4786} = 0.8630$$

因为指标 P_9、P_{10}、P_{11}、P_{12} 符合非互补的"大中取小"原则，取 $x_{N3} = 0.8128$

指标 P_{13}、P_{14}、P_{15} 构成燕尾型突变，利用公式 6.9 有

$$x_{p_{13}} = \sqrt{0.1351} = 0.3676, \quad x_{p_{14}} = \sqrt[3]{0.5310} = 0.8098, \quad x_{p_{15}} = \sqrt[4]{0.7671} = 0.9359$$

因为指标 P_{13}、P_{14}、P_{15} 符合互补的均值原则，取 $x_{N4} = 0.7044$。

指标 P_{16} 构成折叠型突变，利用公式 6.7 有 $x_{p_{16}} = \sqrt{0.1231} = 0.3509$，则取 $x_{M_4} = 0.3509$。

准则层 N 中的 N_1、N_2 构成尖点型突变，利用公式 6.8 有 $x_{N_1} = \sqrt{0.8779} = 0.9370$，$x_{N_2} = \sqrt[3]{0.9632} = 0.9783$，因为指标 N_1、N_2 符合非互补的"大中取小"原则，取 $x_{M_2} = 0.9730$

准则层 N 中的 N_3、N_4 构成尖点型突变，利用公式 6.8 有 $x_{N_3} = \sqrt{0.8128} = 0.9016$，$x_{N_4} = \sqrt[3]{0.7044} = 0.8898$，因为指标 N_3、N_4 符合互补原则，按平均值的原则，取 $x_{M_3} = 0.8957$。

总目标层是由 M_1、M_2、M_3、M_4 构成的蝴蝶型突变，利用公式 6.10 有

$$x_{M_1} = \sqrt{0.3608} = 0.6007, \quad x_{M_2} = \sqrt[3]{0.9730} = 0.9909$$

$$x_{M_3} = \sqrt[4]{0.8957} = 0.9728, \quad x_{M_4} = \sqrt[5]{0.3509} = 0.8110$$

由于 M_1、M_2、M_3、M_4 符合互补均值原则，取 $x_M = 0.6361$。即沈阳市地下水资源价值突变隶属度为 0.6361。依此类推，可计算其他城市地下水资源价值评价的突变隶属度值，称其为地下水资源价值指数（表 6.14），地下水资源价值综合评价结果见表 6.15。

表 6.14 下辽河平原地区各城市地下水资源价值评价指标的突变隶属度

区域 指标	沈阳	鞍山	抚顺	锦州	营口	辽阳	铁岭	盘锦
P_1 地表水资源模数	0.3608	0.9410	0.9068	0.2285	0.5632	0.7062	0.1696	0.6718
P_2 地下水资源模数	0.9385	0.6988	0.3080	0.6496	0.3776	0.9602	0.4504	0.6833
P_3 地下水可开采模数	0.9752	0.8886	0.2738	0.7947	0.5861	0.9080	0.7316	0.6460
P_4 地下水供水比例	0.7959	0.8143	0.9985	0.6271	0.9641	0.9067	0.9941	0.8858
P_5 工业耗水率	0.9865	0.6840	0.3597	0.6072	0.9468	0.3360	0.9653	0.6992
P_6 农业灌溉耗水率	0.8567	0.8887	0.9035	0.9610	0.8170	0.4612	0.9400	0.9971
P_7 万元 GDP 产值耗水率	0.7904	0.8130	0.9970	0.9946	0.9946	0.9700	0.9542	0.5635
P_8 人均 GDP	0.9362	0.8276	0.5619	0.3864	0.5739	0.5877	0.8989	0.1997
P_9 植被覆盖率	0.8162	0.9272	0.1992	0.8465	0.7738	0.7967	0.6848	0.9363
P_{10} 土壤表层有机质含量	0.8128	0.5503	0.8128	0.9681	0.5503	0.8128	0.8128	0.8972
P_{11} 生物丰富度指数	0.8355	0.9114	0.4289	0.9346	0.9104	0.8173	0.8599	0.9689
P_{12} 地下水矿化度	0.8630	0.9997	0.9683	0.8805	0.9171	0.8790	0.6206	0.9051
P_{13} 地下水质综合评分	0.3676	0.6367	0.6367	0.9726	0.3676	0.3676	0.6367	0.8220

区域 指标	沈阳	鞍山	抚顺	锦州	营口	辽阳	铁岭	盘锦
P_{14}工业废水达标处理率	0.8098	0.8597	0.8542	0.8688	0.9058	0.8087	0.7190	0.5876
P_{15}生活污水处理率	0.9359	0.4596	0.8263	0.7873	0.7833	0.9497	0.8030	0.9665
P_{16}人口密度	0.3509	0.7081	0.9533	0.7992	0.9801	0.6985	0.7978	0.9073
N_1产业结构	0.9370	0.8918	0.8680	0.9243	0.9589	0.7675	0.9763	0.8679
N_2经济发展水平	0.9783	0.9389	0.8252	0.7284	0.8310	0.8376	0.9651	0.5845
N_3生态属性	0.9016	0.7418	0.4463	0.9201	0.7418	0.8926	0.8275	0.9472
N_4环境属性	0.8898	0.8671	0.9175	0.9569	0.8818	0.8916	0.8961	0.9252
M_1自然属性	0.3608	0.6988	0.2738	0.2285	0.3776	0.7062	0.1696	0.6460
M_2经济属性	0.9370	0.8918	0.8252	0.7284	0.8310	0.7675	0.9651	0.5845
M_3生态环境属性	0.8957	0.8045	0.6819	0.9385	0.8118	0.8921	0.8618	0.9362
M_4社会属性	0.3509	0.7081	0.9533	0.7992	0.9801	0.6985	0.7978	0.9073

表 6.15　下辽河平原区地下水资源价值评价结果

评价区域	沈阳	鞍山	抚顺	锦州	营口	辽阳	铁岭	盘锦
地下水资源价值指数	0.6361	0.7758	0.6835	0.6736	0.7501	0.7661	0.6986	0.7685
价值等级	3	4	3	3	4	4	3	4
价值水平	中等	较高	中等	中等	较高	较高	中等	较高

结合研究区下辽河平原的实际情况，参考同类地下水资源价值研究和风险研究的评价标准，确定了适合本次研究的评价分级标准，其地下水资源价值评价等级划分标准见表 6.16。

表 6.16　地下水资源价值评价等级划分标准

价值等级	1	2	3	4	5
地下水资源价值指数标准值	0~0.3	0.3~0.5	0.5~0.7	0.7~0.9	0.9~1.0
地下水资源价值水平	低	较低	中等	较高	高

根据下辽河平原地区各市地下水资源价值指数，参照地下水资源价值评价分级标准，得出下辽河平原区地下水系统各分区的价值等级与价值水平，见表 6.15。

（5）评价结果分析

结合研究区的实际情况，分析下辽河平原区各市地下水资源价值评价等级可知：下辽河平原区地下水资源价值为中等等级和较高等级。价值等级中等的地区有沈阳、抚顺、锦州、铁岭；价值等级较高的地区有鞍山、营口、辽阳和盘锦。中等与较高的地区分布面积大体相当。通过分析可知，下辽河平原地区地下水资源并不丰富，开发利用程度较高，人均地区生产总值中等偏高，地下水作为生产要素参与工业和农业等生产活动创造的价值较高；人口密度很高，加剧了供需矛盾突出，以上是研究区地下水资源价值中等偏高的主要原因。

6.4 下辽河平原各区地下水污染风险评价

6.4.1 地下水污染风险评价过程

通过前面对地下含水层系统固有抵御污染的能力以及污染受体污染后将要造成损害程度的全面分析，依据地下水风险表达式6.14，综合两者即可得到下辽河平原区各市的地下水污染风险指数。其值越大，地下水遭受污染风险的相对性越高。

$$R = D \times V \tag{6.14}$$

式中：R 为地下水污染风险指数；D 为含水层固有脆弱性指数；V 为地下水资源价值指数。

借鉴相关风险性研究成果，本研究将地下水污染风险分为微险，轻险，中险，重险，特险5个等级。地下水污染风险指数标准值的确定由地下水固有脆弱性指数标准值的最值和地下水资源价值指数标准值的最值相乘获得。地下水污染风险等级划分标准见表6.17，各分区地下水固有脆弱性指数值、地下水资源价值指数值和地下水污染风险指数值见表6.18，图6.6～图6.8。根据地下水污染风险的等级划分标准，对研究区各分区进行风险等级划分，为管理部门制定相关政策提供科学合理的依据和决策信息。

表6.17 地下水污染风险等级划分标准

级别	I 级	II 级	III 级	IV 级	V 级
地下水固有脆弱性指数标准值	0～1.5	1.5～2.5	2.5～3.5	3.5～4.5	4.5～5.0
地下水资源价值指数标准值	0～0.3	0.3～0.5	0.5～0.7	0.7～0.9	0.9～1.0
地下水污染风险指数标准值	0～0.45	0.45～1.25	1.25～2.45	2.45～4.05	4.05～5
风险等级	微险	轻险	中险	重险	特险

表6.18 下辽河平原区各市污染风险指数值

城市 / 指数值	沈阳	鞍山	抚顺	锦州	营口	辽阳	铁岭	盘锦
地下水固有脆弱性指数值	3.280	3.140	2.716	3.281	3.656	2.904	2.468	3.516
地下水资源价值指数值	0.636	0.776	0.684	0.674	0.750	0.766	0.699	0.769
地下水污染风险指数值	2.09	2.54	2.24	2.21	2.46	2.51	2.29	2.52
风险级别	3级	4级	3级	3级	4级	4级	3级	4级
风险等级	中险	重险	中险	中险	重险	重险	中险	重险

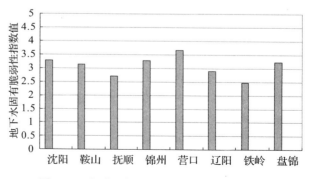

图6.6 下辽河平原区地下水固有脆弱性指数

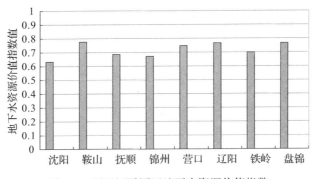

图6.7　下辽河平原区地下水资源价值指数

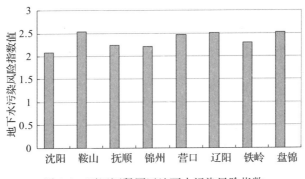

图6.8　下辽河平原区地下水污染风险指数

6.4.2　评价结果分析

下辽河平原各分区地下水污染风险评价结果表明下辽河平原区主要为中等风险区和重风险区。中等风险区有：沈阳、抚顺、锦州和铁岭。重风险区有：鞍山、营口、辽阳和盘锦。重风险区大多地处地下水资源价值较高的地区，这些地区地下水创造的经济价值较高，地下水资源保护紧迫性较高。同时，该地区地下水固有脆弱性分级较高，部分中等，抵御污染的能力不高，需要对污染源进行优先治理。中等风险区地下水保护紧迫性中等偏高，含水层抵御外界污染的能力适中，但仍需注意地下水的有效保护及污染源的合理治理。

6.5　地下水污染风险管理建议

风险管理的目标是减少地下水可能遭受污染的概率，风险评价是风险管理的基础，为管理部门制定相关政策提供科学合理的决策依据，维护风险受害体的利益。加强地下水污染风险的评价，对于地下水资源的有效保护和永续利用以及保护生态环境平衡和避免经济损失等具有现实意义。根据本次研究的评价结果，结合下辽河平原区的具体情况，提出以下几点建议供决策者参考。

（1）实行区域规划

实现风险管理，首先要对研究区进行必要的区域规划。结合研究区的社会效益、经济效益、环境效益，通过区域管理研究，优化区域产业结构和布局；明确引资方向和项目，引入低污染、低消耗、高产出的高科技企业，以减少对下辽河平原区的污染负荷（郭先华，2008）。下辽河平原是辽宁省重要的农业种植基地，每年农业用水总量占总用水总量的60%左右，积极调整改变传统的种植结构，大力发展节水农业。南部滨海平原如锦州、营口、盘锦等近海地区，海水利用潜力巨大，今后应加大科技投入，增加海水资源利用量。铁岭市和抚顺市降水量较多，可以将雨水处理后用于绿化、泼洒抑尘等对水质要求相对较低的地方。同时兼顾地下水资源保护，实现社会、经济、环境协调发展并同步进行，使有限的地下水资源达到最合理的利用状态，发挥出更大的效益。

（2）加强污染源的动态监测与治理

防治地下水污染问题，首先要控制污染源的污水排放量和达标率，加强对地下水污染源（特别是对排污大户）的动态监测，可以减少地下水的潜在污染源以减轻地下水的污染负荷。沈阳、鞍山、抚顺等城市是下辽河平原工业用水的主要集中地，也是排污的主要集中地，加强对这些城市排污量较大的工矿业和农耕中农药化肥的广泛使用等进行在线实时监测，可以确保工矿业污染源达标排放，促进发展推广生态农业、绿色农业。

（3）优化地下水质监测系统

地下水质是地下水是否污染的直接表达，进行地下水质监测可以及时了解区域地下水质的动态信息，是进行水资源管理工作的基本组成部分。发达国家已经实现了自动监测，而我国的地下水资源监测工作还很薄弱，目前面临的首要问题是监测问题。因此，应加大资金的投入来完善监测系统，加强地下水质监测工作，避免地下水资源管理的盲目性和粗放性。

（4）提高地下水资源利用率

下辽河平原地区地下水采补失衡引起该区域严重的生态环境地质问题和社会经济问题。提高地下水资源的利用率与效益，可以缓解严峻的地下水资源短缺的压力。在沈阳、鞍山等经济技术条件优越的地方应提高污水资源的利用率，经处理后的水资源可用于喷灌农田、道路泼洒和工业用水等方面。合理配置地下水资源，充分考虑社会效益、经济效益、环境效益与企业和公众有机结合，使其分配到具有更大的经济效益和社会效益的用水行业和用水户中，以达到最合理的利用状态。限制地下水的过量开采，合理调整并适当淘汰高耗水工业，逐步引进低耗水高效益工业，大力开发各类用水产业资源节约型工艺和技术，通过节水的方式来提高地下水资源的利用率，保证地下水资源供给与经济和谐发展。农业发展则要同时考虑水资源、土地资源的匹配，保证粮食的产量、种类及粮食安全。

（5）确立合理水价和水价管理机制

地下水资源的有限性决定了它具有经济属性、商品属性，因而具有价值与价格。确定合理的价格水平，建立灵活的水价机制（包括水资源费、供水水价和排污费），是地下水资源利用的核心问题，对确保水资源的有效永续利用和社会经济发展等也具有重要的实际意义。

（6）健全法制法规建设，加强行政管理体系

科学完整的法律法规体系、秉公高效的行政执法部门和公民严格的遵从执行三者紧密结合，是确保水资源公平合理的运行的必要手段。其次，地下水资源的利用涉及环保、林业、农业、经济计划管理、法律等多个部门，缺一不可。部门之间的交流、合作、协调一致，是实现水资源的永续利用、人水和谐共处的必要条件。同时，在水资源管理中，要加强宣传力度，树立人与自然和谐共处的新理念，加强公众的节水意识。

第 7 章　下辽河平原浅层地下水污染风险评价及空间热点分析

7.1　地下水污染风险评价理论

7.1.1　地下水污染风险的内涵

　　风险表示在特定环境下一定时间内某种损失或破坏发生的可能性,由风险因素、风险受体、风险事故、风险损失组成(曹黎明,2009)。当前较为通用的风险定义为:风险 R 是事故发生概率 P 与事故造成的环境(或健康)后果 C 乘积,即:$R = P \times C$。地下水污染风险虽然没有一个公认的概念体系,但经过国内外学者的不断探索,其概念逐渐变得全面、科学与系统。自 20 世纪 60 年代法国学者 Margat 提出地下水脆弱性一词,之后众多学者进行了改进(孙才志等,1999)。期间,胡二邦(2000)将地下水污染风险定义为由自发的自然原因或人类活动引起,通过地下水环境介质传播,能对人类社会及环境产生破坏、损害等不良影响后果事件的发生概率及其后果。Morris 等(2006)指出地下水污染风险是指含水层中地下水由于人类活动导致遭受污染达到不可接受水平的可能性,是含水层污染脆弱性与人类活动造成的污染负荷之间相互作用的结果。周仰效等(2008)用地下水污染的概率与污染后果的乘积来表示污染风险。本次研究在参考文献胡二邦(2000)、Morris 等(2006)和周仰效等(2008)的基础上,将地下水污染风险理解为在地下水的开发利用过程中由于自然环境变化和人类活动的干预,超出了地下水的调节范围,可能导致地下水功能削弱或者丧失,是地下水污染概率与污染后果的综合。用地下水的本质脆弱性与地下水的外界胁迫性来表示地下水发生污染事件的概率,用地下水价值功能性来表示地下水发生污染的预期损害。地下水污染风险性高是指高价值功能性的地下水会受到高等级污染源的侵害可能性大、灾害性高(于勇等,2013)。

　　本质脆弱性一定程度上反映了污染物到达含水层的速度以及地下水系统消纳污染物能力的速度,也称作为地下水易污性,是由地下水位埋深、渗流区介质、含水层水力传导系数等多方面决定(梁婕,2009)。地下水外界胁迫性表征人类活动产生的污染源以及开发过程中对地下水天然流场的影响,具有动态性与可控性,是地下水受到外界干扰时敏感性的体现(张丽君,2006)。外界胁迫性的大小是由污染源类型、规模大小以及运移转化规律决定的。地下水价值功能性是对污染事件后果的衡量,包括地下水的原生价值,经济价值以及维持生态与环境的价值。

7.1.2　地下水污染风险的属性内涵

　　风险具有客观性、不确定性和发展性的特征。因此,地下水污染风险的属性特征应包括:
　　①自然属性:地下水系统自身对外界污染胁迫具有一定的抵御与恢复能力,当污染物浓

度未超出地下水系统可接纳范围时，可通过自身调节恢复到平衡状态，其恢复与调节能力的大小取决于含水层自然条件。自然环境具有敏感性，对外界的危害信息能够及时地做出反馈，污染事故发生时首当其中的就是自然环境。

②社会属性：地下水污染风险的产生受人类活动的广泛影响。人类不合理的生产与生活方式，产生了大量污染物，也破坏了地下水环境，改变入渗、补给、径流等地下水循环过程。污染事故发生时首先破坏的是自然环境，但是污染事故作用的终点却是人类社会，甚至它的影响不仅作用于当代人的生命财产安全，往往还超出了人类代际间的范畴。

③不确定性：地下水污染风险涉及多个因素与多个变量，它的不确定性是地下水系统客观随机特性的表现形式，包括系统变量的不均一性以及风险发生时间与空间上的不确定性。除此之外，人类认知的局限性也加大了地下水污染风险的不确定性。

④动态性：地下水系统是一个巨大的动态开放系统，补给、径流与排泄过程保证了水量的正常循环与迁移，地下水系统环境处于不断更新中，这使得污染风险具有动态性。地质循环、水文循环以及外界因素（气候条件、土地覆被类型、水利工程建设）的变化也增加了地下水的污染风险的动态性特征。

7.1.3　地下水污染风险与污染事故的辩证关系

污染风险并不等于污染事故，因为污染风险发生的可能性往往受到限制，当限制因素消除后，风险才有可能转变为污染事故。污染风险是污染事故的可能性，是一种潜在的危险状态；污染风险累积到临界值时则会演化成污染事故（蒙美芳等，2006）。地下水污染事故会带来人体健康、社会经济、生态环境等多方面的损失（陈靖，2012）。污染风险研究是污染事故预测的基础，是污染事故研究的重要组成部分。污染风险研究并不能完全取代污染事故研究，污染事故研究还包括污染治理、救助与恢复等多方面内容。

地下水污染风险是否会演变为污染事故取决于污染风险的控制过程、传递过程以及污染受体的承载能力。并不是所有的污染风险都会转化为污染事故，除了风险的限制因素以外，地下水污染风险的大小也是污染风险是否转化为污染事故的决定因素（表7.1）。当污染的可能性大，危害性后果大的时候污染风险才能转化为污染事故（曾维华等，2013）。

表 7.1　地下水污染风险转化为污染事故的四种情形

污染可能性	危害性后果	污染事故的爆发	污染可能性	危害性后果	污染事故的爆发
小	小	不爆发	大	小	未必爆发
小	大	可能爆发	大	大	很可能爆发

7.2　下辽河平原浅层地下水污染风险评价

7.2.1　地下水污染风险评价方法与模型构建

（1）评价模型建立

基于灾害理论，参考地下水污染风险概念，提出地下水污染风险计算模型，表达式为：

$$R = (V + T) \times C \tag{7.1}$$

式中：R 表示地下水污染风险值；V 表示地下水的本质脆弱性指数；T 表示地下水外界胁迫性指数；C 表示地下水价值功能性指数。地下水本质脆弱性、外界胁迫性、价值功能性均采用加权综合指数法进行计算：

$$P = \sum_{i=1}^{n} w_i z_i \tag{7.2}$$

式中：P 表示上述各指数得分；w_i 表示评价指标 i 的权重；z_i 表示评价指标 i 的评分。

（2）评价指标的选取

当前国内对地下水污染风险的研究采用指标较多，已取得部分研究成果。依据研究区特点、对地下水污染风险概念等认识的不同，评价指标体系也呈现出差异性。以往的评价指标与研究切入点多利用单一的土地利用评分或针对污染场地来表征地下水污染胁迫性，具有高度模糊性与概括性，未能充分反映人类活动对地下水环境施加的具体污染类型；在地下水价值评价上偏重于水质与水量指标的选取，弱化了地下水资源的经济与生态价值。

指标的性质对反映评价结果的准确性具有重要意义，选取时应遵循全面性、动态性、差异性、可操作性的原则。在综合考虑地下水水文地质状况、地下水系统功能、区域人类活动影响的基础上，本研究从本质脆弱性、外界胁迫性、地下水价值功能性三个方面选取 20 项指标建立了下辽河平原浅层地下水污染风险的指标体系（表7.2）。

表7.2　浅层地下水污染风险评价指标体系

目标层	准则层	准则层	指标类型	单位
浅层地下水污染风险	本质脆弱性	区域自然条件	地形坡度	%
			含水层净补给量	mm
			地下水埋深	m
			土壤介质类型	无量纲
		含水层自然条件	含水层水力传导系数	m/d
			渗流区介质类型	无量纲
			保护层厚度	m
	外界胁迫性	污染负荷	废水污水排放量	t/km^2
			工业固体危险废弃物产生量	t/km^2
			工业二氧化硫排放量	t/km^2
			化肥使用折纯量	t/km^2
			畜禽粪便排泄量	t/km^2
		污染可能	土地利用类型评分	无量纲
			地下水水质超标率	百分比
	价值功能性	原生价值	地下水可开采模数	$10^8 m^3/km^2$
			地下水矿化度	g/L
		经济价值	地下水供水比	%
			人均地下水资源量	$m^3/$人
		生态价值	植被覆盖指数	%
			生物丰富度指数	%

（3）指标权重的确定

评价指标的权重表征了各个指标对于评价结果的相对贡献度，是决定评价结果可靠性的重要方面。在综合层次分析法与熵值法的基础上采用博弈论集结模型形成本研究的组合权重。博弈论集结模型能够在主客观权重中寻找一种协调一致或妥协的关系，即极小化可能的权重与各个基本权重之间的各自偏差（路遥等，2014）。设有 L 种方法对指标层赋权，从而得到 L 个指标权重向量。

$$w_{(k)} = (w_{(k1)}, w_{(k2)} w_{(k3)} \cdots w_{(kn)}), \quad k = 1, 2, 3, \cdots, L \tag{7.3}$$

从而构造出一个基本的权重向量集合 $\{w_1, w_2, w_3, \cdots, w_L\}$。记 L 个权重向量的线性组合为：

$$w = \sum_{k=1}^{L} a_k w_k^T \tag{7.4}$$

式中 a_k 为线性组合系数，w 的全体 $\{w \mid w = \sum_{k=1}^{L} a_k w_k^T, a_k > 0\}$ 表示可能的权重向量集合。根据博弈论集结模型的思想，寻找最满意的权重向量就归结为对式中的 L 个线性组合系数 a_k 进行优化，从而使得 w 与各个 w_k 的离差极小化（刘敦文等，2014）。则推导出的对策模型为：

$$\min \left\| \sum_{j=1}^{L} a_j w_j^T - w_i^T \right\| \quad (i = 1, 2, 3, \cdots, L) \tag{7.5}$$

根据矩阵微分性质可以推出（7.5）的最优化一阶导数为：

$$\sum_{j=1}^{L} a_j w_i w_j^T = w_i w_i^T \quad (i = 1, 2, 3, \cdots, L) \tag{7.6}$$

由（7.6）计算求得 $(a_1, a_2, a_3 \cdots a_L)$，然后对其进行归一化处理，$a_k^* = a_k / \sum_{k=1}^{L} a_k$，进而求得组合权重为：

$$w^* = \sum_{k=1}^{L} a_k^* w_k^T \tag{7.7}$$

将层次分析法与熵值法求得的主观权重、客观权重值带入（7.7）式求出组合权重。

7.2.2 数据处理与遥感影像解译

（1）数据来源与处理过程

本研究选取下辽河平原相关市、县（区）的水文地质数据与社会发展数据进行处理。水文地质数据来源于《辽宁省水资源》、《辽宁省水资源公报》（2013）、《辽宁省国土资源图集》以及监测点多年实测数据。社会发展数据取自《辽宁省环境状况公报》（2013）、《辽宁省统计年鉴》（2013）、《中国水资源公报》（2013）以及研究区内各市县的统计资料。土地利用类型、植被覆盖指数、生物丰富度指数等以遥感影像解译为基础，参考《生态环境状态评价技术规范》获得。

首先将各项指标图层栅格化，运用 ArcGIS 空间分析模块的地图代数（Map Algebra）功能对各个栅格图层的像元值进行计算，得到各个像元的地下水污染风险值，用自然段点法（Nature Break）将风险值分为五类，并进行数据的可视化表达。其次将研究区划分为单元网格，识别研究区内具有统计显著性的热点与冷点的空间分布状况。在热点研究的基础上，利用重心与标准差椭圆探究污染风险热点的主导分布、空间形态以及总体分布范围,进而为分析污染风险的演变趋势做准备。

(2)遥感影像解译

土地利用类型与覆被状况对自然环境有着直接的影响。在水文过程方面,土地利用与覆被的变更对流域水循环以及水质状况有着重要的影响。在湿润气候区过度农垦与砍伐森林,产生土地退化、水质破坏以及打破局地微气候平衡等问题。土地利用与覆被状况和众多人文因子的影响给区域地下水环境的水质水量均带来了较大的压力(刘权等,2007)。因此,本研究将下辽河平原土地利用与覆被状况作为下辽河平原地下水污染风险研究的一个重要方面,通过解译研究区的遥感影像来判读区域的具体土地利用与覆被状况。综合区域土地利用、覆被状况以及人类活动产生的污染源来确定下辽河平原地水污染风险的外界污染胁迫性指数。

遥感与地理信息系统等多种现代技术的发展为土地利用与覆被的研究提供了新的突破点。遥感技术应用到土地利用与覆被的研究中,一方面能够发挥其客观、及时动态的特点,另一方面能够突破土地利用变化研究中时空尺度的限制。本次研究遥感数据来源于美国陆地卫星 Landsate-8(条代号与行编号组合为:119/31、119/32、120/31、120/32)。

表 7.3　Landsate-8(OLI 传感器)所对应的波长范围及空间分辨率

波段编号	波段类型	波长范围(μm)	空间分辨率(m)
OLI-Band-1	蓝光波段	0.433 - 0.453	30×30
OLI-Band-2	蓝绿波段	0.450 - 0.515	30×30
OLI-Band-3	绿波段	0.525 - 0.600	30×30
OLI-Band-4	红波段	0.630 - 0.680	30×30
OLI-Band-5	近红外波段	0.845 - 0.885	30×30
OLI-Band-6	中红外波段	1.560 - 1.660	30×30
OLI-Band-7	中红外波段	2.100 - 2.300	30×30
OLI-Band-8	微米全色波段	0.500 - 0.680	15×15
OLI-Band-9	短波红外波段	1.360 - 1.390	30×30

依托 ENVI5.0、ArcGIS10.2 等遥感与地理信息系统软件,首先将 Landsate-8 标准假彩色影像通过添加控制点的方法进行几何校正与图像增强处理。在参考一级国家土地利用分类标准的前提下,结合 1:100000 辽宁省土地利用现状图(2010)、1:50000 辽宁省地形图进行精细的影像目视解译与监督分类;将下辽河平原土地利用类型划分水田、旱地、建设用地、水体、森林、草地与未利用土地七类;对解译结果的分类精度进行检验合格后得到下辽河平原土地利用类型图(图 7.1);并在此基础上生成各类型的矢量数据图层。

7.2.3　地下水污染风险评价结果与分析

依据建立的评价模型与体系,首先计算了下辽河平原浅层地下水污染风险的子系统值,即本质脆弱性值、外界胁迫性值、以及价值功能性值。在经过细致计算与反复检查的基础上,利用地图代数功能得到了下辽河平原浅层地下水污染风险评价结果(表 7.4),并绘制本质脆弱性、外界胁迫性、价值功能性、地下水污染风险图(图 7.2 ~图 7.5)。

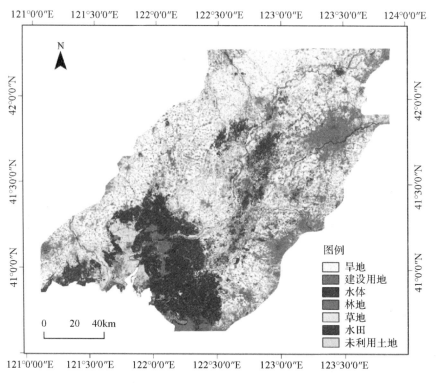

图 7.1 下辽河平原土地利用类型图

表 7.4 下辽河平原浅层地下水污染风险面积比

准则层	低度/%	较低/%	中度/%	较高/%	高度/%
本质脆弱性	7.35	14.22	26.60	28.31	23.52
外界胁迫性	6.19	18.63	11.10	53.46	10.62
价值功能性	16.44	1.61	12.39	30.61	38.95
污染风险	14.43	3.17	12.07	32.47	37.86

（1）本质脆弱性

由图 7.2 与表 7.4 可以看出，地下水本质脆弱性高和较高的区域主要分布在南部滨海平原区、中部新民—辽中平原、台安平原中西部以及西部扇前平原区，占研究区面积的 51.83%。南部滨海区地形坡度小，渗流区介质类型以砂砾为主，保护层厚度小，地下水的自净能力差，含水层对污染的敏感性高；中部新民—辽中平原、台安平原区土壤介质类型以亚砂土和砂砾为主、地下水埋深普遍较浅，其中辽中平原平均地下水埋深为 6.79m，外界污染物很容易进入含水层。中度脆弱区占研究区面积的 26.60%，主要分布于东部扇前平原、浑河冲积平原、太子河冲积平原。因为这些区域多为河流冲积平原，虽然含水层水力传导系数较大，但地下水埋藏较深，地形坡度大，以亚黏土为主的土壤介质类型强化了地下水的自净能力。地下水本质脆弱性低与较低的区域主要集中于东沙河冲积扇、海城河冲积扇、凌海市东部以及部分外围山前冲积平原，占研究区面积的 21.57%。此区域含水层厚度与地下水埋深大、含水层水力传导系数小，外界污染物向下运移时间长，迁移过程中易被地下水稀释，进一步降低了污染物的迁移量和浓度。

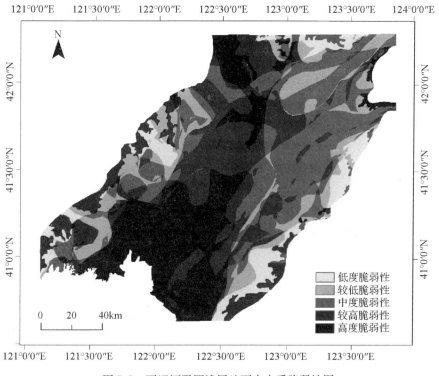

图 7.2　下辽河平原浅层地下水本质脆弱性图

（2）外界胁迫性

地下水污染风险不仅取决于地下水的本质脆弱性，也与外界污染物侵入地下水环境有关。即使一个地区本质脆弱性较大，如果没有明显的外界胁迫存在，那么含水层受污染的可能性也会很小，相反如果有显著地外界胁迫存在，本质脆弱性也高，则含水层发生污染的可能就较大。

根据图 7.3 和表 7.4 可知，研究区内外界胁迫性总体处于中度以上状态。其中高度胁迫性地区占研究区面积的 10.62%，集中分布在沈阳市、盘锦市、大洼县、辽阳市、铁岭县。这些区域外界胁迫性较高主要是人类活动产生的大量污染负荷所致。沈阳市、盘锦市是下辽河平原的经济中心，是人类活动影响最强烈的区域，工业类型以石油、化工、机械为主导。2012 年沈阳、盘锦两市废水污水排放量分别为 $19.16 \times 10^4 t/km^2$、$15.55 \times 10^4 t/km^2$；工业固体危险废弃物排放量为 $31.43 t/km^2$、$171.02 t/km^2$。沈阳市地下水资源超采严重，破坏了地下水动态平衡，沈阳市城区地下水降落漏斗面积 $5.06 km^2$；铁岭市种植业与畜禽养殖业规模大，污染胁迫主要来源于化肥的使用与畜禽的粪便排泄，2012 年铁岭市化肥施用折纯量为 $39.11 t/km^2$，畜禽粪便排泄量为 $3552.44 t/km^2$。较高外界胁迫性区域占研究区面积的 53.46%，集中分布于新民市、黑山县、北镇市、凌海市、大石桥市等地区的广大耕作区。这些地区化肥使用量与畜禽排泄量较多是产生外界胁迫性较高的主因。外界胁迫性低和较低的区域占研究区面积的 24.82%，低度外界胁迫性地区主要位于盘锦市西部以及研究区东西两侧低山丘陵的植被丰富区。这些地区土地利用类型以林地、草地为主，生态环境较好，其中盘锦市西部湿地面积达 $3150 km^2$，在控制污染、调节河川径流和维持区域水的动态平衡等方面发挥着重要作用。

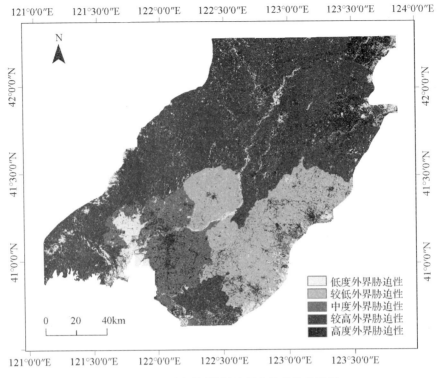

图 7.3   下辽河平原浅层地下水外界胁迫性图

（3）价值功能性

根据图 7.4 与表 7.4 可知，地下水价值功能性高与较高的区域约占研究区面积的 69.59%，分布于沈阳市、新民市、辽中县、鞍山市、海城市、北镇市、锦州市、法库县、铁岭县、黑山县、台安县、灯塔市。这些区域地下水开采模数高，开采条件相对较好；地下水矿化度普遍低于 1g/L；在城乡供水中对地下水的依赖程度高，其中锦州市 2012 年地下水供水量约 $7.3 \times 10^8 m$，占总供水量的 83.64%。地下水价值功能性处于中度状态的是辽阳市、凌海市、彰武县，占区域面积的 12.39%。这些区域地下水的价值功能性并不突出，地下水开采模数、植被覆盖指数、人均地下水资源量等指标都处于中等状态。地下水价值功能性低或较低的区域分布于下辽河平原南部的盘锦市、营口市、大洼县、盘山县、大石桥市以及抚顺市，占区域面积的 18.05%。这些区域大都位于南部滨海平原，地下水资源赋存状况较差，其中盘锦市人均地下水资源量仅为 $129.66 m^3$。城乡居民供水组成中地下水所占比例小，盘锦、营口两市地下水供水比都在 21% 以下。除此之外，局部近海地区地下水矿化度均达到 5g/L 以上，也大大削弱了地下水的价值功能性。

（4）综合风险评价结果

根据图 7.5 和表 7.4 可知，下辽河平原浅层地下水污染风险总体呈高度和较高状态，占研究区面积的 70.33%，集中分布在沈阳市、新民市、辽中县、辽阳县、北镇市、凌海市大部、海城市西部、彰武县、法库县、黑山县、铁岭县以及其他人口聚集区。这些区域地下水的外界胁迫性与价值功能性都较高，沈阳市等人口密集区工农业与经济发展程度高，所以外界污染物来源广，使得地下水遭受污染的可能性大，同时也成为污染事件发生后损失最为强烈的区域。近年来对地下水资源的不合理开发，超过了地下水的环境负荷，产生了水质恶化、地下水过量超采，出现地下水降落漏斗、沿海区海水入侵等一系列环境地质问题。

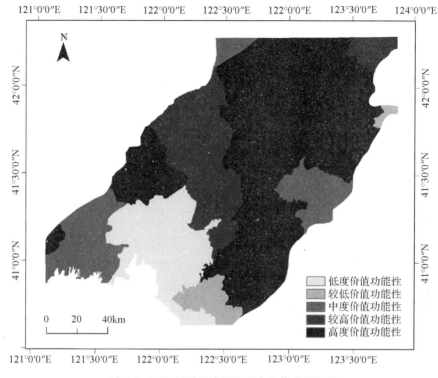

图 7.4　下辽河平原浅层地下水价值功能性图

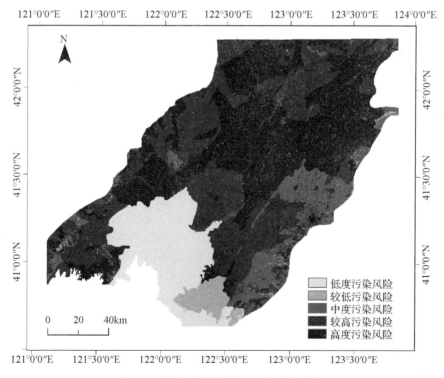

图 7.5　下辽河平原浅层地下水污染风险图

地下水污染中度风险区占研究区面积的 12.07%，主要分布于灯塔市、抚顺市、凌海市西部、海城市东南部以及辽阳市与鞍山市的局部地区。这些区域地下水的价值功能性呈现较高或高度状态。但是反映地下水污染可能性的本质脆弱性处于中度及以下状态；外界胁迫性处于较低度状态，所以产生污染风险性的可能性不大。

地下水污染风险低和较低的区域占研究区面积的 17.6%，集中分布于研究区南部的盘锦市、大洼县、盘山县、营口市、大石桥市以及外围的局部地区。上述大部分地区地下水的外界胁迫性与价值功能性都处于中度以下状态；南部盘锦县、大洼县、大石桥市地下水的本质脆弱性虽高，但是外部环境施加的污染胁迫与污染损害较低，所以降低了地下水的污染风险度。

7.2.4 评价结果合理性检验

氮元素是地下水污染物中较为活跃的因素，一般被污染的地下水中氮元素浓度相对较高。氨氮、硝酸盐氮、亚硝酸盐氮和有机氮是地下水中氮的主要存在形式。因此根据这一特点，可以通过对比实测井的真实氮元素浓度值来衡量评价结果的可靠性。

将研究区内实测井的地点在完成的地下水污染风险评估图中进行精确地标注，在 Arc-GIS 中识别实测井站点所对应位置的污染风险评估结果的大小值。把 29 个实测井的多年平均氮元素浓度统计值与识别的评估结果大小值进行线性对比与检验。

从图 7.6 的对比结果可以看出，各个实测井的氮元素浓度实际检测值与本次地下水污染风险评价结果表现出一致性特征。两者间存在高-高、低-低的线性关系，即氮元素浓度实测值较高的点布局在地下水污染风险较高的区域；氮元素浓度实测值较低的点布局在地下水污染风险较低的区域。将实测浓度值与地下水污染风险评价值两组数据作进一步的回归分析。图 7.7 中拟合趋势线的 $R^2 = 0.519$，在 0.01 水平上显著相关。说明两组数据间具有较好的线性相关性，拟合效果较好。所以本次下辽河平原地下水污染风险的评价过程与结果是合理、可靠的。

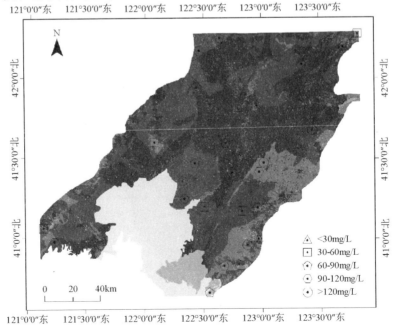

图 7.6 下辽河平原地下水污染风险与氮元素浓度水平对应图

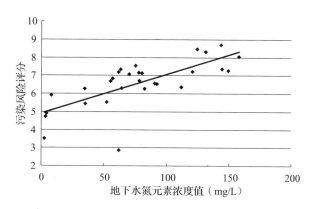

图 7.7　监测点氮元素浓度对应污染风险散点图

7.3　下辽河平原地下水污染风险空间热点识别与分析

7.3.1　空间热点分析方法简介

（1）G 指数

为了研究空间数据的局域空间关联模式，检查研究区内地下水污染风险的集聚程度，本研究选用 G 指数进行分析。G 指数通过对子区域中的信息进行分别分析，探索各个区域的信息变化，判断区域内部空间的异质性，能很好地反映某一区域与临近区域单元属性值的关联程度（董雯等，2012；靳诚等，2009），计算公式为：

$$G_i(d) = \sum_{j=1}^{n} W_{ij}(d)x_j \bigg/ \sum_{j=1}^{n} x_j \tag{7.8}$$

对 $G_i(d)$ 进行标准化处理，可得：

$$Z[G_i(d)] = \frac{G_i(d) - E[G_i(d)]}{\sqrt{VAR[G_i(d)]}} \tag{7.9}$$

式中，$G_i(d)$ 为 G 指数，n 为空间单元的数量；x_i、x_j 为空间单元 i、j 的属性值，$E[G_i(d)]$ 和 $VAR[G_i(d)]$ 分别为数学期望和变异系数，$W_{ij}(d)$ 为空间权重矩阵，空间相邻为 1，不相邻为 0。如果 $Z[G_i(d)]$ 为正值且显著，表明位置 i 周围的值都相对比较高，为高值空间集聚区，即热点区；反之，如果 $Z[G_i(d)]$ 为负值且显著，表明位置 i 周围的值相对较低，为低值空间集聚区，即冷点区（杨宇等，2012；齐元静等，2013；孙才志等，2014）。

（2）重心法与标准差椭圆

重心属于物理学范畴，它是物体每个组分所受重力的合力发生点，可理解为空间散布的力矩达到的均衡点，也称作均匀中心（赵媛等，2012）。非物理学范畴的重心分布研究起源于 20 世纪 70 年代，现已在社会经济领域取得重要应用，产业重心、经济重心及其变化轨迹的研究为区域间经济发展平衡性研究、制定区域空间发展策略提供了支撑。

标准差椭圆（图 7.8）是分析离散数据点簇空间位置状态的有效工具之一，其长半轴能够反映离散数据集的分布方向；短半轴反映数据点的离散程度与分布范围，短半轴越短表示数据点的聚集力越大，越长表示数据点离散程度高。长短半轴的长度差距也是数据点方向性的反映，差距越大表示数据点分布的方向性越强。标准差椭圆的中心即为离散数据集的重心。

假设若干个子区域（n 个）组成一个大区域，第 i 个子区域的中心坐标为 $P_i(x_i, y_i)$，i 子区域的属性值为 w_i，作为该子区域的权重。大区域第 j 年的中心坐标为 $P_i(x_j, y_j)$（祝晔，2012）。

$$P_i(x_j, y_j) = \left\{ \frac{\sum\limits_{i=1}^{n} w_i x_i}{\sum\limits_{i=1}^{n} w_i}, \frac{\sum\limits_{i=1}^{n} w_i y_i}{\sum\limits_{i=1}^{n} w_i} \right\} \quad (7.10)$$

下辽河平原浅层地下水污染风险的重心即为风险数据点空间分布的加权平均中心，w_i 为各空间点的污染风险值。

标准差椭圆由 3 个要素构成：转角 θ、长轴标准差和短轴的标准差。正北方向与顺时针长轴两者构成的角即为转角 θ（图 7.8）（申庆喜等，2016）。标准差椭圆主要参数计算公式如下：

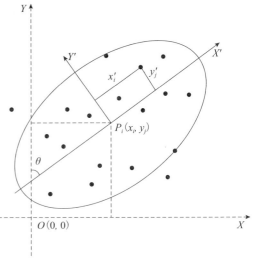

图 7.8 标准差椭圆示意图

$$\overline{X}_w = \frac{\sum\limits_{i=1}^{n} w_i x_i}{\sum\limits_{i=1}^{n} w_i}; \quad \overline{Y}_w = \frac{\sum\limits_{i=1}^{n} w_i y_i}{\sum\limits_{i=1}^{n} w_i} \quad (7.11)$$

$$\tan\theta = \frac{\left(\sum\limits_{i=1}^{n} w_i^2 \widetilde{x}_i^2 - \sum\limits_{i=1}^{n} w_i^2 \widetilde{y}_i^2 \right) + \sqrt{\left(\sum\limits_{i=1}^{n} w_i^2 \widetilde{x}_i^2 - \sum\limits_{i=1}^{n} w_i^2 \widetilde{y}_i^2 \right)^2 + 4\left(\sum\limits_{i=1}^{n} w_i^2 \widetilde{x}_i^2 \widetilde{y}_i^2 \right)^2}}{2\sum\limits_{i=1}^{n} w_i^2 \widetilde{x}_i \widetilde{y}_i}$$

$$(7.12)$$

$$\delta_x = \sqrt{\frac{\sum\limits_{i=1}^{n} (w_i \widetilde{x}_i \cos\theta - w_i \widetilde{y}_i \sin\theta)^2}{\sum\limits_{i=1}^{n} w_i^2}} \quad (7.13)$$

$$\delta_y = \sqrt{\frac{\sum\limits_{i=1}^{n} (w_i \widetilde{x}_i \sin\theta - w_i \widetilde{y}_i \cos\theta)^2}{\sum\limits_{i=1}^{n} w_i^2}} \quad (7.14)$$

式中，x_i，x_j 表示研究对象的空间区位；w_i 表示权重；$\overline{X}_w$，$\overline{Y}_w$ 表示加权中心；θ 为椭圆方位角，表示正北方向顺时针旋转到椭圆长轴所形成的夹角，$\widetilde{x}_i$，$\widetilde{y}_i$ 分别表示各研究对象区位到平均中心的坐标偏差；δ_x 和 δ_y 分别为沿 X 轴的标准差和沿 Y 轴的标准差。

7.3.2 下辽河平原地下水污染风险空间热点分布识别与度量分析

（1）空间热点分布识别

将研究区划分为 500m × 500m 的单元网格 95811 个，运用 ArcGIS 的空间统计分析功能得到下辽河平原浅层地下水污染风险的 G 指数，检查其冷热点区在空间上的分布状况。用自然段点法（Nature Break）对 $Z[G_i(d)]$ 的数据进行可视化处理，由高到低划分为 5 类：热点区、次热点区、温点区、次冷点区、冷点区（图 7.9）。

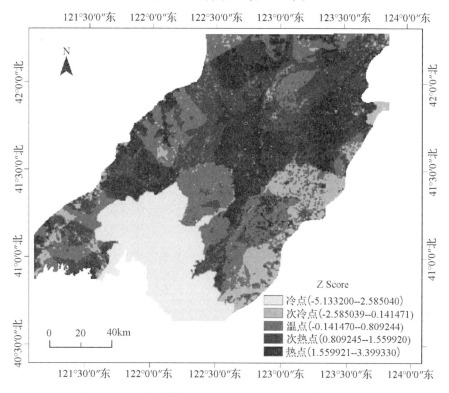

图 7.9　下辽河平原浅层地下水污染风险空间热点分布图

　　地下水污染风险的形成过程是人类活动对地下水系统施加压力的集中体现。受自然条件的限制人类活动在空间上存在一定的集聚现象，从而导致地下水环境风险在空间上存在集聚现象。

　　下辽河平原地下水污染风险热点与次热点区分布于沈阳市、新民市、辽阳市、辽中县和北镇市。该类区域由于人口密度大，导致土地开发利用程度高，地下水资源开采量大。不合理的生产与生活方式产生了大量的污染物，对地下水水质产生严重威胁，使得地下水污染风险的高值突出。2012 年沈阳市第二产业产值 3383.16×10^8 元，占地区生产总值的 51.24%，工业与生活污水排放量达 4.21×10^8 t。此类区域处于辽中南经济区的中心部位，经济实力强。随着东北老工业基地的振兴，这些地区已成为最具增长潜力的区域。沈阳作为区域中心与周边县区的协调合作日益密切，其中辽中县作为沈阳西部工业走廊的重要载体承接了沈阳市的产业释放和战略性转移。

　　地下水污染风险冷点区分布于研究区南部的盘锦市、营口市、大石桥市、盘山县与大洼县境内。次冷点区分布较为离散。冷点区是地下水污染风险的低值聚集区，虽然地下水污染的本质脆弱性高，但是此区域地下水资源缺乏，地下水水质差，地下水实际开采量小，2012 年盘锦市地下水供水量 1.2 亿 m³，仅占总供水量的 9.3%。当地政府部门较重视地下水资源的保护，2012 年盘锦、营口两市水利、环境和公共设施管理业投资达 138.31×10^8 元；水土保持治

理面积达 $7.07 \times 10^4 \mathrm{hm}^2$，有效的保护和涵养地下水资源，水生态环境也逐步得到改善。

图7.9的温点区 $Z[G_i(d)]$ 得分接近于零，说明此类区域地下水污染风险不存在明显的空间聚类。

（2）热点度量分析

利用 ArcGIS10.2 的度量分布功能对下辽河平原浅层地下水污染风险的热点进行研究。重心工具用于分析污染风险热点的平均分布中心，探究污染风险热点的均衡性。标准差椭圆工具用于衡量污染风险热点的主导方向、空间形态以及总体分布范围，进而分析污染风险的演变趋势。受研究时间限制本次热点的变动分析暂时只做一个时间断面的研究，对污染风险演变趋势进行初步探究。

由图7.10与表7.5可知，下辽河平原地下水污染风险热点的重心分布于辽中县境内 （122.45°E，41.42°N），距离西南方向要素中心 （122.34°E，41.29°N）约26.32km。标准差椭圆以重心为中心，整体沿东北—西南方向展布，转角为北偏东67.02°，长半轴长 70.33km，短半轴长32.95km，面积约7280.03km² 。这也间接表明下辽河平原地下水污染风险的高值区域多分布于研究区的中部与北部，污染风险热点面积较大，分布范围广，这与不合理的人类活动对地下水环境施加的压力有关。较高的地下水污染风险预示着发生污染事件的可能性较高，污染事件的危害性与治理的复杂性对当地地下水的利用提出了新的要求，这些区域需要进一步加强地下水污染的防控。热点分布与热点度量分析的研究结果进一步探究了下辽河平原浅层地下水污染风险的空间分布与演变趋势，可为下辽河平原地区地下水资源的有效管理、科学配置和可持续利用提供依据。

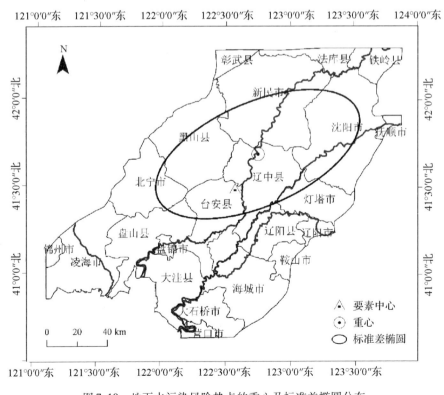

图7.10　地下水污染风险热点的重心及标准差椭圆分布

表 7.5　地下水污染风险热点重心及标准差椭圆详细信息

经度（°E）	纬度（°N）	短半轴（km）	长半轴（km）	转角（°）
122.45	41.42	32.95	70.33	67.02

7.4　小结

本次研究以下辽河平原地区浅层地下水为评价主体，在明确地下水污染风险内涵与属性特征的基础上，将自然灾害风险理论引入到地下水污染风险评价中。从地下水本质脆弱性指数、外界胁迫性指数与价值功能指数三个方面构建了评价模型。考虑到人类活动对水环境影响的频繁性与剧烈性，将影响地下水水质的外界因素与土地利用、覆被状况纳入到评价体系中。在探讨研究区污染风险大小与形成机制的同时，通过进一步计算 G 指数来检查污染风险空间热点分布与集聚状况。最后将重心与标准差椭圆工具引入到地下水污染风险热点研究中。通过研究可以得出：

（1）地下水本质脆弱性是地下水污染风险评价的基础，外界污染源等胁迫性对污染风险的发生概率影响更大。评价过程中考虑地下水价值功能是对灾害风险理论引入到地下水污染风险评价的具体化。

（2）利用 ArcGIS 的空间分析功能，以像元为计算单位计算污染风险大小能够对评价结果给予精确、直观的反应，也有利于研究结果的可视化表达。利用 G 指数计算热点集聚状况，是对污染风险空间结构特征的刻画，对地下水污染风险的空间分布状况做出了较好的补充描述。重心与标准差椭圆工具以定量的方式反映出热点区整体方向，能够进一步就演变趋势做出更加具体化的表达。

（3）下辽河平原浅层地下水污染风险处于高度与较高状态的面积占研究区总面积70.33%，防治地下水污染，保护地下水工作十分严峻。污染风险的热点区整体呈东北—西南方向分布，多位于沈阳、锦州等地，并与临近区域表现出了较高的空间集聚性特征。南部盘锦、营口两市的污染风险较低，表现出低—低集聚的特征。

第8章 下辽河平原浅层地下水环境风险评价及其空间关联格局分析

8.1 地下水环境风险评价理论

8.1.1 地下水环境风险的概念

（1）地下水环境风险的概念

地下水环境风险是对可能造成灾害的地下水问题的可靠性和风险性进行分析研究，是近年来才在国际上出现的。目前国内外对于地下水风险的指标体系构建及评价方法研究颇多，但对地下水系统环境风险的概念研究多是借鉴相关研究的模糊定义，没有统一明确的理论认识和概念的界定。地下水环境风险分析是近年来在地下水污染风险、地下水健康风险基础上发展起来的，目前有关地下水环境风险的概念还在不断探究中。

地下水环境风险通常是指在地下水开发利用过程中，含水层中的地下水由于其上的自然条件变化和人类活动而产生不利事件的可能性，并由此造成的地下水系统本身的不确定性研究和地下水系统周围环境的不确定研究。地下水系统环境风险研究包括自然因素和社会因素两方面研究。由此可见，地下水环境风险是含水层固有的脆弱性、功能性以及人类活动的胁迫性和适应性相互作用的综合结果（图 8.1），地下水环境风险函数为：

图 8.1 地下水环境风险影响因素

$$地下水环境风险 = f(脆弱性, 功能性, 胁迫性, 适应性)$$

地下水脆弱性是污染物到达最上层含水层之上某特定位置的倾向性与可能性。地下水脆弱性分为本质脆弱性和特殊脆弱性（杜朝阳等，2011）。前者是指不考虑人类活动和污染源只考虑水文地质内部因素的脆弱性，后者是指地下水对某一特定污染源或人类活动的脆弱性。本次评价的为地下水本质脆弱性，也常被称为地下水的易污染性（郑西来，2009）。含水层对于人类活动产生的污染物进入地下水环境具有天然保护作用，但由于自然保护能力的差异，导致地下水在有些地方更易遭受污染，地下水脆弱性就是反映这种自然保护能力的大小，脆弱性越高的地区越容易受到污染。地下水功能性体现了地下水的价值，主要有以下三种价值：地质环境价值、生态环境维持价值和地下水资源价值（董殿伟等，2010）。地下水胁迫性是指外界干扰（自然环境的变化和人类活动）作用于地下水系统的压力。地下水适应性是指地下水系统对外界环境变化而进行的调整能力，包括地下水系统的自身调节、恢复能力和人类的响应。脆弱性评价是对地下水系统本身属性的评价，而在胁迫性及适应性评价中，侧重考虑人类活动的评价。

8.1.2　地下水环境风险的内涵

作为资源的地下水是一种能被人类利用的物质，因此，地下水资源既具有自然属性又具有社会属性。地下水径流过程相对滞缓，分布比较广泛，在时间和空间上均可起到一定的调节作用，在水循环系统中具有较高的价值。含水层水文地质环境往往具有地域性、时效性和可变性的特点（陈超，2012），因而，根据地下水环境风险的概念，可将地下水环境风险的属性内涵概括为以下几点：

（1）自然属性

地下水具有系统性、调节性和可恢复性，因而，地下水环境风险受地下水自然特性的影响。含水层的岩性、结构、成分及分布都是在长期地质构造作用下形成的以确定的形式客观存在的。而地下水的水文循环和地质循环在水系统中都具有相对一致的作用规律，地下水与外界的物质循环和交换都具有确定性，这是研究地下水系统风险的基础信息。地下水系统本身对环境污染和人类开发利用所造成的破坏具有自身恢复能力，其能力因地而异，主要取决于地下水系统的含水层厚度、净补给量等自然特性。

（2）社会属性

地下水环境风险的产生是由于人类不合理开发利用地下水所产生的地下水污染及诱发的环境地质问题等，其风险性的存在主要是针对人类而言。人类活动产生的大量污染物随着地表水的下渗作用进入地下水导致地下水环境污染；过量的抽排和补充地下水破坏了地下水水文循环的平衡、使渗流场的平衡和水岩力学平衡发生异常。因而，地下水环境的风险与人类活动密切相关，其产生的风险最终影响人类的正常生活和生产。

（3）不确定性

地下水系统本身是一个复杂的巨系统，加之人类活动干扰的不确定性，导致地下水环境风险具有不确定性。地下水系统受外界（气候异常、水文随机、地质突变等）干扰可能导致其状态和功能变化，这些变化常常表现为不确定性。另外，含水层结构复杂，使得地下水系统的含水性、富水性及水文地质参数具有空间变异性和时变性的变化规律。这种时空上的差异造成水文地质参数的随机选取而具有一定的不确定性。

（4）动态性

地下水系统是一个开放的动态系统，受到诸多不确定因素的影响而存在风险，影响系统的随机因素也是动态变化的，如降水量的变化、地表植被覆盖率的变化、土地利用类型的改变及人类活动地区的动态变化。

（5）模糊性

地下水系统位于地表以下，是一个开放的复杂巨系统，在系统的物质循环上存在着固有的模糊性。很多地下水的属性界定都是人为划分的。如地下水的循环运动多为非稳定流，但在研究中通常将其近似看作稳定流；对于含水层透水性的区分，划分透水层、弱透水层和不透水层都是相对的；还有隔水边界、定水头边界等也都不是绝对的；水力传导系数的界定是在大量实验的基础上得出的，也具有模糊性。这就表明在地下水系统的风险评价中有很多因素的界定都具有模糊性。

（6）灰色性

由于地下水系统内部结构复杂，影响因素较多且具有不确定性，人类对其本质规律尚不能完全掌握，地下水系统的相关信息获取不易，即使能够获取也仅仅是对个别站点的某个时刻的监测数据，通过现有的已知数据通过模型计算未知数据。因此对整个系统的认识只是部分已知，对地下水系统本身的认识具有灰色性。人类活动对地下水产生的影响由于水循环的滞后性使其无法及时辨知，造成风险评价时的灰色性。又由于人类认识能力和获取有关统计信息手段的限制，评价模型中有些参数并没有实际的物理意义，所以构建的模型也呈灰色性。

8.1.3 环境风险评价模型及研究方法

（1）环境风险评价的内涵

经济的发展使得生态环境灾害事故频发，随着环保意识的增强，人们注意到某些行业存在着一定的环境风险，必须采用某些方法在事故发生前进行环境风险评价，以此来减少危害。陆雍森（1999）认为：广义上，环境风险评价是指对人类的各种社会经济活动所引发或面临的危害（包括自然灾害）对人体健康、社会经济、生态系统等造成的可能损失进行评估，并据此进行管理和决策的过程。狭义上，环境风险评价常指对有毒有害物质（包括化学物质和放射性物质）危害人体健康和生态系统的影响程度进行概率估计，并提出减小环境风险的方案和对策。该定义从广义和狭义两个角度进行了概括，较全面地阐述了环境风险评价过程。郭文成等（2001）认为环境风险评价广义上讲是指对某建设项目的兴建、运转、或是区域开发行为所引发的或面临的环境问题对人体健康、社会经济发展、生态系统等所造成的风险可能带来的损失进行评估，并提出减少环境风险的方案。该定义缩小了环境风险评价的范围，而且认为环境风险评价的最终结果是减少环境风险。罗大平等（2006）认为环境风险评价是指由一定的机关或组织对具有不确定性的环境风险可能对人体健康、生态安全等造成的环境后果进行识别、度量、评估的过程或环境管理活动。该定义指出了环境风险评价的主体是机关或组织，并且具体细化了环境风险评价的过程。综上可以得出如下定义，环境风险评价是机关或组织对环境问题可能引发的健康风险、社会风险、生态风险等进行识别、度量和评估的环境管理活动（孙永刚，2011）。

（2）环境风险评价方法的研究现状

早在20世纪80年代，世界银行和亚洲开发银行就分别提出了一套针对其资助工业项目的污染事故风险评价技术（Asian Development Bank，1990），为环境风险评价提供了方法指导。21世纪初 Colbournea（2004）等对于危险物品储存和运输系统区域风险源识别及评价方法进行了探讨，指出了风险源识别在环境风险评价中的重要性。为了更便捷地进行环境风险评价，美国 Lakes Environmental Software 公司分别开发了对于大气污染、水体污染及人体健康风险评价的基于 GIS 的信息管理系统（彭波等，2009），实现了环境风险评价与管理系统的结合。近年来，美国环保局（U. S. EPA）、世界卫生组织（WHO）、联合国环境规划署（UNEP）及国际科联环境问题委员会（SCOPE）等机构和组织先后提出了各自的环境风险评价方法和程序，这些评价方法和程序归纳起来，一般包括：危害鉴定；剂量—效应评价；暴露评价；风险性评价（国家环境保护总局，2004）。

在环境风险评价方法的研究方面，我国起步较晚，然而在借鉴国外的先进经验的基础上，我国学者也提出了很多具有建设性的方法。2004年，国家环保总局颁布的《建设项目环境风险评价技术导则》提出评价流程包括风险识别、源项分析、后果计算、风险评价、风险管理、应急措施等共六项。该导则中推荐了许多分析方法：定性分析方法，包括类比法、加权法、因素图法；定量的分析方法包括概率法、指数法、事件树分析方法、故障树分析法等。根据这个技术导则，许多专家学者把其中的方法用于不同的领域，并且创新出许多新方法。梁婕等（2009）提出了随机—模糊模型进行地下水污染风险评价，在环境风险评价中引入随机模糊理论，使评价模型更接近于现实情况。王松云等（2008）对油田放射源污染风险评估进行了研究，通过确定的放射源风险评估模型，选择适当的预测参数。根据剂量限值的要求，评价放射源发生事故情况下的急性照射危害和正常生产情况下的职业照射危害。汪长永等（2009）根据油气田区域敏感目标及突发性污染事故类型，结合层次分析法（AHP）原理，建立了油气田事故风险的评价研究，证明应用系统工程的方法可以解决环境风险评价问题。苏琳（2009）构建了层次分析法（AHP）和灰色关联分析法（GRAP）的集成风险评价模型，对大型油库风险进行评价，实现了 AHP 和 GRAP 在石油库风险中的应用结合。孙东亮等（2009）针对区域性事故风险的特点，提出基于事故连锁风险的区域危险源辨识方法，该研究构建了多种事故连锁效应概率分析模型，为事故风险评价时的模型建立提供了参考。

8.1.4　空间自相关分析方法

空间自相关分析（Spatial Auto-correlation Analysis）主要用于空间数据的统计分析，分析结果依赖于数据的空间分布。自从 1950 年 Moran 提出空间自相关测度以来，其后二十多年空间统计学一直在缓慢曲折中发展着。近几年来，空间自相关理论及其空间模型的应用十分广泛（Cressie，1993；SchabenbergerandGotway，2005；AndrienkoandAndrienko，2006）。其检验手段也在不断发展和完善。

（1）空间自相关的相关概念

Tobler（1970）曾指出"地理学第一定律：任何东西与别的东西之间都是相关的，但近处的东西比远处的东西相关性更强"。空间自相关是指一些变量在同一个分布区内的观测数据之间潜在的相互依赖性（Griffith，1987）。许多地理现象由于受到在地域分布上具有连续性的空间过程所影响而在空间上具有自相关，主要包括空间相互作用过程和空间扩散过程。空间自相关统计量是用于度量地理数据（geographic data）的一个基本性质：某位置上的数据与其他位置上的数据间的相互依赖程度（Ord，1975）。通常把这种依赖叫做空间依赖（Spatial dependence）。地理数据由于受空间相互作用和空间扩散的影响，彼此之间可能不再相互独立，而是相关的。

空间自相关是检验某一要素的属性值是否显著地与其相邻空间点上的属性值相关联的重要指标，分为空间正相关和空间负相关。空间正相关表明某个单元的属性值变化与其相邻空间单元的属性值具有相同的变化趋势，空间负相关表示某个单元属性值的变化与其相邻单元具有相反的变化趋势。

（2）全局空间自相关

全局空间自相关指标主要用来探索属性值在整个区域所表现出来的空间特征。表示全局空间自相关的指标和方法有很多，主要包括 Moran'sI 指数，Geary's C 指数和 Getis and Ord's G 指数。

①全局 Moran'sI 指数

Moran（1950）首次提出 Moran'sI 的估计量，之后 Cliff & Ord（1969）利用上述指标来计算空间中属性之间的自相关。全局 Moran'sI 指数的计算公式是：

$$\text{Moran'sI} = \frac{\sum_{i=1}^{n} \sum_{j=1}^{m} W_{ij}(x_i - \bar{x})(x_j - \bar{x})}{S^2 \sum_{i=1}^{n} \sum_{j=1}^{m} W_{ij}} \tag{8.1}$$

式中：$S^2 = \frac{1}{n} \sum_{i=n}^{n}(x_i - \bar{x})^2$，$\bar{x} = \frac{1}{n} \sum_{i=1}^{n} x_i$，$n$ 为地区的数目，x_i 和 x_j 分别为地区 i 和地区 j 的观测值，W_{ij} 为二进制的邻接空间权重矩阵，表示空间对象的邻接关系。$i = 1, 2, \cdots, n$；$j = 1, 2, \cdots, m$；当区域 i 和区域 j 相邻时，$W_{ij} = 1$；当区域 i 和区域 j 不相邻时，$W_{ij} = 0$。当 x_i 和 x_j 同时大于 $\bar{x}$ 时，$(x_i - \bar{x})(x_j - \bar{x}) > 0$，这时 $I > 0$，表示相邻地区具有相似的特征，属性值高和属性值低的地区都存在空间聚集现象，即正自相关；反之，$(x_i - \bar{x})(x_j - \bar{x}) < 0$，则 $I < 0$，表示相邻地区资料差异性较大，数据呈现高低价格分布，即存在负空间自相关。因此 Moran's I 值介于 $[-1, 1]$，当绝对值越接近于 1，表示空间的自相关程度越高，当空间分布为随机时，则 Moran'sI 的值越接近于随机分布的期望值 $-\frac{1}{n-1}$。注意 I 统计量本身的大小并不说明空间聚集的类型（热点/冷点）。

如果想要判断空间自相关在全局上是随机还是非随机，可由标准化的 Z-Score 统计量来判断，如果变量是独立同分布（Independent and Identically Distributed，IID），满足如下两个基本假定：变量满足渐进正态分布和随机排列（Randomly Permuted），则该统计量服从标准正态分布（Loughlin et al. 1998），原始假设 H_0：总体为随机分布，原始假设 H_1：总体非随机，即存在空间自相关性。检验统计量如下：

$$Z(I) = \frac{I - E(I)}{\sqrt{Var(I)}} \sim N(0,1) \tag{8.2}$$

其中，$E(I) = -\frac{1}{n-1}$

在正态条件下其方差为：

$$Var(I) = \frac{n^2(n-1)S_1 - n(n-1)S_2 - 2(S_0)^2}{(S_0)^2(n^2-1)} \tag{8.3}$$

在随机条件下其方差为：

$$Var(I) = \frac{n[S_1(n^2-3n+3) - nS_2 + 3S_0^2] - k[S_1(n^2-n) - 2nS_2 + 6S_0^2]}{(n+1)(n-1)(n-3)S_0^2} + \left(\frac{1}{n-1}\right)^2 \tag{8.4}$$

式中：$S_0 = \sum_{i=1}^{n} \sum_{j=1}^{n} w_{ij}$，$i \neq j$，$S_1 = \frac{1}{2} \sum_{i=1}^{n} \sum_{j=1}^{n}(w_{ij} + w_{ji})^2$，$ij$，$S_2 = \sum_{i=1}^{n} \left[\sum_{j=1}^{n}(w_{ij} + w_{ji})^2 \right]$，$k = n \sum_{i=1}^{n}(x_i - \bar{x})^2 / \left[\sum_{i=1}^{n}(x_i - \bar{x})^2 \right]^2$

一般而言，在 α 的显著水平下，当 $Z(I) > Z_{\alpha/2}$，表示分析范围内变量的特征有显著空间相关性且是正相关；若 $-Z_{\alpha/2} \leqslant Z(I) \leqslant Z_{\alpha/2}$ 表示分析范围内变量的特征无显著相关性，即不存在空间自相关性；$Z(I) < -Z_{\alpha/2}$ 时为负相关性。

②全局 Geary's C 指数

全局 Moran'sI 定义相关或不相关用偏离均值来计算，Geary（1954）提出另一空间自相关加权统计量 C，该方法以实际距离来估计其空间相关性，其估计统计量服从标准正态分布，结果如下：

$$\text{Geary's} C(d) = \frac{n-1}{2\sum\limits_{i=1}^{n}\sum\limits_{j=1}^{n} w_{ij}} \cdot \frac{\sum\limits_{i=1}^{n}\sum\limits_{j=1}^{n} w_{ij}(x_i - x_j)^2}{\sum\limits_{i=1}^{n}(x_i - \bar{x})^2} \tag{8.5}$$

此处，Geary's C 的检验 Z - 统计量如下：

$$Z[C(d)] = \frac{C(d) - E[C(d)]}{\sqrt{Var[C(d)]}} \tag{8.6}$$

在正态分布条件下 Geary's C 的方差为：

$$Var[C(d)] = \frac{(2S_1 + S_2)(n-1) - 4S_0^2}{2(n+1)S_0} \tag{8.7}$$

在随机条件下 Geary's C 的方差为：

$$Var[C(d)] = \frac{S_1(n-1)[n^2 - 3n + 3 - k(n-1)]}{S_0 n(n-2)(n-3)} + \frac{n^2 - 3 - k(n-1)^2}{n(n-2)(n-3))}$$
$$- \frac{(n-1)S_2[n^2 + 3n - 6 - (n^2 - + 2)]}{4n(-2)(n3)S_0^2} \tag{8.8}$$

Geary's C 值越接近于 1，表示空间自相关性越低，即发散分布的状态；当 C 显著地大于 1 时表示存在空间负自相关性；当 C 显著地小于 1 时表示存在正自相关性（Anselin，1992）。

③全局 Getis and Ord's G 指数

Getis 和 Ord（1992）提出一种测度空间相关的方法，该方法是：

$$\text{Getis's} G(d) = \frac{\sum\limits_{i=1}^{n}\sum\limits_{j=1}^{n} w_{ij} x_i x_j}{\sum\limits_{i=1}^{n}\sum\limits_{j=1}^{n} x_i x_j}, \quad i \neq j \tag{8.9}$$

检验统计量服从标准正态分布，这样可以采用如下统计量：

$$Z[G(d)] = \frac{G(d) - E[G(d)]}{\sqrt{Var[G(d)]}} \sim N(0,,1) \tag{8.10}$$

其中 $G(d)$ 的均值和方差如下：

$$E[G(d)] = \frac{\sum\limits_{i=1}^{n}\sum\limits_{j=1}^{n} w_{ij}}{n(n-1)}, \quad j \neq i \tag{8.11}$$

$$Var[G(d)] = \frac{B_0\left(\sum\limits_{i=1}^{n} x_i^2\right)^2 + B_1\sum\limits_{i=1}^{n} x_i^4 + B_2\left(\sum\limits_{i=1}^{n} x_i\right)^2 \sum\limits_{i=2}^{n} x_i^2 + B_3\sum\limits_{i=1}^{n} x_i \sum\limits_{i=1}^{n} x_i^3 + B_4\left(\sum\limits_{i=1}^{n} x_i\right)^4}{\left[\left(\sum\limits_{i=1}^{n} x_i\right)^2 - \sum\limits_{i=1}^{n} x_i^2\right]^2 n(n-1)(n-2)(n-3)}$$
$$- [E(G(d))]^2 \tag{8.12}$$

其中，
$$B_0 = (n^2 - 3n + 3)S_1 - nS_2 + 3\left(\sum\limits_{i=1}^{n}\sum\limits_{j=1,j\neq i}^{n} w_{ij}\right)^2;$$

$$B_1 = - \left[(n^2 - n)S_1 - 2nS_2 + 6 \left(\sum_{i=1}^{n} \sum_{j=1, j\neq i}^{n} w_{ij} \right)^2 \right];$$

$$B_2 = - \left[2nS_1 - (n+3)S_2 + 6 \left(\sum_{i=1}^{n} \sum_{j=1, j\neq i}^{n} w_{ij} \right)^2 \right];$$

$$B_3 = 4(n-1)S_1 - 2(n+1)S_2 + 8 \left(\sum_{i=1}^{n} \sum_{j=1, j\neq i}^{n} w_{ij} \right)^2;$$

$$B_4 = S_1 - S_2 + \left(\sum_{i=1}^{n} \sum_{j=1, j\neq i}^{n} w_{ij} \right)^2$$

上述统计量的取值范围是 [0, 1]，其值越接近于 1 表示高值集聚，其值越接近于 0 表示低值集聚。

(3) 局部自相关

全局自相关假定空间是同质的，也就是只存在一种充满整个区域的趋势。但实际上，从研究区域内部来看，各局部区域的空间自相关完全一致的情况是很少见的，常常是存在着不同水平与性质的空间自相关，这种现象称为空间异质性（Spatial heterogeneity）。区域要素的空间异质性非常普遍，局域自相关就是通过对各个子区域中的属性信息进行分析，探查整个区域属性信息的变化是否平滑（均质）或者存在突变（异质）。揭示空间自相关的空间异质性可以用 LISA（Local Indicators of Spatial Association）来表示。LISA 是一组指数的总称，如 Local Moran's I、Local Geary's C、Local Getis 和 Ord's G_i^* 等等。局域空间自相关计算结果一般可以采用地图的方式直观地表达出来。通过定义不同类型的子区域范围（构造不同的空间连接矩阵），可以更为准确地把握空间要素在整个区域中的异质性特征。

①局部 Moran'sI 指数

全局性 Moran'sI 和 Geary's C 仅能描述某现象或事件的整体空间分布情况，通过显著性水平的检验是否存在空间相关性，但无法判断各地区的空间自相关情况。因此 Anselin (1995) 提出局部空间自相关指标（Local Indicators of Spatial Association，LISA）的方法，主要用来度量区域内空间单元对整个研究范围空间自相关的影响程度，影响程度大则代表区域内的异常值（Outliers），即为存在空间聚集现象，采用如下指标：

$$\text{Moran'sI}_i = \left(\frac{x_i - \bar{x}}{m} \right) \sum_{j=1}^{n} W_{ij}(x_i - \bar{x}) \qquad (8.13)$$

式中：$m = \sum_{i=1}^{n} (x_i - \bar{x})^2$，$I_i$ 值为正表示该空间单元周围相似值（高值或低值）的空间集聚，I_i 值为负表示非相似值之间的空间集聚。再根据式 8.14 计算出局部 Moran'sI 的检验统计量，对有意义的区域空间关联进行显著性检验。

$$Z(\text{Moran'sI}) = \frac{\text{Moran'sI}_i - E(\text{Moran'sI}_i)}{\sqrt{Var(\text{Moran'sI})}} \qquad (8.14)$$

式中：$E(\text{Moran's I}_i) = \sum_{j=1}^{n} w_{ij}/n - 1$，$Var(I_i) = w_i \dfrac{n-b}{n-1} + \dfrac{2w_{i(kh)}(2b_2 - n)}{(n-1)(n-2)} - \dfrac{w_i^2}{(n-1)^2}$

此处，$b_2 = \dfrac{m_4}{m_2^2}$，$m_2 = \sum_{i=1}^{n} \dfrac{x_i^2}{n}$，$m_4 = \sum_{i=1}^{n} \dfrac{x_i^4}{n}$，$w_i = \sum_{j\neq i}^{n} w_{ij}^2$，$w_{i(kh)} = \dfrac{1}{2} \sum_{h\neq k}^{n} \sum_{k\neq i}^{n} w_{ik} w_{ih}$，$i$，$k$ 和 h 分别表示第 i，k 和 h 个地区。

LISA 分析可以检验各地区 Moran'sI$_i$ 值对全局 Moran'sI 的影响程度，局部性 Moran'sI$_i$ 值对全局 Moran'sI 的影响程度越大，表示该地区 i 可能是空间聚集区，同时通过显著性水平检验判断该地区是否存在空间自相关。当 $Z_{Ii} > Z_{\alpha/2}$ 时，表示为空间聚集（Spatial Cluster）现象，此时又分为热点（Hot Spots）和冷点（Cold Spots），其中前者为相邻区域的 Moran'sI 都很高，以 High-High 表示，后者为相邻地区的 Moran'sI 值都很低，以 Low- Low 表示，两者都是正的空间自相关；$Z_{Ii} < Z_{-\alpha/2}$ 表示该地区的观测值差异性大，属于特殊情况，称为空间异常值（Spatial Outliers）或者称为空间发散，可分为变量值高的地方相邻地区变量值低，变量值低的地方相邻地区变量值高，可以用 High- Low 和 Low-High 表示，上述情形为负空间自相关（见图 8.2）；当该检验没有通过显著性水平时，即 $-Z_{\alpha/2} < Z_{Ii} < Z_{\alpha/2}$，表示呈现随机分布，即不存在空间自相关。在空间相关的解释上，High- High 和 Low- Low 称为提升效应（Pull Through Effect），是由相邻地区的变化造成的，可以作为空间扩散的依据；High- Low 和 Low- High 可称为互斥效应，表示相邻地区的影响是相反的结果。

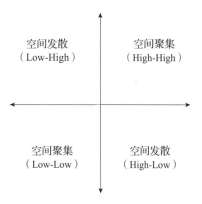

图 8.2　Moran's I 空间自相关象限图

②局部 Geary's C

根据 Anselin（1995），局部 Geary's C 可以定义为：

$$局部\ Geary'sC_i\ =\ \sum_{j \neq i}^{n} w_{ij}\ (z_i - z_j)^2 \tag{8.15}$$

式中：$z_i = x_i - \bar{x}$，$z_j = x_j - \bar{x}$

检验统计量为：

$$Z_{C_i(d)}\ =\ \frac{C_i(d)\ -\ E[\ C_i(d)\ ]}{\sqrt{Var[\ C_i(d)\ ]}}\ \sim\ N(0,1) \tag{8.16}$$

$$E[\ C_i(d)\ ]\ =\ \frac{n \sum_{j=1}^{n} w_{ij} \sum_{j=1}^{n}\ (z_i - z_j)^2}{(n-1)^2} \tag{8.17}$$

$$Var[\ C_i(d)\ ]\ =\ \frac{\left[\ (n-1) \sum_{i=1}^{n} w_{ij}^2 - \left(\sum_{j=1}^{n} w_{ij}\right)^2\ \right] \cdot \left[\ (n-1) \sum_{i=1}^{n}\ (z_i - z_j)^4 - \left(\sum_{j=1}^{n}\ (z_i - z_j)^2\right)^2\ \right]}{(n-1)^2(n-2)} \tag{8.18}$$

③局部 Getis 和 Ord's G_i^* 指数

Anselin（1995）归纳各种局部自相关分析的研究方法（LISA），可通过下面公式表述：

$$\Gamma\ =\ \sum_{j=1}^{n} w_{ij} x_{ij} \tag{8.19}$$

对式 8.19 的假设不同，可发展成多种空间聚集方法，如 $x_{ij} = (x_i - \bar{x})(x_j - \bar{x})$ 就是 Moran'sI 的含义，若 $x_{ij} = x_i$ 或者 $x_i = x_j$ 就是 Getis 和 Ord 的含义，前面的全局 Getis 和 Ord's G 就是如此，而局部 Getis 和 Ord's G 空间自相关检验统计量如下：

$$G_i^*(d) = \sum_{j=1}^{n} w_{ij} x_j / \sum_{j=1}^{n} x_j \qquad (8.20)$$

Getis 和 Ord（1992）和 Ord 和 Getis（1995）证明 $G_i^*(d)$ 空间单元 i 的邻居数增加服从渐进正态分布，一般 8 个邻居或更多就能确保足够的逼近。采取的检验方法与上述类似。

$$Z[G_i^*(d)] = \frac{G_i^*(d) - E[G_i^*(d)]}{\sqrt{Var[G_i^*(d)]}} \sim N(0,1) \qquad (8.21)$$

其中，$E[G_i^*(d)] = \bar{x} \sum_{j=1}^{n} w_{ij}$，$Var[G_i^*(d)] = \dfrac{\sum_{i=1}^{n}(x_i - \bar{x})^2}{n(n-1)}\left[n\left(\sum_{j=1}^{n} w_{ij}^2\right) - \left(\sum_{j=1}^{n} w_{ij}\right)^2\right]$

如果 $Z[G_i^*(d)] > 2.58$，可以认为通过 1% 的显著性水平检验，表示显著的高值聚集；如果 $Z[G_i^*(d)]$ 在 $1.65 \sim 1.96$ 和 $1.96 \sim 2.58$ 之间认为通过 10% 和 5% 的显著性水平检验，表示比较显著的高值聚集；如果 $-1.65 < Z[G_i^*(d)] \leq 1.65$ 表示不存在显著的空间聚集；$-1.96 \sim -1.65$ 和 $-2.58 \sim -1.96$ 之间则为通过 10% 和 5% 的显著性水平检验，表示比较显著的低值聚集；

（4）空间权重矩阵（Spatial Weight Matrix）的构造

空间权重矩阵是基于多边形（Polygon）特征，这需要相邻（Contiguity）矩阵去进行空间计量的估计，而且空间权矩阵的权重是根据相邻的关系来定义的。对于相邻而言，一种方式可以通过以边界相邻为基准（Contiguity-based），Anselin（1988）认为通常有三种可能的相邻关系：Rook（共边），Bishop（共点）和 Queen（共边点）三种。Rook 指两个空间单元的边界有接触，Bishop 是对角相邻，Queen 是指边界或者对角都相邻（图 8.3）。通常可以定义如下的二元对称空间权重矩阵式（8.22），常见一阶相邻矩阵（First Order Contiguity Matrix），空间权矩阵的每一个元素都可以通过式（8.22）获得（Anselin，1988）。

$$W_{ij}^* = \begin{bmatrix} 0 & w_{12}^* & \cdots & \cdots & w_{1n}^* \\ w_{21}^* & 0 & & & \vdots \\ \vdots & & 0 & & \vdots \\ \vdots & & & 0 & \vdots \\ w_{n1}^* & \cdots & \cdots & \cdots & 0 \end{bmatrix} = [w_{ij}^*]_{n \times m} \qquad (8.22)$$

$$W_{ij}^* = \begin{cases} 1, & 当地区\ i\ 和\ j\ 相邻时 \\ 0, & 当地区\ i\ 和\ j\ 不相邻时 \end{cases}$$

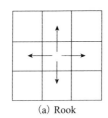 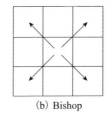 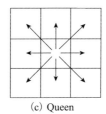

| (a) Rook | (b) Bishop | (c) Queen |

图 8.3　空间相邻关系

这种空间权重矩阵 W^* 是一个由 0 和 1 组成的 $n \times n$ 阶的对称矩阵，在空间计量分析中，为了固定各空间单元相邻效应的影响，减少或消除区域间的外在影响，使元素的和为零，因此 Criffith（1995）和 Tiefelsdorf et al.（1999）将空间权矩阵 W^* 经过行标准化（Row-standardized），获取如下的标准化相邻矩阵 $W = (w_{ij})_{n \times n}$。

$$W = \begin{bmatrix} 0 & w_{12} & \cdots & \cdots & w_{1n} \\ w_{21} & 0 & & & \vdots \\ \vdots & & 0 & & \vdots \\ \vdots & & & 0 & \vdots \\ w_{n1} & \cdots & \cdots & \cdots & 0 \end{bmatrix} = \begin{bmatrix} w_{ij} \end{bmatrix}_{n \times m}$$

其中，$w_{ij} = w_{ij}^* / \sum_{j=1}^{n} w_{ij}^*$

此外，Anselin 和 Smirnov（1996）提出了高阶相邻矩阵的算法，目的是为了消除在创建矩阵时出现的冗余及循环。二阶相邻矩阵（Second Order Contiguity Matrix）表示了一种空间滞后的相邻矩阵，即该矩阵表达了相邻地区的邻近区域空间信息，当使用时空数据并假设随着时间推移存在空间溢出效应时，这种类型的空间权矩阵将非常有用，在这种情况下，特定地区的初始效应或随机冲击将不仅会影响其相邻地区，而且随着时间的推移还会影响其相邻地区的邻近地区（高远东，2010），本研究以一阶相邻矩阵为主。

另一种方式是以距离为基准（Distance-based），该方法以空间单元的中心（Centroid）间的直线距离来定义空间相邻关系。Cliff 和 Ord（1973）建议一般的空间权矩阵 W 里的元素 w_{ij} 应该基于两个空间单元的欧几里得距离（Euclidian Distance）d_{ij} 和空间单元 i 与空间单元 j 有共同边界的部分占完整的空间单元 i 边界的部分 β_{ij}，即：

$$w_{ij} = d_{ij}^{-a} \beta_{ij}^{-b}$$

其中参数 a 和 b 被假定大于零。这种空间权矩阵可以应用于空间单元并非正规的栅格结构，同时由于空间单元并不等于实际的物理形式，β 可变，因此此时空间权矩阵将不对称。通常可以分为最近 K 邻居（K-nearest Neighbors），径向距离等五种权重，简要描述如下：

①最近 K 邻居（K-nearest Neighbors）

定义每个空间单元 i 到所有空间单元 $j \neq i$ 的距离，并排序 $d_{ij(1)} d_{ij(2)} \cdots d_{ij(n-1)}$，对每个 $k = 1, 2, \cdots, n-1$，定义集合 $N_k(i) = \{j(1), j(2), \cdots, j(k)\}$ 包含距离 i 的最近的 k 个单元。对于每个 k，最近 k 邻居形式如下：

$$w_{ij} = \begin{cases} 1, & j \in N_k(i) \\ 0, & \text{其他} \end{cases}$$

②径向距离权重（Radial Distance Weights），即门限距离权矩阵

该方式设定一个门限距离（Threshold Distance）或带宽（Bandwidth）d，当空间单元之间的中心小于该门限 d 时，则这两个空间单元为相邻区域，即

$$w_{ij} = \begin{cases} 1, & 0 \leq d_{ij} \leq d \\ 0, & d_{ij} > d \end{cases}$$

③幂距离权重（Power Distance Weights）

径向权矩阵被假定直到门限距离 d 不存在递减效应（Diminishing Effects），如果随着距离 d_{ij} 的增加存在递减效应，则可设如下负幂函数形式：

$$w_{ij} = d_{ij}^{-a}$$

其中 a 是正数,常取值为 $a = 1$(逆距离)或 $a = 2$(二次型逆距离,如空间交互作用的重力模型)。

④指数距离权重(Exponential Distance Weights)

上述负幂函数也可取负指数函数形式,即:

$$w_{ij} = \exp(-ad_{ij}), \quad 0 < a < \infty$$

⑤双幂函数权重(Double-Power Distance Weights)

有时一个更有弹性的族包括有限带宽,具有良好形状的逐渐变细的函数。其权重的定义为:

$$w_{ij} = \begin{cases} \left[1 - (d_{ij}/d)^k \right]^k, & 0 \leqslant d_{ij} \leqslant d \\ 0, & d_{ij} > d \end{cases}$$

8.2 地下水环境风险评价指标体系及权重确定

8.2.1 地下水环境风险的影响因素

不确定因素是引起地下水环境风险的原因。地下水系统的不确定性因素主要来自其内部的复杂性,外部环境的多变性以及人类认知水平的局限性。自然环境具有整体性,各要素之间相互联系相互作用。地下水环境作为自然环境的一个重要组成部分,对于无法直接辨识的水环境问题只能通过其外在表现进行分析和研究。地下水系统健康的外在表现主要有:能提供稳定的水量、保持合理的地下水位、保持水化学稳定、维持地质环境的稳定、含水层具有良好的防护性能、对外界胁迫具有一定的恢复能力(董华等,2008)。若地下水环境出现问题,首先是其外部表现出现异常。

目前,在地下水开发利用中下辽河平原地下水环境产生的一系列问题主要表现如下:下辽河平原处于北方缺水带,除鞍山、抚顺、辽阳、铁岭四市以外,平原区内其他各市人均水资源占有量都在下辽河平原的平均水平之下。下辽河平原区人均占有水资源量 1117.67m^3,仅相当于辽宁省的平均水平的 68.5%,全国平均水平的 48.4%,接近国际上公认的生存最低要求线 1000m^3/人,下辽河平原已成为水资源的贫乏区。下辽河平原区水资源的时空分布不均衡,人均水资源量最大的抚顺市(4124.30m^3)是最小的阜新市(469.90m^3)的 8.8 倍。在水资源利用方面,地下水作为工农业及生活用水在供水系统中所占比例已达65%,目前由于地下水过度开采已使平原区内多处地下水位降深过大,辽河三角洲的湿地面积萎缩。

在水质方面,高氟、低碘、高矿化水等劣质水体分布广泛,水质污染以"三氮"污染为主,下辽河平原每年污染物排放量以沈阳为首,数量可达 $38.4 \times 10^4\text{t}$;仅辽河柳河口以下部分地下水氨氮污染面积为 5121km^2,硝酸盐氮污染面积为 2447km^2,亚硝酸盐氮污染面积为 1268km^2。在 $1.297 \times 10^9\text{m}^3$ 地下水供水总量中,IV 类水为 $2.414 \times 10^8\text{m}^3$,V 类水为 $1.055 \times 10^9\text{m}^3$,IV ~ V 类水占地下水比重常年维持在 80% 以上(2000 ~ 2011 年)。由地下水造成的生态破坏和地质环境问题主要有水土流失、地下水降落漏斗、土地盐渍化、洪水与干旱等方面。水土流失以辽中地区最为严重,总面积占边缘总土地面积的 38.5%;由于过量超采地下水造成的地面沉降主要位于沈阳和鞍山地区,沈阳市地下水降落漏斗面积已达 400km^2,

且仍在发展中；平原中部以土地盐碱化为主，其盐渍化面积达到 6260km², 占平原区面积的 24%, 近年来, 受全球气候的异常变化和不合理的人类经济活动影响, 下辽河平原大面积农田出现沙化现象, 水井开挖深度逐年增加, 洪水、干旱等灾害现象频发。

根据影响地下水环境风险形成的原因, 可将其影响因素分为自然因素和社会因素。自然因素主要是指地下水系统的含水层岩性、土壤类型、保护层厚度、地形坡度、天然总补给量等方面。社会因素主要是指人类活动对地下水开采的盲目性及污染的不节制导致的一系列严重后果, 以及为减少其破坏产生的问题进行的相关保护措施。

8.2.2　评价指标体系的构建

目前, 国内有关地下水环境风险评价指标体系的研究已取得一定的进展, 但由于对地下水环境风险概念的理解不同, 各研究取得地下水环境问题成因及现状也不尽相同, 因而并没有形成统一的指标体系。就以往的研究成果来看, 地下水环境风险评价主要从地下水水质、水量及水文地质因素和人类活动因素方面提出了评价指标体系, 虽然各指标体系的建立都尽可能地考虑了影响地下水环境的因素, 但由于地下水系统本身的复杂性和影响因素的多样性, 导致在指标选取上出现重复性, 这就会影响评价结果的准确性。现有的指标体系研究主要是针对压力进行的风险评估, 而忽略了相对于风险的反馈作用对风险的减弱。

本次研究根据地下水环境风险的内涵, 运用压力—状态—响应 (Pressure-State-Response, PSR) 模型, 从地下水脆弱性 (Vulnerability)、胁迫性 (Stress)、功能性 (Function) 与适应性 (Adaptability) 四个方面构建地下水环境风险评价指标体系, 在综合考虑压力和响应的基础之上, 结合下辽河平原地下水环境的实际情况, 以及前人的相关研究成果, 依据全面性、简明性、可操作性及灵活性等原则, 共选取了 26 项指标, 建立了下辽河平原地下水环境风险评价指标体系 (表 8.1)。

表 8.1　下辽河平原地下水环境风险评价指标体系

目标层	准则层	指标类型	指标层
地下水环境风险	脆弱性	含水层特性	渗透系数
			含水层岩性
			保护层厚度
		区域自然条件	地形坡度
			天然总补给量
			地下水埋深
			土壤类型
	功能性	资源功能	地下水供水比
			地下水开采模数
		生态功能	植被覆盖指数
			生物丰富度指数
			湿地占有面积
		地质环境功能	地下水漏斗面积比例
			海水入侵面积

目标层	准则层	指标类型	指标层
地下水环境风险	胁迫性	水质胁迫	工业废水排放总量
			生活污水排放总量
			化肥施用折纯量
			水土流失程度
			水资源紧缺程度
		水量胁迫	地下水超采模数
			干旱指数
	适应性	人类响应	工业废水排放达标率
			生活废水排放达标率
			废水治理设施数
			水土保持措施
			水利环保投资比重

8.2.3 评价指标权重的确定

指标权重是指各评价指标对研究结果的贡献程度，作为评价时的参数，权重是不确定性研究的重要部分。由于地下水环境风险的评价指标较多，各指标对于评价结果的重要性也不同。指标权重的确定具有主观和客观的双重性质，如何确定权重对于减小风险评价中的不确定性至关重要。目前综合评价研究中层次分析法、变异系数法、熵值法等都是常用的权重确定方法。

层次分析法是一种最常用的定性与定量相结合的主观赋权方法，是最优化方案决策时常用的方法之一。它能够处理许多用传统的最优化技术无法着手的实际问题，具有普遍的实用性，能够增加决策的有效性。其基本原理与步骤简便易行，结果明确，便于使用和计算。这种方法主要是根据决策者的实践经验来进行评分，以确定其对研究结果的贡献率。但它没有考虑到权重本身随样本数据的动态变化，这就使得评价结果的客观性受到影响。而熵值法是对不确定性的度量，它与层次分析法不同，仅仅是基于样本数据进行的不确定分析。数据样本信息量越大，不确定性就越小，熵也就越小；数据样本信息量越小，不确定性越大，熵也越大。根据熵的特性，通过计算熵值来判断一个事件的随机性及无序程度，也可以用熵值来判断某个指标的离散程度。指标的离散程度越大，该指标对综合评价的影响越大。它可根据数据信息量的大小来判定其不确定性。因此，本次研究采用层次分析法和熵值法相结合对评价指标赋权，能够减小由某一赋权方法带来的不确定性。本研究的综合权重，取层次分析法及熵值法的平均值来确定各指标的最后权重。

8.2.4 评价指标数据来源与遥感影像处理

基础地理数据主要来自 2010 年 LandsatETM 遥感影像解译数据、《辽宁省水资源公报》（2000—2012 年）、《辽宁省水资源》和辽宁省水文水资源局提供的多年监测数据（主要监测数据包括辽宁省 21 个站点的地下水水位、各市地下水水质资料）。评价过程中，为弥补数据的不足，从《辽宁省国土资源地图集》中收集了相应的专题地图，如土壤类型分布图等。社会经济统计数据主要来自《辽宁省统计年鉴》（2012 年）、《辽宁年鉴》（2012 年）及研究区内各县统计年鉴。文中有关地下水的数据均采用多年平均值进行计算，遥感影像解译以ENVI4.7 软件为平台，以解译数据为基础计算植被覆盖指数、生物丰富度指数等。应用 GIS软件，首先将各评价因子的数据层进行栅格化，然后对各指标数据层进行加权叠加计算，最后进行空间自相关分析研究，将研究区分为 5km×5km 的网格共 1078 个，运用空间连接功能进行格网赋值，将最终的风险结果数据加载到格网中进行分析。

由于地下水环境风险评价指标较多，且各指标的量纲对于评价结果的影响作用不同。为了计算方便，将各指标进行无量纲化处理。指标主要分为正向指标和负向指标两类：正向指标是指加剧地下水环境风险的指标，其值越大风险越大；负向指标是指能够减小风险大小的指标，其值越大风险越小。正向指标、负向指标的规范化公式分别为：

$$y_{ij} = (x_{ij} - x_{j\,min})/(x_{jmax} - x_{j\,min}) \tag{8.23}$$

$$y_{ij} = (x_{j\,max} - x_{ij})/(x_{jmax} - x_{j\,min}) \tag{8.24}$$

式中：y_{ij} 为数据规范化处理后的 i 地区第 j 个指标值；x_{ij} 为 i 地区第 j 个指标的原始数据；$x_{j\,min}$、$x_{j\,max}$ 分别为各地区第 j 个指标的最小值、最大值。

8.3　下辽河平原浅层地下水环境风险综合评价

8.3.1　地下水环境风险评价模型

地下水环境风险评价运用多指标来进行度量，是多层次、多准则的综合评价。在以往的水环境风险评价的基础上，本研究选取加权综合评价法进行评价，主要基于如下考虑：①考虑到地下水环境的特点，即地下水资源普遍受到污染而保护水资源又受限的情况下，地下水环境风险评价旨在揭示风险的空间分布不规律，找出地下水环境风险的相对"高值区"，因此只需要进行相对风险评价即可，而综合评价模型是一种典型的相对评价模型；②区域地下水环境风险评价是一种典型的多指标，多准则的综合风险评价问题，在以往相似领域的风险评价中，度量其风险大小的方法都是基于所选指标的定量研究，目前应用最多、最成功的是基于因子权重法的相对风险评价方法。本书在关于地下水污染风险（Civita，2006）及自然灾害风险研究（丁晓静等，2010）的基础上，地下水环境风险采用如下计算模型：

$$R = V \times F \times S/A \tag{8.25}$$

式中：R 表示地下水环境风险指数；V 表示地下水本质脆弱性（Intrinsic Vulnerability）；F 表示地下水功能性（Groundwater Function）；S 表示胁迫性（Stress）；A 表示适应性（Adaptability）。其中脆弱性指数、功能性指数、胁迫性指数、适应性指数皆采用加权综合指数法进行计算，公式为：

$$P = \sum_{i=1}^{n} w_i z_i \tag{8.26}$$

式中：P 表示指数得分，无量纲；w_i 表示评价因子 i 的权重，无量纲；z_i 为评价因子的评分（标准化数据），无量纲。

8.3.2 下辽河平原浅层地下水环境风险评价结果分析

全面揭示研究区内地下水环境风险的空间差异，是科学地编制区内地下水污染防治规划的重要依据。根据搜集的资料对下辽河平原地下水脆弱性、功能性、胁迫性、适应性、风险性进行评价。运用公式（8.26）得到各指数大小及分布图（图8.4a ~8.4d），其中脆弱性是在 DRASTIC 模型的基础上，参照郑西来（2009）关于脆弱性各指标的评分标准进行评分，其他指标均采用 Min-Max 标准化将指标值转换到 0 ~1 之间进行计算，最后运用 ArcGIS 中的 Natural Breaks（Jenks）功能将其划分为高、较高、中等、较低和低 5 级，并计算各等级的面积比例（表8.2）。

表 8.2　下辽河平原地下水各评价指数面积比例　　　　　　　　　　/%

指数分类	等级大小				
	高	较高	中等	较低	低
脆弱性指数	5.04	33.35	35.25	17.64	8.72
功能性指数	17.00	28.53	37.00	13.98	3.59
胁迫性指数	21.31	31.23	27.65	12.76	6.85
适应性指数	16.91	26.34	33.96	13.87	8.92
风险指数	6.79	18.96	37.37	21.98	14.90

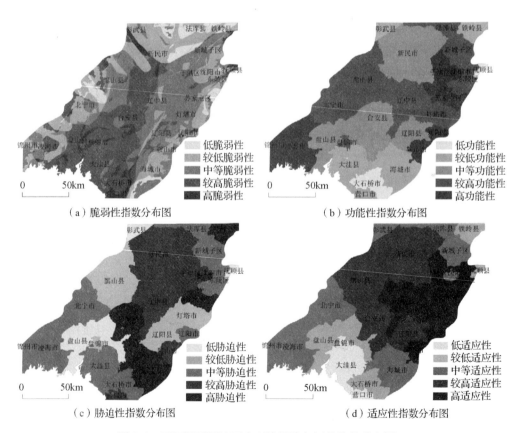

（a）脆弱性指数分布图　　　　　　　　（b）功能性指数分布图

（c）胁迫性指数分布图　　　　　　　　（d）适应性指数分布图

图 8.4　下辽河平原地下水环境风险各评价指数分布图

（1）脆弱性评价

根据研究区数据运用公式（8.26）进行计算，应用 ArcGIS 进行制图，得到下辽河平原浅层地下水脆弱性分布图。从图 8.4（a）及表 8.2 可以看出，地下水脆弱性指数高和较高地区主要分布在南部滨海三角洲地区、中部新民—辽中平原、辽中—台安平原部分地区、彰武县、大小凌河冲积扇北部，其面积占总面积的 38.39%，该区域土壤为亚砂土和亚黏土，使该地区含水层水力传导系数较大，且南部沿海地区及下辽河周边地区保护层厚度较低，自净能力差，地下水位埋深较浅，污染物质渗入地下含水层的可能性极大，导致该区地下水污染敏感性较高；脆弱性指数中等地区主要位于黑山县东部和北部、锦州市、浑河下游平原区及基岩裸露的外围低山丘陵区，占总面积的 35.25%，这些地区大多位于河流冲积平原地区，地下水资源模数高，保护层厚且自净能力强是导致该区地下水脆弱性处于中等水平的重要原因。脆弱性指数低和较低地区主要位于研究区的辽河冲积扇、海河冲积扇、东沙河冲积扇和羊肠河冲积扇地区，占研究区总面积的 26.36%，主要原因是这些区域河流分布广，大大降低了污染物的浓度，含水层和保护层厚度较大，污染物质的渗入时间较长，在此过程中大大削减了污染物向下的迁移量。由图 8.4a 可以看出，地下水脆弱性高值及中等地区所占面积较大，说明研究区内整体上处于脆弱区。

（2）功能性评价

图 8.4（b）及表 8.2 显示地下水功能性指数高和较高区主要位于沈阳市及其各区，辽中县、辽阳市、灯塔市、鞍山市、盘锦市、锦州市及其所辖县区，面积占研究区总面积的 45.53%，该区地下水功能性指数较高主要体现在其资源功能及生态功能上，沈阳市作为下辽河平原的经济中心，其工业密度、人口密度都相对较高，地下水的开发利用率也相对较高，使该区地下水表现出较高的资源功能；盘锦市作为著名的湿地之都，其湿地面积占城市面积的 80%，该区地下水表现出较高的生态功能。地下水功能性指数中等的地区主要位于新城子区、新民市、法库县、铁岭县、盘山县、台安县、辽阳县，占研究区总面积的 37%，主要由于这些地区地下水开发利用程度较高，且在辽阳县等地区已造成地下水超采漏斗。地下水功能性指数较低区主要位于彰武县、抚顺县、大洼县、海城市、营口市、大石桥市，占研究区总面积的 17.57%，这些地区大部分位于沿海地区，生活和工业用水主要来自于地表水，减少了地下水的功能价值。

（3）胁迫性评价

由图 8.4（c）及表 8.2 可知，地下水胁迫性指数高和较高地区主要分布在于洪区、苏家屯区、东陵区、辽中县、新民市、鞍山市、台安县、黑山县、辽阳市、灯塔市和辽阳县，约占研究区总面积的 42.54%，主要原因是这些地区是下辽河平原区内经济最发达的地区，该区人口密集，工矿企业较多，生产和生活污水排放量在研究区内均较高，且地下水开发利用程度较大；地下水胁迫性指数中等的地区主要分布在北宁市、凌海市、锦州市、海城市、沈阳市、新城子区、法库县和彰武县，占总面积的 27.65%，其中海城地区工业污水排放量居研究区首位。地下水胁迫性指数较低和低区主要分布在营口市、大石桥市、盘锦市、大洼县、盘山县，占总面积的 19.61%，其值较低是因为这些地区污水排放量较低，虽位于沿海地区，有部分地区存在海水入侵，地下水矿化度较高，水质胁迫相对较高，并没有造成水量胁迫。地下水胁迫指数值以沈阳为中心，向四周逐渐减小，且城市一般高于乡镇，这与城市人口密集，废污水排放量大、需水量大有直接的关系。

（4）适应性评价

从图8.4(d) 和表8.2可以看出，地下水适应性指数高和较高的地区主要位于沈阳市、苏家屯区、于洪区、新民市、辽中县、铁岭县、台安县、鞍山市、海城市和营口市，其面积约占研究区总面积的43.25%，这些区域在水利环保方面比较重视，其中鞍山市水利环保投资比重位居研究区首位；适应性中等的地区主要位于大石桥市、法库县、东陵区、新城子区、大洼县、锦州市、凌海市、北宁市和辽阳县，其面积占研究区总面积的33.96%，主要由于其环保设施及投资比重均处于一般水平；适应性低和较低的地区主要有彰武县、黑山县、盘锦市、盘山县、灯塔市和抚顺县，占研究区总面积的22.79%，这些地区地下水保护措施相对较落后，水利环保投资比重较低。

（5）综合风险评价结果

将地下水脆弱性指数、地下水功能性指数、地下水胁迫性指数、地下水适应性指数，利用公式（8.25）进行计算，得到下辽河平原地下水环境风险指数（图8.5）。

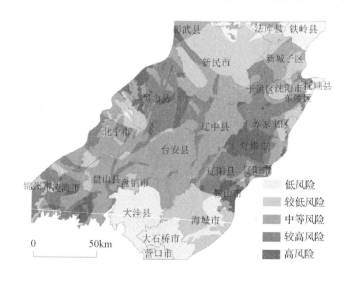

图8.5 下辽河平原地下水环境风险指数分布图

由图8.5和表8.2可知，下辽河平原地下水环境风险高和较高的地区主要位于于洪区、苏家屯区、东陵区、辽阳县、灯塔市、辽阳市、盘山县、黑山县及凌海市，占研究区总面积的25.75%，这些区域都是脆弱性和风险性指数较高，功能性较强的地区，其中苏家屯区、新民市适应性指数较高，但其脆弱性和胁迫性指数较大，苏家屯区地下水综合功能强是导致其风险较大的原因；地下水环境风险中等的地区主要位于彰武县、新城子区、辽中县、台安县、北宁市、盘山县，占研究区总面积的37.37%，这些地区中大部分地下水适应性处于低或较低水平，对地下水开发造成的一系列问题不能及时有效的采取措施；地下水环境风险低和较低的地区主要位于营口市、大石桥市、大洼县、盘锦市、海城市、铁岭县、法库县、沈阳市区、新城子区西部，占研究区总面积的36.88%，这些地区虽脆弱性较强，但其环保意识强，能够合理有效地开发利用地下水，从而降低了地下水的风险环境。

8.4　下辽河平原地下水环境风险的空间关联格局分析

8.4.1　基于空间自相关的下辽河平原地下水环境风险分析

近年来，空间自相关分析作为空间统计分析的重要组成部分，在地理学的研究中得到快速发展并应用到地理事物的空间关系分析中。空间自相关分析主要是研究地理现象在空间上的相关特性，空间自相关包括全局自相关和局部自相关。对于全局 Moran 指数其相关性包括正相关、负相关和随机分布，Moran 指数的取值范围近似为 $-1 \sim +1$ 之间，越接近 -1 代表单元间的差异越大或分布越不集中，越接近 1 则代表单元间的关系越密切，性质越相似（高值聚集或低值聚集），接近 0 则代表单元间不相关（张松林等，2007；卢亚灵等，2010）。

为了更好地反映地下水环境风险的分布规律及集聚程度，采用空间统计学中的空间自相关分析进行分析，通过计算 Moran'sI 值来表示地下水环境风险的空间集聚特性，具体计算公式见式（8.1）、式（8.13）。本次研究的空间自相关分析在 ArcGIS10.0 中完成。

8.4.2　下辽河平原地下水环境风险空间关联格局研究

本研究运用 ArcGIS 中的空间统计工具进行空间自相关分析，计算结果表明，全局 Moran'sI 值为 0.8167，Moran'sI < 1，表示研究区内的地下水环境风险在空间上具有较高的正相关性。局部空间自相关分析结果如图 8.6 所示。

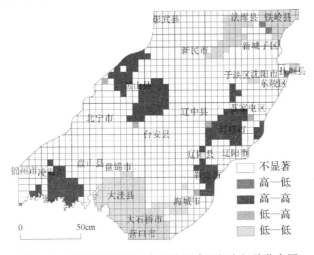

图 8.6　下辽河平原地下水环境风险局部自相关分布图

图 8.6 表明，研究区内地下水环境风险高—高值区明显地集聚在下辽河平原中部的新民市东北部、灯塔市、辽中县西部及黑山县部分地区、凌海市东南部，说明这些地区的地下水环境风险较高，相邻地区的地下水环境风险也较高，这主要是由于经济的快速发展，城市化水平的提高，大量人口和工业开始由沈阳市老城区向于洪区、新民市等地迁移，沈阳市城区及近郊由于土壤粘性较差，地表植被破坏严重，地下水污染也较严重，而新民市逐渐由农业大县转变为工农业共同发展的地区，工业废污水的污染及农业灌溉的不合理导致地下水质量下降，增加了地下水环境的风险。地下水环境风险的低—低值区明显集聚在研究区东北部的

法库地区，南部大洼县及东南部的海城市部分地区、大石桥地区，说明这些区域的地下水环境风险较低，同时相邻地区的地下水环境风险指数较低，主要是由于法库地区地表水丰富，不仅能够满足生活和工农业用水，还可以补给地下水，而营口地区虽然水资源短缺，但其重视水资源的保护，通过建立多处净水厂进行污水处理，关闭多处地下水取水工程，取大辽河上游地表水，加强中水利用，有效地减少了地下水环境的风险。这些地区（高—高、低—低）具有较强的正相关性，而负相关性较强的区域（高—低、低—高）只是零星的分布在研究区内。

地下水作为一个动态的开放系统，通过不断演变与相邻圈层存在密切联系，地下水的水文循环过程不仅受自然因素（降水量，下渗等），还受到社会因素的影响，风险就是在这一过程中形成的。环境风险的形成除自身特性外还与人类活动对地下水的开发利用有关，自然因素的分布具有随机性，而人类活动的强度和类型在空间上都存在一定的集聚现象，这就造成地下水环境风险在空间上存在集聚现象。

第9章 水资源短缺风险预测方法与应用

9.1 水资源短缺风险预测理论与方法

9.1.1 水资源短缺与风险概念界定

（1）水资源的概念（表9.1）

表9.1 水资源的定义

概念出处	对水资源的定义
英国大百科全书	水资源是指全部自然界中各种形态的水，包括气态水、液态水和固态水的量
前苏联水文学家 O. A. 斯宾格列尔	水资源是某一区域的地表水（河流、琥珀、沼泽、冰川）和地下淡水储量
水资源评价活动——国家评价手册	水资源是指可以被利用的水资源，具有足够的数量和可用的质量，并能在某一地点（区）为满足某种用途而被利用
联合国教科文组织和世界气象组织	水资源是指可以被利用的水资源，具有足够的数量和可用的质量，并能在某一地点（区）为满足某种用途而被利用
中国水利百科全书	水资源是指地球上所有的气态、液态活固态的天然水，人类可以利用的水资源，主要指某一地区逐年可以恢复和更新的淡水资源
中华人民共和国水法	水资源包括地表水、地下水、空中水喝海洋水
中国自然资源丛书	凡能为人类生产、生活直接利用的，在水循环过程中产生的地表、地下径流和由它们存留在陆地上可再生的水体

随着日益严重的水资源短缺和水环境污染，人们对水资源的认识也在不断加深，而解决水资源问题的首要因素便是全面、正确地认识水资源的基本概念。

通过对比分析不同专家学者给出的水资源概念，同时结合著者对水资源研究的认识，认为水资源是指已经被利用的和未来可能被利用的，能够不断循环、补给更新，长期安全稳定地供给人类生产生活用水的淡水资源，主要包括地表水和地下水。此概念相较于以上专家学者们所提出的水资源概念，内涵更为苛刻。不仅对水资源数量和连续性（即可持续性）提出了要求，而且对水资源供给质量的安全性也提出了要求。

（2）水资源短缺概念界定

自然界中水循环的复杂性，人类生产生活中水资源利用的多样性等都对水资源短缺概念的界定提出了相当的难题，何为水资源短缺，什么程度的缺水状况能构成区域水资源短缺。

水资源短缺是一个相对概念，王浩等（2003）进一步指出，区域水资源短缺实际上就是区域内水资源的供需不平衡，并提出了识别区域缺水状态的五项准则。焦得生、杨景斌（1996）等通过对9个典型城市的水资源分析和评价，提出了我国城市水资源短缺的三种类型。彭岳津等（1996）综合评价了全国 270 个主要缺水城市的缺水程度和缺水类型（图 9.1、图 9.2）。

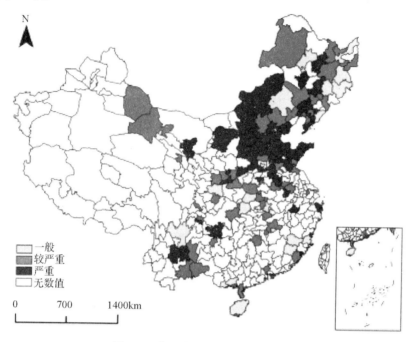

图 9.1　中国水资源短缺程度分布图

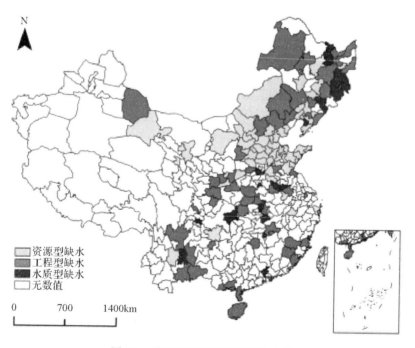

图 9.2　中国水资源短缺类型分布图

（3）风险概念界定

风险一词最早出现于意大利语中的"Risco"，是指礁石。13 世纪风险概念的提出主要是为了表述地中海一带海上贸易可能发生的触礁或沉船事件。风险是人们针对事物演变进程中的不确定性而提出的趋利避害的可能性。刘岩等（2007）认为风险的内涵包括：风险是一种可能性；风险是人与特定事物或对象才能形成的关系，事物本身不具有风险性；不同时期，不同生产力条件下，风险的表现形式也有所不同；对人类的生产生活产业影响，且具有一定社会经济价值的才能称之为风险。丁义明（2001）从经济学的角度定义风险，认为风险是针对产出的不确定性和价格的不确定性所产生损失的可能性。李爱花、刘恒等（2009）从水利工程的角度，认为风险是系统负荷超过其承载能力，引起系统发生故障的概率。

（4）水资源短缺风险的概念

水资源系统存在着众多的不确定性因素，左其亭等（2003）从水资源系统的角度，指出风险的三项基本特征：客观性、易损性和不确定性，提出了水资源系统中的不确定性系统的概念。研究水资源短缺风险是人们趋利避害的本能，是利用科学的研究方法对未来有可能出现的对人类生产生活所需水资源产生不利影响因素的规避。本研究利用马尔科夫链模型对水资源短缺风险做出预测。基于马尔科夫链的预测模型是一种较为成熟的预测模型，它拥有计算简单便捷、对数据连续性要求低、预测精度较高等优点，是现阶段被广泛应用的一种风险预测模型。

9.1.2　马尔科夫链预测模型

当一个随机事件在不同的时间拥有不同的状态时，如果该事件未来的演变状态只与现在所处的状态相关，而与之前发生的状态无关，称之为马尔科夫性，整个事件状态变化的过程，就是马尔科夫过程。该方法是由俄国科学家 A. A. Markov 在 1906 年提出的，是为了解决人类生产生活中的特殊性随机事件而产生的。马尔科夫链是指马尔科夫过程中状态和时间都离散的特殊情况。

马尔科夫链预测已被广泛应用于各个行业的预测分析：刘晓琴等（2010）将其应用在铁路春运客流预测中，为铁路系统合理配置铁路运输资源提供了指导依据；付长贺（2009）将其应用在传染病预防领域；殷少美、周寅康等（2006）将其应用在了土地利用结构领域；谷秀娟等（2012）将其应用在房价预测研究领域。在水资源学领域，马尔科夫链预测也是一种常见的预测方法：卫晓婧等（2009）将马尔科夫链与蒙特卡洛算法融合，对汉江玉带河流域进行了水文预测；孙鹏（2014）利用马尔科夫预测模型对新疆水文气象干旱进行了研究；杜川、梁秀娟等（2014）通过三点滑动法和模糊聚类法对灰色模型和马尔科夫链模型进行改进，并将其应用在区域年降水量的预测研究中；林洁、夏军（2015）利用马尔科夫链模型对湖北省干旱进行了短期预测。

马尔科夫链预测一般包括以下四个过程：

（1）划分预测对象所处的状态

状态是指事件在某一时刻所处的状况。客观事物的状态往往不是一成不变的，在不同的时间可能处于不同的状态，影响事物发展的因素发生了变化，事物本身的状态也会随之变化。用状态变量可表示为：

$$x_t = i \qquad (9.1)$$

式中：i 为事件 X 在 t 时刻所处的状态，$i = 1, 2, 3, \cdots, n$；$t = 1, 2, \cdots$。

状态的划分是整个预测模型中最重要的，合理的状态划分可使整个预测模型的预测结果更科学可靠。在实际操作中，往往需要根据事件本身的需要和实际数据计算的需要，不断对所划分的状态进行修正。

（2）计算初始状态概率

初始状态概率的计算，其实就是对所得历史数据的整理和计算，利用之前划分好的状态，计算出每一种状态在整个数据中出现的概率。公式如下：

$$P_i = M_i/M \tag{9.2}$$

式中：P_i 为每一种状态的初始概率；M_i 为某一状态出现的次数；M 为数据选取的年份。

初始概率计算非常简便，是建立在大量数据支持的基础上，数据越多最后的预测结果越准确。由于马尔科夫链本身性质，并不要求数据具有时间上的连续性，这也是此方法的一项优点。

（3）计算状态转移概率

假设事物存在 n 种状态（$n = 1，2，3，\cdots，n$），且每一时刻事物只能处于一种状态，如果事物当前处于状态 i，则事物下一时刻状态可能为 n 种状态中的任意一种，由于状态转移具有随机性，故只能采用概率的形式来对转移的可能性进行描述，这就是状态转移概率。用公式可以表达为：

$$p_{ij} = p(i/j) = M_{ij}/M_i \tag{9.3}$$

式中：P_{ij} 为事物从 i 状态转移向 j 状态的状态转移概率；M_{ij} 为事物从 i 状态转移向 j 状态的个数。

状态转移概率的计算是马尔科夫链预测算法的核心，事物未来演变的预测也是基于对事物过去状态变化规律的总结而提出的，与马尔科夫性中所提出的事物将来的演变状态与事物过去所处的状态无关，只与事物当时所处的状态有关并不矛盾。

（4）根据状态转移概率进行预测

通过对事物由当前时刻的状态 i 转移到下一时刻的状态 j 的 n 种可能性进行逐一计算，就会得到 n 个状态转移概率，从中选取概率最大的转移状态作为预测的结果。

马尔科夫链预测模型步骤如图9.3所示。

9.1.3 故障树分析模型

（1）故障树分析概述

故障树分析是一种利用事物之间因果关系，通过分析可能引起系统发生故障的各种因素的组合状况，从而确定系统可能发生故障的可能性，进而对系统进行维护和改进的一种分析方法。它是由美国贝尔实验室于1961年提出的，并将其应用于军事领域，此后经过专家学者的不断努力，故障树分析在系统的安全性、可靠性以及风险分析中都取得了巨大的成就，其应用领域非常广泛，主要包括机械、电子、航空、建筑、环境、安全等（李彦锋，2009；韩传峰，2006；龙小梅等，2005；张晓洁等，2009）。近年来，故障树分析模型也被引入到水资源

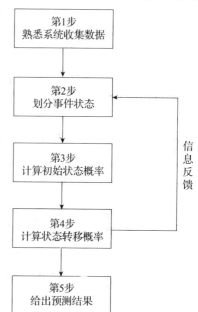

图9.3 马尔科夫链预测模型步骤图

学领域，许多专家学者开始从故障树分析的角度来研究水资源系统风险。刘建昌、张微等（2009）将故障树模型应用于跨流域调水水质污染风险的研究上；刘家宏等（2012）利用故障树分析模型对地区河流突发性水污染进行了多尺度的风险评价；石春燕等（2013）以巢湖为例，构建了区域生态调水水质风险故障树模型；李松晨、杨高升等（2015）运用脆性模型结合故障树分析法对城市防洪系统就行了探究。

（2）故障树建立的基本程序

①熟悉系统

阅读大量系统相关资料，掌握系统运转的的状态、参数及系统运行的流程。

②调查并统计事故案例

收集系统在一段时期内出现故障的原因和次数，方便后续对顶上事件的确立和对系统中引起故障的因素进行概率统计。

③确立系统的基本事件、中间事件和顶上事件

确立顶上事件时，必须对系统进行综合全面的考察，将系统可能发生的故障状态一一列举，并根据分析目的的需要和影响系统运转的重要程度来进行科学合理的选择。中间事件和基本事件的选择，需要对以往系统出现的故障和未来可能出现的故障进行综合分析并对故障要素进行归类。

④绘制故障树图

将之前划分好的故障要素按照其逻辑关系，从上层到下层画出故障树。

（3）水资源短缺故障树模型建立

本次研究在总结现有水资源短缺分析模型和水资源短缺预测模型，综合了著者对水资源短缺风险的认识，建立了水资源短缺故障树模型如图9.4所示。

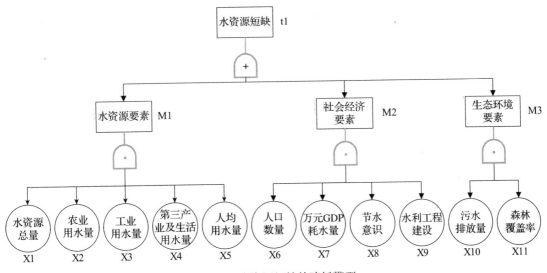

图9.4　水资源短缺故障树模型

（4）故障树模型定性分析

①计算最小割集。一般采用布尔代数化简法。

②计算最小径集。一般采用对应故障树画出"成功树"，求成功树的最小割集就是故障

树的最小径集。

③结构重要度分析。这是一种非常重要的定性分析方法，对于结构越复杂的故障树，其分析效果越好，而对于结构相对简单的故障树，则意义不大。

（5）故障树模型定量分析

①顶上事件发生概率

根据各项基本事件的出现的可能性计算顶上事故出现的可能性，其意义在于从顶上事故出现概率的大小与其在预期内所造成的危害和损失进行评估，如果结果超出了预期的估测值或者损失超过了人们的接受范围，则应采取相应的措施，保证系统安全运行。计算顶上事件概率的公式如下：

$$g = \sum \varphi(x) \prod_{i=1}^{n} p_i^{x_i} (1 - p_i)^{1-x_i} \tag{9.4}$$

式中：g 为顶上事件发生的概率；$\varphi(x)$ 为基本事件的状态组合所对应的顶上事件的状态值；P_i 为第 i 个基本事件的发生概率；$\prod\limits_{i=1}^{n}$ 为 n 个事件的概率积。

②概率重要度分析

如果某项基本事故的概率重要度越高，则对顶上事故产生的可能性影响越大，有针对性降低对此项基本事故出现的可能性，可以有效地降低顶上事故出现的可能性。概率重要度计算公式如下：

$$I_g(i) = \frac{\partial g}{\partial p_i} \tag{9.5}$$

式中：$I_g(i)$ 为第 i 个基本事件的概率重要度系数；g 为顶上事件发生的概率；P_i 为第 i 个基本事件的发生概率。

③临界重要度分析

临界重要度相比于概率重要度的优势就在于它能够反映出客观世界存在的一项基本规律，即概率越大的基本事件减少其概率就越容易，因而在实际计算中，临界重要度分析的意义反而更大。其基本计算公式如下：

$$I_g^c(i) = \frac{p_i}{g} I_g(i) \tag{9.6}$$

式中：$I_g^c(i)$ 为第 i 个基本事件的临界重要度系数。

故障树分析流程如图 9.5 所示。

9.2 研究区水资源短缺风险预测

9.2.1 研究区水资源短缺概况

山西省地处我国中部地区，位于 $34°36' \sim 40°44'$ N，$110°15' \sim 114°32'$ E，面积 15.6 万

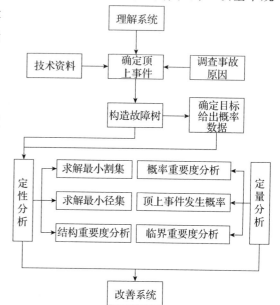

图 9.5 故障树分析流程图

km²。区内地貌景观以基岩山地、黄土高原山地和断陷盆地为主，其中山地面积约占 40%，主要山脉包括五台山、中条山、太岳山、太行山、吕梁山、衡山，且多呈东北—西南走向或近南北走向，利于水汽由南向北深入。降水量多集中在夏秋季，多年平均降水量约为 478mm，其中中部地区降水量较多，约为 550mm，南部地区由于地形因素降水相对偏少，约为 500mm，北部地区降水偏少，在 400mm 以下。区内有大小河流 1000 余条，主要河流有桑干河、涑水河、汾河、沁河、黄河等，河流数量较多，但多为季节性河流，水量受降水影响较大。

山西省水资源具有以下几个特点：

（1）水资源严重短缺

山西省人均水资源仅为 466m³，是我国水资源最短缺的省份之一，远低于全国 2240m³ 的人均水资源水平。联合国规定：轻度缺水是指人均水资源低于 3000m³；低于 2000m³ 属于中度缺水；低于 1000m³ 属于重度缺水；低于 500m³ 属于极度缺水，为此山西省属于极度缺水地区。山西省水资源短缺类型如图 9.6 所示。

（2）水资源时空分布不均衡

山西省是典型的温带季风气候，夏秋降水多，冬春降水少，降水主要集中在 7 ~ 9 月，约为全年降水量的 70% ~ 80%。空间分布上，全省降水较多的地区为晋中地区和晋东南地区，而人口较多的晋南和工业基础良好的晋北降水量偏少。

图 9.6　山西省水资源短缺类型

（3）水资源污染严重

山西省以钢铁、化工、煤炭为主的重工业结构，使得水资源污染极为严重。在 1998 年对 3178km 的河段评价中，IV 类以上水质的河段占到总数的 70%。2008 年对全省 25 处主要河流的重点河段的监测评价结果表明，劣 IV 类水质的河段达 21 处，占评价河段总数的 84%。水资源污染危机加剧。

山西省政府给予水资源短缺问题以充分的重视，采用了很多办法：颁布水资源管理条例；增加资金投入；促进水资源开发利用；推行节水措施；加大水资源污染检测力度；协调多地水资源空间和时间调配。相关领域专家也投入大量精力对山西省水资源短缺问题进行研究。伊伟强（2007）分析了山西省的产业结构及区域水资源保障的空间状况，指出：水资源短缺是影响山西省产业结构转型和经济发展最大的障碍。赵桂香（2008）从全球气候环境变化的大条件下探讨了干旱化趋势对山西省水资源短缺的影响，得出随着干旱化趋势的不断加剧，山西省水资源量正以每十年一个台阶的速度快速下降，尤其是中部和北部。王政友（2011）研究了由于地下水严重超采所引起的水资源短缺、生态环境破坏和地质塌陷等问题，并给出了预防地下水超采的相关对策。穆仲平（2006）分析了山西省水资源开发的特点及问题，并提出了水资源可持续开发利用的对策。王颖（2011）从水资源系统压力的角度，建立了山西省水资源系统压力评价指标体系，并对全省进行水资源系统压力评价，结果表明：山西省总体上处于中度压力阶段，太原、大同、运城压力较大，长治、晋城、忻州压力较小，其他地区压力适中。王晓宇（2004）通过分析山西省水资源承载力、水资源利用率和水环境承载力，提出了山西省水资源可持续发展的建议。姚文秀（2008）分析了山西省水资源的现状，认为山西省水资源短缺的问题必须从黄河引水，并提出了向山西中部和南部地区盆地引黄的方案。

9.2.2　研究区水资源短缺故障树模型建立

建立科学合理的水资源短缺预测指标体系是预测水资源短缺状况的基础，本研究结合了部分专家学者在水资源短缺评价方面采用的指标体系，并结合研究区山西省水资源短缺的实际情况，建立了以山西省水资源短缺为顶上事件，以水资源要素、社会经济要素和生态环境要素为中间层事件，以水资源总量、实际用水量、人均用水量、万元 GDP 用水量、人口增长率、污水排放量和森林覆盖率为基本事件的故障树体系，如图 9.7 所示。各项指标的涵义见表 9.2。

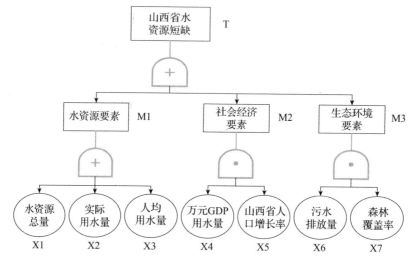

图 9.7　山西省水资源短缺故障树体系

表 9.2　山西省水资源短缺故障树体系指标涵义

指标	涵义
水资源总量（m^3）	反映山西省可供水量状况
实际用水量（m^3）	反映山西省水资源需求状况
人均用水量（m^3/人）	反映人们节水意识
万元国内生产总值用水量（m^3/万元）	反映山西省用水效率
山西省人口增长率（%）	反映人口对水资源短缺的影响
污水排放量（吨）	反映山西省水污染的状况
森林覆盖率（%）	反映山西省生态环境状况

9.2.3　研究区水资源短缺基本事件分析

（1）水资源总量

本研究选取了 2001～2012 年山西省水资源总量的数据，山西省水资源变化趋势如图 9.8 所示。

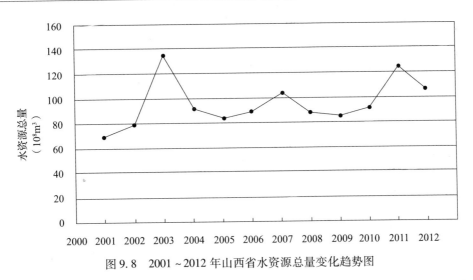

图 9.8　2001~2012 年山西省水资源总量变化趋势图

图 9.8 反映了山西省 2001~2012 年间水资源总量的变化状况。进入 21 世纪，国家开始对黄河流域水资源进行整体调配和管理，山西省水资源总量趋于相对稳定，在这段时期，年平均水资源总量为 $95.6 \times 10^8 \mathrm{m}^3$。其中，水资源总量的最小值出现在 2001 年，为 $69.5 \times 10^8 \mathrm{m}^3$；2003 年的水资源总量最大，其值为 $143.9 \times 10^8 \mathrm{m}^3$。在此期间，水资源总量也出现了两次较大的峰值，分别为 2007 年的 $103.4 \times 10^8 \mathrm{m}^3$ 和 2011 年的 $124.3 \times 10^8 \mathrm{m}^3$。由此可见，在 2003 年、2007 年、2011 年山西省的年降水量较大。

（2）实际用水量

本研究选取了 2001~2012 年山西省水资源实际用水量的数据进行分析，山西省实际用水量变化趋势如图 9.9 所示。

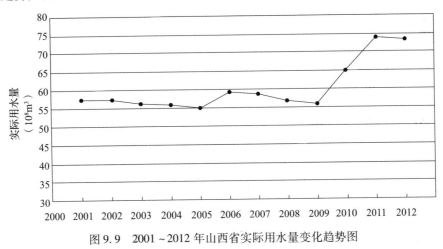

图 9.9　2001~2012 年山西省实际用水量变化趋势图

图 9.9 反映出 2001~2012 年山西省实际用水量的情况。2001~2009 年间，山西省实际用水量保持相对稳定的状态，平均用水量在 $57 \times 10^8 \mathrm{m}^3$，期间在 2006 年出现了一个小峰值，为 $59.29 \times 10^8 \mathrm{m}^3$，而在 2005 年和 2009 年则相对较少，分别为 $55.23 \times 10^8 \mathrm{m}^3$ 和 $55.87 \times 10^8 \mathrm{m}^3$。自 2010 年起，山西省实际用水量开始大幅度上升，在 2011 年达到了峰值 $74.18 \times 10^8 \mathrm{m}^3$，相比 2009 年，增加了 32.7%，之后开始缓慢下降。

（3）万元国内生产总值用水量

本研究选取了 2001～2012 年山西省万元 GDP 生产总值用水量的数据进行分析，山西省万元 GDP 用水量变化趋势如图 9.10 所示。

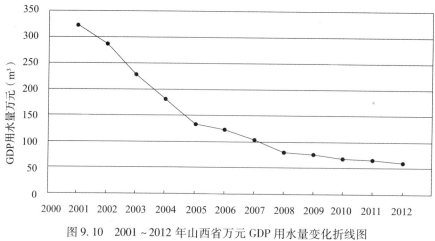

图 9.10　2001～2012 年山西省万元 GDP 用水量变化折线图

图 9.10 反映了 2001～2012 年山西省万元 GDP 用水量变化的情况。由图可知，山西省万元 GDP 用水量一直处于下降状态，说明山西省工农业生产水资源的利用效率在不断上升。根据折线图的变化情况，大致可以将其分为三个阶段，2001～2005 年处于快速下降阶段，2006～2008 年下降趋势有所减缓，2009～2012 年处于缓慢下降阶段。

（4）山西省人口数量

现选取 2001～2012 年山西省人口数量对山西省人口数量变化情况进行分析，结果如图 9.11 所示。

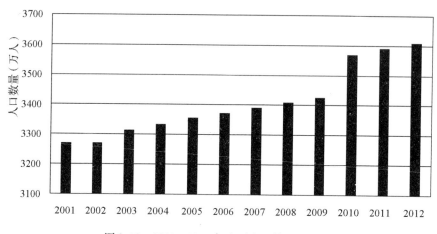

图 9.11　2001～2012 年山西人口数量柱状图

图 9.11 反映出 2001～2012 年山西省人口数量变化的情况。由图可知，山西人口数量始终处于上升状态，且大部分年份增长比较平稳。2002 年山西省人口数量上升缓慢，几乎与上年人口数量持平，仅增长了 7000 人。2003～2009 年，山西省人口数量保持稳定小幅上升，年平均增长率约为 0.6%。2010 年相较于 2009 年则增幅明显，增长幅度达到了 4.2%，

可以推测 2010 年山西省外来迁入人口较多。2011～2012 年人口数量的增长幅度又开始保持平稳。

（5）人均用水量

本研究选取了 2001～2012 年山西省人均用水量，山西省人均用水量变化趋势如图 9.12 所示。

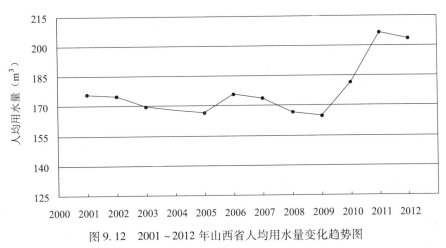

图 9.12　2001～2012 年山西省人均用水量变化趋势图

图 9.12 反映出 2001～2012 年山西省人均用水量的状况。2001～2005 年山西省人均用水量处于缓慢下降的阶段。2006 年出现了小幅度的上升，2007～2009 年再一次小幅度下降。2001～2009 年间，山西省人均用水量变化相对平稳。2010～2012 年出现了大幅度上升，并且在 2011 年达到了峰值 207m³，相较于 2009 年增长了 25.4%。

（6）森林覆盖率

本研究选取了 1975～2010 年山西省森林覆盖率，山西省森林覆盖率变化趋势如图 9.13 所示。

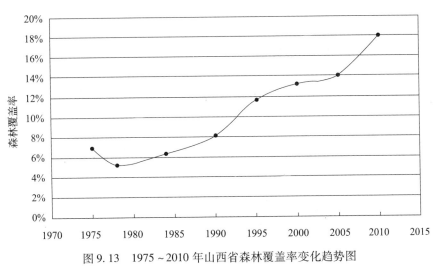

图 9.13　1975～2010 年山西省森林覆盖率变化趋势图

图 9.13 反映了 1975～2010 年山西省森林覆盖率的变化状况。总体而言，山西省森林覆盖率在不断上升，说明人们对森林生态环境的重视在不断加强。1975～1980 年间森林覆盖

率出现下滑，从7%下降到5.2%。1980年后，山西省森林覆盖率稳步上升，大致可分为四个阶段：1980~1990年增长速度较快，到1990年森林覆盖率为8.1%；1990~1995年森林覆盖率增长速度进一步加快，五年间山西省森林覆盖率增加了4.6%；1995~2005年增长相对缓慢，十年只增加了2.4%；2005~2010年山西省森林覆盖率飞速增长，2010年达到了18%。

（7）污水排放量

本研究选取了1995~2004年山西省污水排放量进行分析，其变化趋势如图9.14所示。

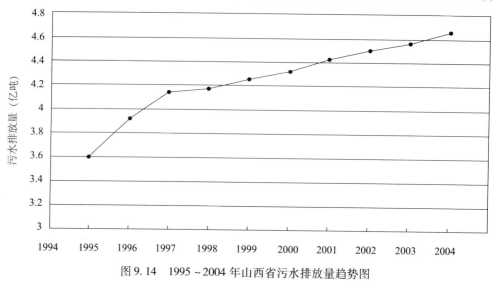

图9.14　1995~2004年山西省污水排放量趋势图

图9.14反映了1995~2004年山西省污水排放量的变化情况。十年间山西省污水排放量增长了29.4%，山西省水污染程度不断加剧。1995~1997年山西省污水排放量迅速增长，两年增加了0.54亿吨，增幅达15%。1997~1998年国家狠抓污水排放和污水处理，山西省污水排放量仅增长了0.03亿吨。山西省污水排放量在1999~2004年处于增长相对缓慢且平稳的状态，年平均增长率约为1.8%。

9.3　基于故障树模型的研究区水资源短缺状况分析

9.3.1　基于马尔科夫链的研究区水资源短缺预测

（1）水资源总量

取2001~2012年山西省水资源总量共12年的数据，见表9.3，取其平均值为$95.6 \times 10^8 \text{m}^3$，平均值上下浮动百分之十的范围约为$86 \times 10^8 \text{m}^3 \sim 105 \times 10^8 \text{m}^3$，其划分状态见表9.4。

表9.3　2001~2012年山西省水资源总量

年份	2001	2002	2003	2004	2005	2006
水资源总量/10^8m^3	69.5	78.73	134.9	92.5	84.12	88.53
年份	2007	2008	2009	2010	2011	2012
水资源总量/10^8m^3	103.36	87.38	85.76	91.55	124.34	106.25

表9.4　山西省水资源总量状态划分标准

状态	缺水	平水	丰水
水资源总量/$10^8 m^3$	$X < 86$	$86 \leqslant X \leqslant 105$	$X > 105$

依据表9.4中水资源总量状态的划分标准可知，缺水年份为2001、2002、2005、2009，平水年份为2004、2006、2007、2008、2010，丰水年份为2003、2011、2012，则其状态出现频率的矩阵为：

$$M = \begin{bmatrix} 1 & 2 & 1 \\ 2 & 2 & 2 \\ 0 & 1 & 2 \end{bmatrix}$$

因此，山西省水资源总量的状态转移矩阵为：

$$P = \begin{bmatrix} 1/4 & 1/2 & 1/4 \\ 2/5 & 2/5 & 1/5 \\ 0 & 1/3 & 2/3 \end{bmatrix}$$

由于数据中所取年份2014年为丰水，因此2015年属于丰水的概率比较大，且概率分布为2/3。

（2）实际用水量

取2001~2012年山西省实际用水量共12年的数据（表9.5），取其平均值为$60.5 \times 10^8 m^3$，平均值上下浮动百分之五的范围约为$57.5 \times 10^8 m^3 \sim 63.5 \times 10^8 m^3$，其划分状态见表9.6。

表9.5　2001~2012年山西省实际用水量

年份	2001	2002	2003	2004	2005	2006
实际用水量/$10^8 m^3$	57.58	57.5	56.2	55.9	55.23	59.29
年份	2007	2008	2009	2010	2011	2012
实际用水量/$10^8 m^3$	58.74	56.92	55.87	65.18	74.18	73.39

表9.6　山西省实际用水量状态划分标准

状态	用水量较少	用水量一般	用水量较多
实际用水量/$10^8 m^3$	$X < 57.5$	$57.5 \leqslant X \leqslant 63.5$	$X > 63.5$

根据表9.6中实际用水量状态划分标准，得到山西省用水量较少的年份为2003、2004、2005、2008、2009，用水量一般的年份为2001、2002、2006、2007，用水量较大的年份为2010、2011、2012，其状态出现频率的矩阵为：

$$M = \begin{bmatrix} 3 & 1 & 1 \\ 2 & 2 & 0 \\ 0 & 1 & 2 \end{bmatrix}$$

因此，山西省实际用水量的状态转移矩阵为：

$$P = \begin{bmatrix} 3/5 & 1/5 & 1/5 \\ 1/2 & 1/2 & 0 \\ 0 & 1/3 & 2/3 \end{bmatrix}$$

由于数据中所取年份 2014 年为用水量较多的年份，因此，2015 年属于用水量较多的年份的概率较大，且概率为 2/3。

（3）万元国内生产总值用水量

取 2001~2012 年山西省万元国内生产总值用水量进行分析（表 9.7），从表中数据可以看出万元 GDP 用水量在不断下降，因此在此不作状态划分。2015 年万元 GDP 用水量继续下降的概率较大，且概率为 11/12。

表 9.7　2001~2012 年山西省万元 GDP 用水量

年份	2001	2002	2003	2004	2005	2006
万元 GDP 用水量/m³	324	287	229	183	134	124
年份	2007	2008	2009	2010	2011	2012
万元 GDP 用水量/m³	102	81	76	69	66	61

（4）山西省人口增长率

分析 2001~2012 年山西省人口增长率数据，计算人口相较于上一年的增长率（表 9.8），取其平均值为 1.009%，上下浮动百分之十范围约为 1.008%~1.010%，其划分状态标准见表 9.9。

表 9.8　2002~2012 年山西省人口增长率

年份	2002	2003	2004	2005	2006	2007
人口增长率/%	1.000	1.013	1.006	1.007	1.005	1.005
年份	2008	2009	2010	2011	2012	
人口增长率/%	1.005	1.005	1.042	1.006	1.005	

表 9.9　山西省人口增长率状态划分标准

状态	增长率较慢	增长率一般	增长率较快
人口增长率/%	$X < 1.008$	$1.008 \leqslant X \leqslant 1.010$	$X > 1.010$

由人口增长率状态划分标准可知山西省人口增长率较慢的年份为 2002、2004~2009、2011~2012，增长率一般的年份无，增长率较快的年份为 2003、2010，则其状态出现频率的矩阵为：

$$M = \begin{bmatrix} 6 & 1 & 2 \\ 0 & 0 & 0 \\ 2 & 0 & 0 \end{bmatrix}$$

因此，山西省人口增长率的状态转移矩阵为：

$$P = \begin{bmatrix} 2/3 & 1/9 & 2/9 \\ 0 & 0 & 0 \\ 1 & 0 & 0 \end{bmatrix}$$

由于数据中所取年份 2014 年为人口增长率较慢的年份，因此，2015 年属于增长率较慢的年份概率大，且概率为 2/3。

（5）人均用水量

选取 2001～2012 年山西省人均用水量数据（表 9.10），其平均值为 178m³，平均值上下浮动百分之五范围约为 169～187m³。则人均用水量状态划分标准见表 9.11。

表 9.10　2001～2012 年山西省人均用水量

年份	2001	2002	2003	2004	2005	2006
人均用水量/m³	176	175	170	168	167	176
年份	2007	2008	2009	2010	2011	2012
人均用水量/m³	174	167	165	182	207	204

表 9.11　山西省人均用水量状态划分标准

状态	用水量较少	用水量一般	用水量较多
人均用水量/m³	$X < 169$	$169 \leqslant X \leqslant 187$	$X > 187$

依据表 9.11 的人均用水量状态划分标准，可得山西省用水量较少的年份为 2004、2005、2008、2009，用水量一般的年份为 2001、2002、2003、2006、2007、2010，用水量较多的年份为 2011、2012，则其状态出现频率的矩阵为：

$$M = \begin{bmatrix} 2 & 2 & 0 \\ 2 & 3 & 1 \\ 0 & 1 & 1 \end{bmatrix}$$

因此，山西省人均用水量的状态转移矩阵为：

$$P = \begin{bmatrix} 1/2 & 1/2 & 0 \\ 1/3 & 1/2 & 1/6 \\ 0 & 1/2 & 1/2 \end{bmatrix}$$

由于数据中 2014 年为用水量较多年份，因此，2015 年属于用水量较多和用水量一般年份的概率较大，且概率为 1/2。

（6）森林覆盖增长率

取 1975～2010 年间山西省森林覆盖增长率数据共形成 7 个增长率时间段，见表 9.12，其平均值为 17%，平均值上下浮动范围为 10%～20%，其划分状态标准见表 9.13。

表 9.12　1975～2010 年间山西省森林覆盖率增长率

年份	1975 - 1978	1978 - 1984	1984 - 1990	1990 - 1995
森林覆盖增长率/%	− 21%	21%	29%	44%
年份	1995 - 2000	2000 - 2005	2005 - 2010	
森林覆盖增长率/%	13%	7%	27%	

表 9.13　山西省森林覆盖增长率状态划分标准

状态	增长较慢	一般	增长较快
森林覆盖增长率/%	$X < 10\%$	$10\% \leqslant X \leqslant 20\%$	$X > 20\%$

由表 9.12 可知山西省森林覆盖增长较慢的年份为 1975～1978、2000～2005，一般的年份为 1995～2000，增长较快的年份为 1978～1984、1984～1990、2005～2010，则其状态出现频率的矩阵为：

$$M = \begin{bmatrix} 0 & 0 & 2 \\ 1 & 0 & 0 \\ 0 & 1 & 2 \end{bmatrix}$$

因此，山西省森林覆盖增长率的状态转移矩阵为：

$$P = \begin{bmatrix} 0 & 0 & 1 \\ 1 & 0 & 0 \\ 0 & 1/3 & 2/3 \end{bmatrix}$$

由于数据中所取年份 2005～2010 年为增长较快的年份，因此 2010～2015 年森林覆盖增长率属于增长较快年份的可能性较大，且概率为 2/3。

（7）污水排放量增长率

取 1995～2004 年山西省污水排放量的 9 个增长率数据，见表 9.14，取平均值 2.9%，平均值上下浮动 20% 为 2.32%～3.48%，其划分状态标准见表 9.15。

表 9.14　1995～2004 年间山西省污水排放量增长率

年份	1995 – 1996	1996 – 1997	1997 – 1998	1998 – 1999	1999 – 2000
污水排放量增长率/%	8.9%	5.6%	0.7%	2.2%	1.4%
年份	2000 – 2001	2001 – 2002	2002 – 2003	2003 – 2004	
污水排放量增长率/%	2.5%	1.6%	1.3%	2.2%	

表 9.15　1995～2004 年山西省污水排放量增长率状态划分标准

状态	增长较慢	一般	增长较快
污水排放量增长率/%	$X < 2.32\%$	$2.32\% \leqslant X \leqslant 3.48\%$	$X > 3.48\%$

根据表 9.14 的污水排放量增长率状态划分标准可知，山西省污水排放量增长较慢的年份为 1997～1998、1998～1999、1999～2000、2001～2002、2002～2003、2003～2004，增长一般的年份为 2000～2001，增长较快的年份为 1995～1996、1996～1997。则其状态出现频率的矩阵为：

$$M = \begin{bmatrix} 4 & 2 & 0 \\ 1 & 0 & 0 \\ 1 & 0 & 1 \end{bmatrix}$$

因此，山西省污水排放增长率的状态转移矩阵为：

$$P = \begin{bmatrix} 2/3 & 1/3 & 0 \\ 1 & 0 & 0 \\ 1/2 & 0 & 1/2 \end{bmatrix}$$

因为数据中所取年份 2013～2014 年为增长较慢的年份，因此 2014～2015 年污水排放量增长率属于增长较慢的可能性较大，且概率为 2/3。

9.3.2　研究区水资源短缺的定性分析

（1）最小割集

根据山西省水资源短缺的故障树模型图，本研究考虑到社会经济要素和生态环境要素中单一基本要素变化对整个系统的变化影响有限，因而在系统中更加注重多个要素变化所引起的中间层要素变化对顶上事故发生状况的影响，因此，最小割集只有五个，即：

$$\{x_1, x_2, x_5, x_3x_4, x_6x_7\}$$

最小割集反映出顶上事故发生的概率大小，系统中存在五个割集就表示引起山西省水资源短缺的五种可能性，其中水资源要素中所属的水资源总量、实际用水量和人均用水量任意一项发生故障，都可以引起水资源短缺事故在山西省的出现。社会经济要素所属的万元 GDP 用水量、山西省人口增长率和生态环境要素所属的污染排放量、森林覆盖率则需要在同时发生故障时，才能引起山西省水资源短缺事故的出现。因此，系统中危险性较大的是水资源要素所属的三项基本事件，控制好这三项事故的发生可能性能够显著降低顶上事故发生的可能性。

（2）最小径集

最小径集与最小割集对偶，表示不会引起山西省水资源短缺的基本事故的组合。最小径集包含四个，即：

$$\{x_1x_2x_3x_5x_6, x_1x_2x_3x_5x_7, x_1x_2x_4x_5x_6, x_1x_2x_4x_5x_7\}$$

山西省水资源短缺故障树系统中包含了四个最小径集，即包含了四种使顶上事故不发生的组合，每个最小径集，均包含五项基本事件，其中水资源总量、实际用水量和人均用水量在每一种可能性中都是不可或缺的事件，因此，在选择控制山西省水资源短缺事故的方案中，这三项基本事件是需要被优先考虑的。

（3）结构重要度

结构重要度表示故障树系统中各要素在结构上对山西省水资源短缺影响水平的大小。运用 FreeFta 软件计算得到：

$$I(x_5) = I(x_2) = I(x_1) > I(x_7) = I(x_6) = I(x_4) = I(x_3)$$

结构重要度是单纯从系统的结构上来判断系统中各项基本事件对顶上事件的重要程度。在山西省水资源短缺故障树模型中，水资源总量、实际用水量和人均用水量对系统的影响程度较大，万元 GDP 用水量、山西省人口增长率、污水排放量和森林覆盖率则对系统的影响程度相对较小。

9.3.3　研究区水资源短缺定量分析

（1）顶上事件概率

本研究预测山西省 2015 年水资源短缺状况发生的可能性，因此各基本事件发生的概率整理见表 9.16。

表 9.16　2015 年山西省水资源短缺状况各基本事件的发生概率

基本事件	水资源总量 x_1	实际用水量 x_2	人均用水量 x_3	万元 GDP 用水量 x_4	山西省人口增长率 x_5	污水排放量 x_6	森林覆盖率 x_7
发生概率	0.33	0.66	0.08	0.33	0.5	0.33	0.33

将上述数据代入公式 9.4 中，并运用 FreeFta 软件可计算得到 2015 年山西省水资源短缺的概率约为 0.9。

（2）概率重要度

基本事件的概率重要度从定量的角度反映了各项基本基本事件对山西省水资源短缺故障树系统的影响程度，将顶上事件概率及各基本事件概率代入公式 9.5 中，得到各基本事件的概率重要度，并给出重要性排序。

由表 9.17 可知，在各项基本事件中，对系统影响最大的是实际用水量，其概率重要度达到了 0.291，其次为人均用水量和水资源总量，分别为 0.198 和 0.147。万元 GDP 用水量、污水排放量和森林覆盖率对系统的影响程度相对较小，最不敏感的是人口增长率。因此，控制实际用水量发生事故的概率可以显著降低山西省水资源短缺发生的可能性。

表 9.17　2015 年山西省水资源短缺状况基本事件的概率重要度

基本事件	概率重要度	排序
水资源总量 $x1$	0.147	3
实际用水量 $x2$	0.291	1
人均用水量 $x5$	0.198	2
万元 GDP 用水量 $x3$	0.033	6
山西省人口增长率 $x4$	0.008	7
污水排放量 $x6$	0.037	4
森林覆盖率 $x7$	0.037	5

（3）临界重要度

临界重要度反映了影响山西省水资源短缺的各项基本事件发生变化时引起顶上事件山西水资源短缺状况发生变化的情况。运用公式（9.6）计算，得到 2015 年山西省水资源短缺基本事件的临界重要度及其排序，见表 9.18。

表 9.18　2015 年山西省水资源短缺基本事件的临界重要度

基本事件	临界重要度	排序
水资源总量 $x1$	0.054	3
实际用水量 $x2$	0.213	1
人均用水量 $x5$	0.109	2
万元 GDP 用水量 $x3$	0.003	6
山西省人口增长率 $x4$	0.003	7
污水排放量 $x6$	0.013	4
森林覆盖率 $x7$	0.013	5

在山西省水资源短缺基本事件临界重要度的计算结果中，实际用水量依然是对系统影响最大的基本事件，影响度达到了 0.213，人均用水量和水资源总量对系统的影响度次之，分别为 0.109 和 0.054。其余 4 项基本事件对系统的改变程度相对较小。因此，在安排山西省水资源短缺系统故障的预防和系统安全的检查时，应该优先对实际用水量的情况进行调查，

其次为人均用水量和水资源总量。

9.4　研究区水资源短缺预测结果分析与建议

9.4.1　研究区水资源短缺风险预测结果

（1）山西省 2015 年会有较高的概率出现水资源短缺的状况，且概率达 90%，水资源短缺风险严重。

（2）本研究所选取的影响山西省水资源短缺的 7 项基本事件中，实际用水量无论是在结构重要度的定性分析中还是在概率重要度和临界重要度的定量分析中，均为系统中影响最大的基本事件。因此，降低实际用水量的故障出现的可能性能够有效地降低山西省水资源短缺风险发生的概率。其次为人均用水量和水资源总量，对系统的影响也比较大，在水资源短缺风险出现时，应优先给予考虑降低其故障发生概率。

9.4.2　研究区对水资源短缺现状采取的措施和预测结果验证

（1）2015 年山西省针对水资源短缺采取的措施

①工程与投资

山西省一方面抓住重点，在建设大水网方面，完成了 150 公里输水工程，稳步推进山西省大水网四大骨干工程的建设，另一方面做好小型水库的维护更新建设工作，编制了超过 70 座小型水库的建设规划。此外，在水资源监测方面，完成了对 69 座水文站的设备更新，大幅度提高对山西省水资源状况的监测能力。

②制度与管理

水利部门积极贯彻国家在"十二五"规划中提出的最严格的水资源管理制度，不断推进农村水价、农村水权改革和水利市场化等制度的完善，建立了科学的水资源和水环境监测制度，监测能力在全国范围内名列前茅。

③水生态治理

山西省政府颁布了《汾河流域生态修复规划刚要》，开工建设了 42 项生态治理工程。农村饮水安全工作全面完成，建成 1300 余处饮水工程，解决和改善了 65 万农村人口的饮水问题。

（2）2015 年山西省水资源出现的问题及对预测结果的验证

在山西省政府和人民的共同努力下，2015 年山西省水资源在工程建设和制度建设方面都取得了巨大的成就，有效缓解和改善了山西省水资源短缺的局面，但山西省依然出现了区域性的水资源短缺问题。

从 6 月份开始，包括晋中、运城在内的大部分地区降水量比往年大幅度偏少，绝大多数地区出现了严重干旱少雨的天气，农作物大面积减产和绝收。在 2015 年山西省降水量偏少，气候干旱的状况下，很多城市却将大量的水资源用于城市街道冲洗洒水，水资源浪费严重。

2015 年山西省平均降水量约为 440mm，较往年偏少 28.4mm，天然水资源量相对偏少，但 2015 年山西省引黄工程的供水率达到了 $3.39 \times 10^8 \text{m}^3$，因此，山西省在 2015 年的水资源总量较 2014 年略有上升，此外，2015 年山西省万元工业增加值用水量持续下降，幅度达

4.6%，均与本研究中预测的结果一致。

综上所述，2015 年山西省出现的实际缺水事件和一些数据统计结果，验证了研究所选取指标的合理性和预测结果的准确性。其他指标的验证将随着数据增加进一步完善。

9.4.3 解决研究区水资源安全问题建议

根据所建立的山西省水资源短缺故障树模型及其计算和分析结果，本研究从以下几个方面提出山西省水资源安全的建议：

（1）提高水资源利用效率

在对山西省水资源短缺故障树模型分析中，实际用水量对系统的影响程度最大，而降低实际用水量最经济合理的措施是提高水资源的利用效率。提高水资源的利用效率可以采取多管齐下的策略：首先，提高民众节水意识，促进节水型社会的建立；其次，贯彻水利部提出的最严格的水资源管理制度，完善相关法规和政策，建立完善的水资源利用效率评价测度和应用模型；再次，建立健全阶梯型绿色水价方案的制定和水价成本补偿方案的完善。

（2）跨流域调水工程

水资源总量在山西省水资源短缺模型中对顶上事件的发生也有比较大的影响，在省内年降水与径流量大致稳定的情况下，有条件有计划的引入外来水资源减轻山西省水资源短缺的状况也是一项重要的举措。针对山西省及周边的水资源情况，外来调入水源可分为直接调入水源和间接调入水源。直接调入水源包括万家寨引黄入晋工程、黄河小浪底引黄入晋工程及山西省中部引黄工程。间接调入水源主要是南水北调西线工程。

（3）提高山西省与其他省份间虚拟水的贸易量

虚拟水是指工农业产品在生产或服务时所消耗的那部分水源，是区域间通过输出工农业产品从而进行的一种区域内部水资源再分配（刘宝勤等，2006）。山西省是我国缺水程度十分严重的省份，在确保区域内居民生活用水和生态服务用水安全前提下，尽可能减少耗水严重的企业和项目，减少虚拟水的输出量，加大从其他水资源相对丰富的地区输入虚拟水，加快绿色经济的建设步伐。

（4）建立污水监管和治理的长效机制

山西省是传统的重工业基地，包含了煤炭、钢铁、机械、化工等多种污水排放量较大的行业，此外，城市生活污水也是山西省污水的重要来源。建立污水监管和治理的长效机制依赖于以下三点：首先，加快建设城市污水处理设施和城市污水排水管网；其次，重点监督企业污水排放达标情况，严格控制污水排放量；再次，加速对重点河流及水源地的治理。

（5）加强区域生态环境建设

山西省严重缺水的状况一方面是由于资源性缺水，更重要的是地处黄土高原，水土保持能力差，水土流失严重，大量水资源未经利用便白白流入下游。为了加强对水资源的利用和保护，可以采取植树造林涵养水源的长效机制与短期内建设水库等蓄水工程相结合的方法可以有效地帮助山西省改善水资源短缺的问题。

第 10 章　水资源短缺风险评价理论与应用

10.1　研究区概况

10.1.1　自然地理概况

大连市位于辽东半岛南端，所在位置在环境、资源上具有独特的优势。大连地区土地面积 12573.85km²，其中市内 6 区为 2414.96km²，所辖市、县、开发区 10158.89km²。大连全地区海岸线长 1906km，占辽宁省海岸线总长度的 73%，其中陆地海岸线 1288km，海岛海岸线 618km，是联通亚洲和欧洲沟通的桥梁，对外出口货物和从国外引进货物都十分便捷。区内整个地形是北边较高南边较低，有许多的山地丘陵，但是平原和低地很少。

10.1.2　社会经济概况

（1）行政区划分情况

大连市行政区划有中山、西岗、沙河口、甘井子、旅顺口、金州、普兰店这 7 个区；瓦房店、庄河 2 个县级市；长海县 1 个海岛县（图 10.1）。

图 10.1　大连市行政区划分图

（2）农业概况

大连地区有许多丘陵和山地，只有部分平原分布在海边和河谷。大连市农产品种类繁多，主要有水果、花生等农作物，尤其是水果的生产在全国的生产中占有很大的比重。柞林适合养蚕，而大连市北部山区有许多柞林，使养蚕更加方便，其产量位于辽宁省第二位。大连市畜牧业种类较多，品种优良，其中马、牛、猪、鸡、水貂等都驰名中外。

2012 年农业产业、林业产业、牧业产业、渔业产业的生产值均有所增加，其中农业产业生产值为 115.8 亿元，林业产业生产值为 3.3 亿元，牧业产业生产值为 74.4 亿元，渔业产业生产值为 171.1 亿元，农林牧渔的服务产业生产值为 31.1 亿元，比上年提高 8.5%。建设养殖家禽牲畜的小区 143 个。创建专门耕种的蔬菜园一共有 20 处，专门培育蔬菜的幼苗中心有 6 个。无污染无公害而且已经得到国家认证农业产品 393 个，有机农产品和绿色食品分别达到 8 和 48 个。建立对外出口农产品的基地有 50 个。新建农产品出口基地 50 个。规模以上的农业顶尖企业增加了 40 家，加工农产品的能力和储藏能力有所提高，其产量分别达到了达到 780 和 150 万吨。农业方面积极引进新品种和新技术达到 76 项，对 51 万次的农民开展对农业知识、技术方面的训练。成立农业合作社，提高了农机总动力，使农业耕种和收割水平逐步提升。

（3）工业概况

2012 年大连市全部工业产量增加值和规模以下工业企业生产的增加值分别为 2816 亿元和 2485.4 亿元。工业部分包括重工业、轻工业，其年产值分别为 1806.1 和 679.3 亿元。"四个基地"工业产量的增加值达到 1646.4 亿元。其中包括的石化工业、现代装备制造业、船舶制造业、电子信息工业的产值分别为 508.5 亿元、785.5 亿元、235 亿元、117.4 亿元，增长率除石化工业下降 2.4%，其他的分别增长 24.9%、21.5%、15.9%；全年通过销售增加的产值达到 24.4%，其中工业生产出的物品卖出的比率下降 0.89%。主要的营业收入、利税总额、利润总额分别为 8003.7 亿元、617.4 亿元、313 亿元，除利税比去年下降 0.1% 外，其余的分别比上年增长 20.5% 和 1.4%。大部分的工业产品产量都保持持续增加的基本模式而且增长势头明显。

（4）经济概况

2012 年全年大连地区生产总值 6150.1 亿元，按可比价格计算比上年增长 13.5%。第一产业产量、第二产业产量和第三产业产量的增加值分别为 395.7 亿元，3204.2 亿元和 2550.2 亿元，对比去年分别提升了 6.5%，16.3% 和 11.3%；三次产业构成比例为 6.4：52.2：41.5，其中第一产业、第二产业、第三产业对促进经济发展做出的贡献率分别为 3.2%、61.2%、35.6%。地税局各项税收、国税局各项税收和海关代征收分别为 506.5 亿元，523.1 亿元和 439 亿元。

近年来，随着城市各个方面的高速发展，不同地区间经济、交通、文化、居住空间之间交流的更频繁和密切，不同领域的分工日益突出，很大的改变了城市形态，以发展多级中心城市为目标，努力实现城市发展，城市发展的主要趋势演变成"由单一走向复杂"。为使大连市成为一流城市，需要寻找有利于城市发展的关键点，学习优秀城市的发展模式，提高大连市的竞争力。

10.1.3 水资源概况

（1）地表水资源量

大气降水是大连市地表水的主要补给来源，其水量大小受地区所在的位置、海洋与陆地的分布、地势地形情况的影响，不同年份内降水分配有很大差别，大部分集中在 6 ~ 9 月，约占全年的 63% ~ 77%；年际之间有较大的差距，丰水年和枯水年之间存在较大差异，前者一般为后者的 3.54 ~ 3.64 倍。2012 年全市地表水资源量为 71.33 亿 m³，折合年径流深 567.3mm。虽处于同一个城市但不同的行政区之间径流量的值也不尽相同，其中庄河市最大，市内三区最小，二者相差 499.9mm。2012 年全市入境水量 11.94 亿 m³，出境水量 0.36 亿 m³，主要流入丹东境内刁家坝水库。大连市最重要的几条供水河流流到黄海和渤海水量分别为 21.66 亿 m³ 和 52.83 亿 m³，总入海水量为 74.49 亿 m³。

大连市东部多年水面蒸发量较多逐渐往西发展减少，全年蒸发量按照不同季节划分，春天最强、夏天较弱、冬天最弱。按全年不同月份划分 5 - 6 月是最大的，1 月则是最小的。人们常说的"十春九旱"，就是由于在少雨季节作物生长时蒸发量达到了峰值。径流深变化是东部较多，西部较少，黄海沿岸东部地区接受比较充沛的水汽，渤海沿岸承受较弱气流送来的水汽，使两岸呈梯度减小。

（2）地下水资源量

2012 年大连市地下水的补给大多数来源于大气降水入渗补给，总量为 8.37 亿 m³。地下水量按区域划分不同区域差别较大，最多的是庄河市，最少的是长海县，两者相差 2.03 亿 m³。地下水开采具有取用方便，投入资金少等特点，因此在农业灌溉、工业发展和居民生活中为获取足够的用水而肆意开采地下水，从而引发地下水位持续下降、大量海水入侵、地下水质量下降等不良影响。对地下水的合理利用是目前水资源利用的关键，需要制定可持续发展的战略目标，改变对地下水开发利用的思路，以辩证的角度看待地下水开采，根据具体的区域状况和地下水的赋存分布条件，制定合理的开发利用方案。

（3）主要河流

大连市境内分布的河流大约有 200 余条，大多数的源头来自于北部或南部的低山区，河流的特点是短且小、单独汇入海洋和不同季节水量差异大等，主要河流包括碧流河、复州河、大沙河、英那河、庄河、湖里河、清水河、登沙河、浮渡河、小寺河（郭连和，2013），见表 10.1。

表 10.1　大连市主要河流特征表

河流	流域面积（km²）	河道长度（km）	河道比降（‰）	多年平均径流量（10⁸ m³）
碧流河	2814	156	1.89	8.6
复州河	1638	137	1.5	3.32
大沙河	964.2	96.5	1.34	2.3
英那河	1004	94.9	2.31	4.41
庄河	618	56.5	2.83	2.72
湖里河	440	44	4.1	2.21
清水河	225.6	36	1.3	0.59
登沙河	229.2	25.66	2.42	0.46
浮渡河	474	45	8.8	1.18

（4）大连市用水现状

选取大连市人均用水量、万元 GDP 用水量、农田灌溉亩均用水量、万元工业增加值用水量、城镇人均生活用水量、农村人均生活用水量6个综合用水指标指标来反映大连市用水现状，具体见表10.2。

表10.2 大连市用水指标历年变化情况

年份	人均用水量（m³）	城镇人均生活用水量（L/d）	农村人均生活用水量（L/d）	万元GDP用水量（m³）	万元工业增加值用水量（m³）	农田灌溉亩均用水量（m³）
2001	404	200	76	75	37	471
2002	114	209	74	66	36	380
2003	222	239	86	54	54	314
2004	494	288	93	46	36	270
2005	205	303	68	51	34	426
2006	200	234	70	45	26	420
2007	212	224	90	39	22	433
2008	223	258	91	34	22	441
2009	245	269	97	32	18	475
2010	264	274	92	30	18	323
2011	276	245	94	26	16	310
2012	272	218	97	23	15	295

注：数据来源于《大连市统计年鉴》和《大连市水资源公报》。

从表10.2中可以看出，人均用水量在2002年达到最低值，2004年达到最高值，2006年之后呈现平稳上升趋势；城镇人均生活用水量在2001年到2012年间无大幅度的改变，基本维持稳定的状态；农村人均生活用水量在2004年有一个较大的转折点，之后一直稳步上升；万元GDP用水量在这12年间基本处于减少的状况，同时万元工业增加值用水量在12年间基本上也在逐年减少；用于农田灌溉亩均用水量在2004年为270m³，这是2001年到2012年间的最小值。2002年是比较特殊的一年，这一年发生了近50年来的特大干旱，在此前的3年中也连续出现干旱现象，从2002年7月初到9月，全市几乎没有较大的降水。水库蓄水量不足，河道断流，各个县和市区出现严重水荒，对居民生活、工业企业、农业生产产生严重的影响。2004年由于受2002年发生的近50年一遇的特大干旱的影响，而且2003年也是一个枯水年，因此土壤含水情况很差，地下水不能得到及时的补给，产流不佳造成2004年的地表径流量依旧很少，低于平均值。但2004年全市汛期雨量频繁，是近5年来雨量最多的。汛期全市的降雨中雨以上11场，中到大雨，大到暴雨4场，有2场影响范围较广。连续几场大雨，使水库蓄水猛增，蓄水量的增加极大地缓解了大连市多年来供水的紧张局面，保证了城市供水。由此可见2002年和2004年是大连市用水变化的转折年。

10.2 水资源短缺风险评价方法

10.2.1 常用的水资源短缺风险评价方法

（1）灰色随机风险分析法

灰色随机风险分析法是在随机风险概率的基础上，根据灰色概率、灰色概率分布、灰色概率密度、灰色期望和灰色方差的定义，强调对风险率的灰色不确定性的描述与量化（胡国华等，2001）。主要用于当系统信息部分未知，部分已知时，用灰区间预测方法来度量系统的不确定性。特点是考虑了水资源系统的灰色不确定性，缺点是理论体系不够完善。

（2）最大熵风险评价法

最大熵原理（最大信息原理）工作的机理主要是把某一种随机变量所具有的特点当做最符合客观情况的原则。变量的概率分布通常不能准确容易地确定，只能求得期望、方差等一些简单的均值，还可以求得某些有限制条件下的样本个数、峰值等，满足这些可以测定值的概率分布有许多种。可选择其中分布熵最大的情况看成变量的分布，此方法比较有效。最大熵法是一种最符合客观情况的办法。主要适用于模拟水系中含有的变量的概率分布。特点是基于最大熵准则寻找风险因子的最优分布。缺点是不可避免的有一些主观性存在，理论体系不够完善。

（3）支持向量机法

支持向量机是借助于最优化方法解决学习问题的新工具，是目前比较新的一项数据挖掘技术。该技术是 Vapnik 在 20 世纪 90 年代提出来的一种学习方法，近年来在其理论研究和算法实现方面都取得了突破性的进展，成为学习方法理论和应用的热点问题（刘华富，2004）。它的优势表现在对非线性的小样本和复杂的模式识别评价中，可以结合其他机器来解决问题，以建立风险评价指标，计算风险级别。缺点是只能计算风险级别，而不能筛选出风险敏感因子。

（4）层次分析法

层次分析法是美国科学家 Saaty 于 20 世纪 70 年代提出，用于研究不同工业对国家贡献大小的电力分配方案。此方法适用于复杂的多目标、多准则的决策性问题，仅使用少量的定量信息使决策过程数学化，得出比较科学的评价结果。该方法现已被广泛应用到经济、环境、社会等领域，是一种常见的多目标、多准则评价方法。崔小红、王缔等（2014）将层次分析法应用于水资源短缺评价中，建立了以危险性、暴露性、脆弱性、可恢复性为评价因子的层次分析结构，对辽宁省水资源短缺风险进行了评价。该方法将区域水资源短缺系统看做一个整体，通过较少的定量数据，用简单的数学运算将多目标、多准则的复杂问题转化为多层次单目标的问题，结果简单明了，便于决策者掌握。其缺点主要是只能从备选方案中选择最优方案，无法提出新的解决方案；此外，此方法过分依赖定性数据，而定量数据较少，其科学性难以令人信服。

（5）模糊综合评价法

模糊集合理论是由美国自动控制专家 L. A. Zadeh 于 1965 年提出，适用于解决系统中模糊的和难以定量化的问题，其评价结果清晰，系统的整体性强，已成为科学评价领域的一种常用方法。李帅、刘冀等（2009）构建了以风险率、脆弱性、可恢复性、重现期、风险度为指标的可变模糊评价模型，对西安市水资源短缺风险进行了评价。该方法的优点是在对系统的评价中不是对评价结果绝对的肯定或否定，而是根据最大隶属度原则，用模糊集合来表示，比较符合实际情况，且应用范围较广，可以用来对定性指标占优的系统进行评价，也可以对定量指标占优的系统进行评价。其缺点主要在于对评价指标的选取上，模糊综合评价无法解决系统中指标间相互关联的评价信息重复性问题，因而要求研究者对系统评价指标的选取要有一定的经验，以确保其准确性。此外，与层次分析法一样，系统的评价结果受人为影响较大。

（6）空间聚类分析法

空间聚类是将区域内特征和属性相似的单元划分为不同种类，同类单元相似性较大，不同类单元差异性较大。该方法主要应用于环境监测、城市规划、区域经济差异和地震监测等领域。张学霞、武鹏飞（2010）将空间聚类分析引入到水资源短缺风险评价中，通过对空间距离测度和类型数量的计算和确定，采用了 K-means 方法进行聚类分析，并将其应用在松辽流域水资源短缺风险评价中。该方法打破了以往单纯采用统计分析的方法，加入了对评价单元之间空间连续性的研究，结论直观简明。其缺点主要是聚类分析中的类型数量往往是事先给定的，合理的类型数目非常难以给定；其次，在不断地进行样本分类调整时，算法过于复杂，计算量较大。

水资源短缺风险评价的方法还包括地理信息系统分析法、Logistic 回归模型、多目标风险决策法等方法。在综合了上述方法的优缺点后，许多学者在研究中往往将多种方法进行综合，提出了更为科学的水资源短缺风险评价方法。罗军刚、解建仓将熵权法与模糊综合评价法相结合，兼顾了系统中主观权重与客观权重，不仅计算简单，评价结果也更为科学严谨。钱龙霞（2011）采用了 Logistic 回归模型预测水资源短缺风险的概率，又利用模糊数学分析法构造了水资源短缺风险评价系统，概率计算更为精确，评价结果也更合理。

10.2.2 模糊物元模型

若以 $\Delta_{ji}(i=1,2,\cdots,n; j=1,2,\cdots,m)$ 表示标准模糊物元 R_{0n} 与复合从优隶属度模糊物元 $\tilde{r}_{mn}$ 中的各项差的平方，则组成差平方复合模糊物元 R_{Δ}，即：

$$\Delta_{ji} = (\mu_{0i} - \mu_{ji})^2, \quad (i=1,2,\cdots,n; j=1,2,\cdots,m) \tag{10.1}$$

可表示为：

$$R = \begin{bmatrix} & M_1 & \cdots & M_m \\ C_1 & \Delta_{11} & \cdots & \Delta_{m1} \\ \cdots & \cdots & \cdots & \cdots \\ C_n & \Delta_{1n} & \cdots & \Delta_{mn} \end{bmatrix} \tag{10.2}$$

$$\rho H_j = 1 - \sqrt{\sum_{j=1}^{m} w_j \Delta_{ji}} \quad (j=1,2,\cdots,m) \tag{10.3}$$

式中：ρH_j 为第 m 个方案与标准方案之间的相互接近程度，其值越大表示量值越接近，反之则相离较远，依次来构造欧式贴近度复合模糊物元 $R_{\rho H}$，则：

$$R_{\rho H} = \begin{bmatrix} & M_1 & M_2 & \cdots & M_m \\ \rho H_j & \rho H_1 & \rho H_2 & \cdots & \rho H_m \end{bmatrix} \tag{10.4}$$

利用 ρH_j 的数值可判断 m 个方案的优劣排序，依据风险评价标准可确定各方案的风险等级。

10.3 水资源短缺风险评价指标的选取与评价标准确定

10.3.1 评价指标的选取与权重的确定

（1）评价指标的选取

水资源短缺主要受供需水的影响，具有随机性和不确定性。本研究根据大连市自然地理和水资源开发利用概况，选取有代表性、独立性的评价指标。最后筛选出降水量、地表水资源量、地下水资源量、水资源总量、农业用水量、工业用水量、第三产业及生活用水量、万元 GDP 产值耗水量、污水排放量、城镇居民人均支配收入和人均国内生产总值 10 项指标，建立大连市水资源短缺风险评价指标体系。通过查阅相关年份的《大连市统计年鉴》、《大连市水资源公报》等获得 2001～2012 共 12 年的评价指标数据，数据见表 10.3。

表 10.3　大连市 2001～2012 年水资源短缺风险评价指标

年份\评价指标	2001	2002	2003	2004	2005	2006
降水量/mm	605.5	405.3	561.3	750.3	681.7	594.4
地表水资源量/(10^8 m^3)	20.8	5.62	11.39	26.33	38.69	21.93
地下水资源量/(10^8 m^3)	5.3	2.41	3.42	4.56	7.61	5.09
农业用水量/(10^8 m^3)	4.48	4.18	3.64	2.97	5.29	5.22
工业用水量/(10^8 m^3)	1.92	2.17	1.89	1.9	2.16	2.79
第三产业及生活用水量/(10^8 m^3)	2.86	2.93	3.42	4.13	4.13	3.44
万元 GDP 产值耗水量/(m^3/元)	75	66	54	46	51	45
污水排放量/(10^8 吨)	3.3	4.52	4	4.2	5.3	5.64
城镇居民人均支配收入/元	6861	7418	8200	9101	10378	11994
人均国内生产总值/元	20255	22340	25276	29206	32991	38196

年份\评价指标	2007	2008	2009	2010	2011	2012
降水量/mm	788.6	560.9	613.9	786.8	731.4	1059.3
地表水资源量/(10^8 m^3)	28.71	18.27	12.58	39	38.11	69.97
地下水资源量/(10^8 m^3)	6.38	5.35	4.93	7.34	7.03	8.29
农业用水量/(10^8 m^3)	5.37	5.47	5.9	6.35	6.2	5.9
工业用水量/(10^8 m^3)	2.98	3.11	3.72	4.27	4.57	4.83
第三产业及生活用水量/(10^8 m^3)	3.91	4.44	4.72	4.84	5.1	5.32
万元 GDP 产值耗水量/(m^3/元)	39	34	32	30	26	23
污水排放量/(10^8 吨)	4.82	5.66	4.94	5.13	6.15	6.17
城镇居民人均支配收入/元	13350	15109	17500	19014	21293	24276
人均国内生产总值/元	42579	51630	63198	70781	77704	91295

（2）评价指标权重的确定

①熵权法确定指标权重

（i）构建 m 个样本（方案）n 项评价指标的判断矩阵

$$r = (v_{ij}), \quad (i = 1,2,\cdots,n; j = 1,2,\cdots,m) \tag{10.5}$$

（ii）将判断矩阵进行归一化处理，对越大越优、越小越优的指标分别采用式（10.6）、式（10.7）进行计算，得到归一化判断矩阵 A

$$a_{ij} = \frac{v_{ij} - v_{\min}}{v_{\max} - v_{\min}} \tag{10.6}$$

$$a_{ij} = \frac{v_{\max} - v_{ij}}{v_{\max} - v_{\min}} \tag{10.7}$$

式中：a_{ij} 为指标 i 方案 j 归一化的数值；$v_{\max}$、$v_{\min}$ 分别为同指标下不同方案中最满意者和最不满意者。

（iii）在有 n 项评价指标，m 个被评价样本（方案）的评估问题中，可以确定第 i 项评价指标的熵值为

$$H_i = -k \sum_{j=1}^{m} f_{ij} \ln f_{ij} \tag{10.8}$$

$$f_{ij} = \frac{a_{ij}}{\sum\limits_{j=1}^{m} a_{ij}} \quad (i = 1, 2, \cdots, n, j = 1, 2, \cdots, m) \tag{10.9}$$

（iv）定义了第 i 项评价指标的熵值后，可得到第 i 项评价指标的熵权为

$$w_i = \frac{1 - H_i}{n - \sum\limits_{i=1}^{n} H_i} \tag{10.10}$$

式中 $0 \leqslant w_i \leqslant 1$，$\sum\limits_{i=1}^{n} w_i = 1$。

熵值法求权重首先要对原始数据进行归一化处理得到标准化矩阵 A，利用归一化后的判断矩阵 A 中的 a_{ij} 值，通过公式（10.9）计算求得 f_{ij}，代入公式（10.8）求得各项指标的熵值见表 10.4，最后根据公式（10.10）得到各项指标的权重见表 10.5 所示。

$$A = \begin{bmatrix}
0.472 & 0.239 & 0.420 & 0.640 & 0.561 & 0.459 & 0.685 & 0.420 & 0.482 & 0.683 & 0.618 & 1.000 & 0.931 & 0.698 & 0.465 & 0.233 & 0.000 \\
0.236 & 0.000 & 0.090 & 0.322 & 0.514 & 0.253 & 0.359 & 0.197 & 0.108 & 0.519 & 0.505 & 1.000 & 0.690 & 0.534 & 0.379 & 0.223 & 0.068 \\
0.301 & 0.000 & 0.105 & 0.224 & 0.542 & 0.279 & 0.414 & 0.307 & 0.263 & 0.514 & 0.482 & 0.613 & 1.000 & 0.791 & 0.583 & 0.166 & 0.374 \\
0.690 & 0.728 & 0.795 & 0.879 & 0.589 & 0.598 & 0.579 & 0.566 & 0.513 & 0.456 & 0.475 & 0.513 & 1.000 & 0.750 & 0.500 & 0.250 & 0.000 \\
0.770 & 0.708 & 0.778 & 0.775 & 0.710 & 0.553 & 0.505 & 0.473 & 0.320 & 0.183 & 0.108 & 0.043 & 1.000 & 0.750 & 0.500 & 0.250 & 0.000 \\
0.660 & 0.643 & 0.520 & 0.343 & 0.343 & 0.515 & 0.398 & 0.265 & 0.195 & 0.165 & 0.000 & 0.045 & 1.000 & 0.750 & 0.500 & 0.250 & 0.000 \\
0.313 & 0.425 & 0.575 & 0.675 & 0.613 & 0.688 & 0.763 & 0.825 & 0.850 & 0.875 & 0.925 & 0.963 & 1.000 & 0.750 & 0.500 & 0.250 & 0.000 \\
0.700 & 0.497 & 0.583 & 0.550 & 0.367 & 0.310 & 0.447 & 0.307 & 0.427 & 0.395 & 0.225 & 0.222 & 1.000 & 0.750 & 0.500 & 0.250 & 0.000 \\
0.093 & 0.121 & 0.160 & 0.205 & 0.269 & 0.350 & 0.418 & 0.505 & 0.625 & 0.701 & 0.815 & 0.964 & 1.000 & 0.750 & 0.500 & 0.250 & 0.000 \\
0.003 & 0.029 & 0.066 & 0.115 & 0.162 & 0.227 & 0.282 & 0.395 & 0.540 & 0.635 & 0.721 & 0.891 & 1.000 & 0.750 & 0.500 & 0.250 & 0.000
\end{bmatrix}$$

$$f_{ij} = \begin{bmatrix}
0.052 & 0.027 & 0.047 & 0.071 & 0.062 & 0.051 & 0.076 & 0.047 & 0.053 & 0.076 & 0.069 & 0.111 & 0.103 & 0.078 & 0.052 & 0.026 & 0.000 \\
0.039 & 0.000 & 0.015 & 0.054 & 0.086 & 0.042 & 0.060 & 0.033 & 0.018 & 0.087 & 0.084 & 0.167 & 0.115 & 0.089 & 0.063 & 0.037 & 0.011 \\
0.043 & 0.000 & 0.015 & 0.032 & 0.078 & 0.040 & 0.059 & 0.044 & 0.038 & 0.074 & 0.069 & 0.088 & 0.144 & 0.114 & 0.084 & 0.024 & 0.054 \\
0.070 & 0.074 & 0.080 & 0.089 & 0.060 & 0.060 & 0.059 & 0.057 & 0.052 & 0.046 & 0.048 & 0.052 & 0.101 & 0.076 & 0.051 & 0.025 & 0.000 \\
0.091 & 0.084 & 0.092 & 0.092 & 0.084 & 0.066 & 0.060 & 0.056 & 0.038 & 0.022 & 0.013 & 0.005 & 0.119 & 0.089 & 0.059 & 0.030 & 0.000 \\
0.100 & 0.097 & 0.079 & 0.052 & 0.052 & 0.078 & 0.060 & 0.040 & 0.030 & 0.025 & 0.000 & 0.007 & 0.152 & 0.114 & 0.076 & 0.038 & 0.000 \\
0.028 & 0.039 & 0.052 & 0.061 & 0.056 & 0.063 & 0.069 & 0.075 & 0.077 & 0.080 & 0.084 & 0.088 & 0.091 & 0.068 & 0.046 & 0.023 & 0.000 \\
0.093 & 0.066 & 0.077 & 0.073 & 0.049 & 0.041 & 0.059 & 0.041 & 0.057 & 0.052 & 0.030 & 0.029 & 0.133 & 0.100 & 0.066 & 0.033 & 0.000 \\
0.012 & 0.016 & 0.021 & 0.027 & 0.035 & 0.045 & 0.054 & 0.065 & 0.081 & 0.091 & 0.105 & 0.125 & 0.129 & 0.097 & 0.065 & 0.032 & 0.000 \\
0.000 & 0.005 & 0.010 & 0.018 & 0.025 & 0.035 & 0.044 & 0.061 & 0.083 & 0.098 & 0.111 & 0.138 & 0.155 & 0.116 & 0.077 & 0.039 & 0.000
\end{bmatrix}$$

表 10.4 大连市水资源短缺风险评价指标的熵值

指标序号 i	1	2	3	4	5	6	7	8	9	10
熵值 H_i	0.955	0.909	0.931	0.964	0.923	0.899	0.959	0.947	0.913	0.875

表 10.5 基于熵权法的大连市水资源短缺风险评价指标的权重

指标序号 i	1	2	3	4	5	6	7	8	9	10
权重 W_i	0.062	0.125	0.095	0.050	0.107	0.139	0.057	0.073	0.120	0.172

（3）三角模糊法确定指标权重

①设三角模糊数 $q_{ij} = [x_{ij}, y_{ij}, z_{ij}]$ $(i = 1, 2, \cdots, n; j = 1, 2, \cdots, m)$，$x_{ij}$、$y_{ij}$、$z_{ij}$ 分别为第 i 位专家对第 j 项指标的重要程度给出的最保守的评价、最可能的评价、最乐观的评价。在隶属度函数中 $x_{ij} < y_{ij} < z_{ij}$，x_{ij} 和 z_{ij} 分别为上界和下界，表示模糊程度，x_{ij} 和 z_{ij} 越大，模糊程度越高。

②确定评价专家的权重集 E。$E = [e_1, e_2, \cdots, e_k]$，$e_k$ 为第 k 位专家给出的评价值在综合评价中所占的比重。

③建立三角模糊合成矩阵。由多位专家建立关于评价指标间相对重要程度的三角模糊数互补判断矩阵，然后用评价专家的权重集进行计算，得到关于评价指标的三角模糊综合判断矩阵 P。设 $x_{ij}e_{ij}$ 为指标 j 的最保守估计值；$y_{ij}e_{ij}$ 为指标 j 的最可能估计值；$z_{ij}e_{ij}$ 为指标 j 的最乐观估计值，则 $P = [x_{ij}e_i, y_{ij}e_i, z_{ij}e_i]$。

④计算三角模糊数权重。设待求的三角模糊数权重向量为 v''，则 $v'' = (x_{ij} + 4y_{ij} + z_{ij})/6$ 为第 j 项指标的模糊得分，$j = 1, 2, \cdots, m$。又设指标三角模糊权重集为 $w'' = [w''_1, w''_2, \cdots, w''_n]^T$，且 $w''_j = v''_j / \sum\limits_{j=1}^{m} v''_j$，将 P 代入以上各式得到各项指标的三角模糊权重（宋洁鲲等，2013；杜永强等，2014）。

本研究采用专家评分法，由各位专家意见得到各项指标的主观评价值 Q_1、Q_2、Q_3、Q_4、Q_5、Q_6、Q_7、Q_8、Q_9、Q_{10}。其中专家评价的权重集 $E = [0.35 \quad 0.3 \quad 0.15 \quad 0.1 \quad 0.1]$。通过计算可以得到评价指标的三角模糊综合判断矩阵 $P = [x_{ij}e_i, y_{ij}e_i, z_{ij}e_i]$，将 P 代入计算公式得到各指标的三角模糊权重向量 v''_j 和三角模糊权重 w''_j。

$$Q_1 = \begin{bmatrix} 7 & 6 & 6 & 4 & 4 \\ 8 & 7 & 6 & 6 & 5 \\ 9 & 8 & 9 & 9 & 7 \end{bmatrix}; \quad Q_2 = \begin{bmatrix} 8 & 7 & 6 & 6 & 5 \\ 8 & 9 & 8 & 7 & 6 \\ 10 & 10 & 9 & 8 & 7 \end{bmatrix}; \quad Q_3 = \begin{bmatrix} 8 & 6 & 7 & 6 & 5 \\ 9 & 8 & 7 & 8 & 7 \\ 10 & 9 & 8 & 10 & 9 \end{bmatrix};$$

$$Q_4 = \begin{bmatrix} 6 & 7 & 6 & 5 & 4 \\ 7 & 7 & 6 & 5 & 6 \\ 8 & 9 & 7 & 7 & 7 \end{bmatrix}; \quad Q_5 = \begin{bmatrix} 7 & 8 & 6 & 5 & 4 \\ 8 & 8 & 7 & 6 & 5 \\ 9 & 9 & 7 & 7 & 7 \end{bmatrix}; \quad Q_6 = \begin{bmatrix} 7 & 7 & 7 & 4 & 3 \\ 8 & 8 & 7 & 5 & 3 \\ 9 & 9 & 8 & 6 & 6 \end{bmatrix};$$

$$Q_7 = \begin{bmatrix} 7 & 6 & 4 & 3 & 2 \\ 7 & 6 & 5 & 5 & 3 \\ 8 & 7 & 8 & 7 & 5 \end{bmatrix}; \quad Q_8 = \begin{bmatrix} 7 & 6 & 5 & 5 & 3 \\ 8 & 7 & 6 & 6 & 4 \\ 8 & 8 & 8 & 7 & 6 \end{bmatrix}; \quad Q_9 = \begin{bmatrix} 6 & 7 & 5 & 4 & 4 \\ 8 & 7 & 5 & 5 & 4 \\ 8 & 8 & 7 & 6 & 5 \end{bmatrix};$$

$$Q_{10} = \begin{bmatrix} 7 & 6 & 4 & 4 & 3 \\ 7 & 7 & 6 & 5 & 3 \\ 8 & 8 & 7 & 6 & 5 \end{bmatrix}$$

$$P = \begin{bmatrix} 1.19 & 1.38 & 1.35 & 1.20 & 1.33 & 1.26 & 1.07 & 1.16 & 1.13 & 1.11 \\ 1.38 & 1.60 & 1.62 & 1.31 & 1.47 & 1.41 & 1.16 & 1.36 & 1.31 & 1.25 \\ 1.70 & 1.87 & 1.86 & 1.59 & 1.66 & 1.65 & 1.49 & 1.54 & 1.47 & 1.47 \end{bmatrix}$$

$$v_j'' = \begin{bmatrix} 1.402 & 1.608 & 1.615 & 1.338 & 1.478 & 1.425 & 1.200 & 1.357 & 1.307 \end{bmatrix}$$

$$w_j'' = \begin{bmatrix} 0.100 & 0.115 & 0.115 & 0.096 & 0.106 & 0.102 & 0.086 & 0.097 & 0.093 \end{bmatrix}$$

（4）确定指标组合权重

将熵值法权重 w_j' 和三角模糊权重 w_j'' 按照加权平均的算法就可以得到组合权重 w_j，设组合权重集 $W = [w_1, w_2, \cdots, w_m]^T$。

$$w = \begin{bmatrix} 0.062 & 0.143 & 0.108 & 0.048 & 0.112 & 0.141 & 0.049 & 0.070 & 0.111 \end{bmatrix}$$

10.3.2　评价标准

本研究结合大连市各年的水资源具体情况，借鉴了国内的水资源短缺风险评价研究的一些标准，得到了一套适用于大连市水资源短缺风险评价的参照标准（王宇飞等，2013；赵晓剑，2012；刘雷雷等，2009）。将水资源短缺风险划分为低风险（Ⅰ级），较低风险（Ⅱ级），中等风险（Ⅲ级），较高风险（Ⅳ级），高风险（Ⅴ级）5个等级，具体标准见表10.6。

表10.6　大连市水资源短缺风险评价等级标准值

序号（i）	评价指标	低风险（Ⅰ）	较低风险（Ⅱ）	中等风险（Ⅲ）	较高风险（Ⅳ）	高风险（Ⅴ）
1	降水量/mm	1000	800	600	400	200
2	地表水资源量/($10^8 m^3$)	50	40	30	20	10
3	地下水资源量/($10^8 m^3$)	12	10	8	6	4
4	农业用水量/($10^8 m^3$)	2	4	6	8	10
5	工业用水量/($10^8 m^3$)	1	2	3	4	5
6	第三产业及生活用水量/($10^8 m^3$)	1.5	2.5	3.5	4.5	5.5
7	万元GDP产值耗水量/(m^3/万元)	20	40	60	80	100
8	污水排放量/(10^8吨)	1.5	3	4.5	6	7.5
9	城镇居民人均可支配收入/元	25000	20000	15000	10000	5000
10	人均国内生产总值/元	100000	80000	60000	40000	20000

10.4　基于模糊物元模型的水资源短缺风险评价

10.4.1　研究区水资源短缺风险评价

根据公式（10.1）可以得到 Δ_{ji}，表示成差平方复合模糊物元 R_Δ。由公式（10.3）计算欧式贴近度 ρH_j，构造欧式贴近度复合模糊物元 $R_{\rho H}$。

$$R_\Delta = \begin{bmatrix} 0.184 & 0.381 & 0.221 & 0.085 & 0.127 & 0.193 & 0.065 & 0.221 & 0.177 & 0.066 & 0.096 & 0.000 & 0.003 & 0.060 & 0.188 & 0.387 & 0.658 \\ 0.494 & 0.846 & 0.701 & 0.389 & 0.200 & 0.471 & 0.348 & 0.546 & 0.673 & 0.196 & 0.207 & 0.000 & 0.081 & 0.183 & 0.326 & 0.510 & 0.735 \\ 0.312 & 0.639 & 0.511 & 0.384 & 0.134 & 0.332 & 0.219 & 0.307 & 0.347 & 0.151 & 0.172 & 0.096 & 0.000 & 0.028 & 0.111 & 0.444 & 0.250 \\ 0.306 & 0.272 & 0.203 & 0.107 & 0.387 & 0.381 & 0.394 & 0.402 & 0.437 & 0.469 & 0.459 & 0.437 & 0.000 & 0.250 & 0.444 & 0.563 & 0.640 \\ 0.230 & 0.291 & 0.222 & 0.224 & 0.288 & 0.412 & 0.441 & 0.460 & 0.535 & 0.586 & 0.610 & 0.629 & 0.000 & 0.250 & 0.444 & 0.563 & 0.640 \\ 0.226 & 0.238 & 0.315 & 0.406 & 0.406 & 0.318 & 0.380 & 0.438 & 0.465 & 0.476 & 0.529 & 0.516 & 0.000 & 0.160 & 0.327 & 0.444 & 0.539 \\ 0.538 & 0.486 & 0.396 & 0.319 & 0.369 & 0.309 & 0.237 & 0.170 & 0.141 & 0.111 & 0.053 & 0.017 & 0.000 & 0.250 & 0.444 & 0.563 & 0.640 \\ 0.298 & 0.446 & 0.391 & 0.413 & 0.514 & 0.539 & 0.474 & 0.540 & 0.485 & 0.501 & 0.572 & 0.573 & 0.000 & 0.250 & 0.444 & 0.563 & 0.640 \\ 0.526 & 0.495 & 0.452 & 0.404 & 0.342 & 0.271 & 0.217 & 0.157 & 0.090 & 0.057 & 0.022 & 0.001 & 0.000 & 0.040 & 0.160 & 0.360 & 0.640 \\ 0.636 & 0.603 & 0.558 & 0.501 & 0.449 & 0.382 & 0.330 & 0.234 & 0.135 & 0.085 & 0.050 & 0.008 & 0.000 & 0.040 & 0.160 & 0.360 & 0.640 \end{bmatrix}$$

R_{pH}
$$= \begin{bmatrix} 2001 & 2002 & 2003 & 2004 & 2005 & 2006 & 2007 & 2008 & 2009 & 2010 & 2011 & 2012 & 低风险 & 较低风险 & 中等风险 & 较高风险 & 高风险 \\ 0.374 & 0.295 & 0.343 & 0.402 & 0.434 & 0.394 & 0.434 & 0.402 & 0.397 & 0.486 & 0.478 & 0.534 & 0.891 & 0.631 & 0.468 & 0.321 & 0.228 \end{bmatrix}$$

根据式（10.1）~式（10.4）及有关数据计算得到大连市 2001 年至 2012 年水资源短缺风险评价结果，见表 10.7、图 10.2。

表 10.7　大连市 2001 年至 2012 年水资源短缺风险评价结果

年份	2001	2002	2003	2004	2005	2006	2007	2008	2009	2010	2011	2012
等级	IV	IV	IV	III	III	IV	III	III	IV	III	III	III
评价结果	较高风险	较高风险	较高风险	中等风险	中等风险	较高风险	中等风险	中等风险	较高风险	中等风险	中等风险	中等风险

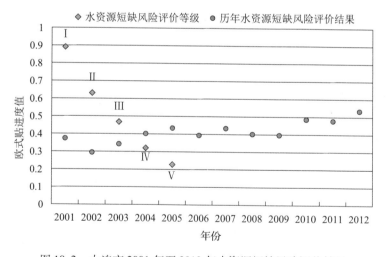

图 10.2　大连市 2001 年至 2012 年水资源短缺风险评价结果

10.4.2　评价结果分析

由评价结果可以看出，大连市 2001、2002、2003、2006、2009 年为较高风险，等级为 IV；2004、2005、2007、2008、2010、2011、2012 年为中等风险，等级为 III，如图 10.2。大连市水资源短缺风险整体偏高。上述评价结果整体上与大连市各年水资源供需状况接近，比较符合客观实际，评价结果基本上是科学准确的。为缓解大连市水资源供需矛盾，降低水资源短缺风险程度，需要对大连市水资源管理提出科学有效的措施。

10.5 研究区水资源短缺风险管理对策

10.5.1 开展节水工程

（1）生活节水工程

①推进生活和服务业用水单位的节水器具广泛使用

推动"百千万"生活和服务业节水示范工程，推广一些能够节水的器具和设备，研究发明有效节水的产品，积极投入到实际生活中去。选择大连市 10 个生活和服务业用水单位开展节水器具应用和用水计量示范，对这些设备和器具在市场中的应用要制定严格的规定，严控劣质或不符合国家规定的用水器具流通进入市场，提倡居民多多使用安全可靠能够节水的设备和器具。

②提高海水、中水利用

对海水、中水的开发利用要从大局出发，实行整体全面的筹划，不能一蹴而就，要分时段规划实施，将进行淡化后的海水按照就近原则可以直接连到供水管网，方便利用还可以节约成本。海水淡化工程的建立要遵循结合"集中与分散"这一原则，根据实际地理概况来对海水淡化工程进行布局，保证未来 5 年中解决海岛居民在平时生活用水中遇到的问题。建设海水淡化示范工程可以对其他海水淡化措施的实施起到榜样作用，使海水淡化的效果更上一层楼。

鼓励发展海水直接利用技术，建设独立的海水冲厕系统，对淡化的海水进行取用并对其质量进行检测，达到合适的标准后就可以根据就近原则对周边用户进行供水，建立适合自身的对淡化水分配的体系。现今冲厕系统不完善，耗水量很大，可以用海水来进行冲厕，减少淡水的使用量进而缓解水资源不足的情况，从中可以得到意想不到的效益。海水还可以有许多用处，比如消防时会大量消耗水资源，可以用海水代替；城市清洁工作用水也能用海水代替，节省淡水资源。

加大力度投入到污水处理工程中，对已经处理过的污水进行回用，建设适合各种餐馆、旅店、居住小区、办公大楼等中水用水设备，对一些必要的地方建设中水设施，所产生的水可以用于家庭厕所冲水、社区园林的补充水分、城市的清洁、景点区需水等。

③加强城镇雨水利用

大连市的地理位置靠近海边，海水具有一定的净化空气的作用，所以大连市空气中灰尘的含量较低，城市卫生保持优秀，有十分大的雨水利用价值。居民生活的小区通常都会建有园林和绿地等一些绿化措施，这就需要有大量的水来进行浇灌，可以使用滞蓄技术，把雨水直接提供给需要的园林和绿地；发展道路集雨技术用于一些城市除了饮用方面的其他用水；积极发展适合使用地的小型水资源工程技术，收集那些力度不大但是范围很广的雨水，对它们进行合理的使用，例如对屋顶雨水的收集；雨水的使用和生态环境有着密切的关系，可以利用雨水结合湿地，对其保护有着重要的作用；发展雨水回收再利用技术，针对大连市的地下水超采引起海水入侵等问题，利用绿地、交通道路以及建成的排水系统和居民生活地方雨水收集系统等对地下水进行重新回收。大力发展城市排水体系的建设，使之功能更加全面，对雨水收集和水质监测的系统利用相关技术使之更加完善。

（2）工业节水工程

①推进优化生产用水量多的部门开展节水示范工程

根据《中国节水技术政策大纲》及相关的具体规定，积极倡导运用循环经济的理念，从实际出发真正做到改变经济模式和用水模式，提高工业用水效率，降低工业单位产品用水量。通过"百千万"工业节水示范工程，推进改造医疗、生产、食品等用水量高的部门节水技术的发展；推进石油和冶炼等工业中使用的对灰尘、废渣、废水等处理技术以及能够节约用水的设备的发展；推进食品生产过程中淀粉取水的技术等。把那些技术不过关、消耗水量过多的设备逐渐驱除市场。

②提高工业用水重复利用

循环用水政策、用水和回用水相关联的举措是有效节约工业用水的措施。企业用水技术主要是利用网络集成的方法来使用水系统变得更加完善。把蒸汽冷凝水进行回收然后再用于其他的地方，这项技术要不遗余力的推广，企业可能会产生大量的蒸汽冷凝水，为了减少浪费，要回收起来以备再利用，回收采用闭式回收系统，优化其除油技术。对于企业产生的废水也要进行回收，在经过专业的处理后，用于循环冷却水系统中提高利用率，当然，更应该从根源上争取实现企业发展污水"零排放"。

③提高非常规水资源利用

在大连市政府制定的关于城市经济和社会发展、水资源利用与保护、环境管理和工业的发展等一系列相关规定下，贯彻实施海水淡化和中水利用等措施，加大力度治理环境污染，对生产产生的污水废水合理处理，对水资源开展全面管理。沿海地带的居民工作和生活用水可以直接使用处理过的海水，对海水中含盐量进行淡化处理，海水中含有的其他有效成分可以通过相关的产业发展技术得到有效的利用。对海水淡化的设备运用相关技术进行改造可以降低使用成本，还可以使其系统化、规模化。有条件的企业生产时产生的废水污水可以进行内部处理或在距离较近的处理厂进行处理。中水使用时应优先考虑使用冷却水，除此之外可以选择质量低和较杂的水。

④加强工业输水设备防漏和修复能力

传统的输水材料主要是由铁和锌做成的，它们的抗腐蚀性和耐用性都较新型的材料做成的管材差，在技术发展的当代，这种材料会被逐渐取代，新技术下制成的方便、耐用的输水管材会被大力推行。建设重点用水系统和设备的计算机监控工程，对工业供水系统的水量、水质等技术加强和完善。工业有关水的设备要做到方便、实用，大力发展对设备的管理、修复的技术。

（3）农业节水工程

①完善灌区建设，提升灌溉有效利用率

根据《全国节水灌溉规划》和《全国大型灌区续建配套与节水改造规划》等规划，通过"百千万"农业节水示范工程，全面推进大连市典型灌区—庄河灌区的续建配套和节水改造，完成灌区桥、涵、闸建筑物改造和渠系配套改造，实施用水计量监控。

结合农田水利基本建设，加快其他小型水库灌区及小型水源工程的节水灌溉工程改造建设。重点抓好普兰店、瓦房店等灌区的节水设备的完善，农田灌溉主要采用喷灌等可以节约用水的方法，或者还可以采用把管灌和渠道结合的灌溉技术，减少在灌溉过程中水的损失率，增加农业用水的效益。

②加强农田节水建设，增加节水面积

农田灌溉是农业用水的主要形式，借助于物理、生物、机械等方法，对田地之间的灌溉通道以及设施进行改变和完善，使用适合本地农田的田间节水新方法，提升灌溉水产出和利用的效率。采用喷灌、微灌等先进的技术方法，种植优良、适合本地生长、抗寒性都高的农产品。

③完善农业布局和产业结构

根据所在地的自然情况对农林牧渔行业的分配做出妥善的调整，对农作物的种类、灌溉面积做出合理的规划，建立符合水资源情况的播种、养殖规划，运用合适的适水节水种植技术。按照农作物需水量情况来制定政策，则要降低耗水量多的农作物所占总体种植面积的比例，种植经济实惠的农作物、发展畜牧业和林果等耗水量少又可以带来高经济效益的农业，必要时实施退耕还林还草。

④大力发展旱作节水农业

发展大连市旱作节水农业要根据其适合的要求和条件，建立旱作节水农业的示范区，为其他农业节水工程的建设做出表率，以技术作为建设的顶梁柱，重视农田基础设施的改造及发展；研究开发深入耕作的设备和机器工具，使其得到大量的生产和广泛的应用；针对土壤结构遭受破坏这种现象，可以利用各种先进的生物化学技术滋养土地，提高土壤的保水能力，设置土壤情况随时反馈的监测网络体系，提供有利的依据来发展旱作节水农业。

10.5.2 改善水资源管理

管理水资源通常都是把总水量作为监管的着力点，这已经不能满足现代化的管理要求，时代发展到今天，应该实行量水而行、以供定需的管理理念，所以要加强水资源一体化管理，切实将工作重点放在把供需水和节水的过程进行统一，方便对其管理，真正做到把节约用水的理念应用到居民生活、经济发展和工业生产等实际中去，做到量水而行、以供定需。

为配合用水过程与需水过程管理，进一步完善地方性节水用水规范体系，把水的总量管理和对地方水定额管理组合起来建立更加完整完善的用水体系，完善用水计量与用水效率评价体系，建立和完善节约用水的利益调节机制。

政府设立有关节约用水专门的项目资金，把工作的重心放在对节水工程的事先计划、规章建立和对水资源管理的基础设施进行构建，用于以经济手段对节水工程项目的财政补贴和节水技术科研的支持。主要用于中水回用、雨水收集利用、海水淡化、海水直接利用、农业微灌滴灌等项目，在建设初期、运营期给予补贴和贴息贷款，保证建设成管理优秀、价格合理、使用寿命长、赢得效益的工程。

10.5.3 优化经济产业布局

对建设项目水资源的论证制度要认真履行同时也要严格控制水资源的总量，实现从"以需定供"到"以供水能力定经济结构"的转变，量水而行，调整区域的经济结构体系，要根据该地的水资源概况，符合水环境承载力的要求，建立合理的经济体系。应对经济和社会发展的未来走向、城市发展状况、大型项目的规划进行科学合理的验证，符合当地的水资源发展条件。

①对建设耗水量大的工业项目要进行认真的把关，鼓励和支持低耗水高产出的工业项

目，不断优化工业结构与空间布局。实施循环经济战略，积极培育和推广水源热泵、海水淡化、污水处理与利用、风力发电等新型低耗水产业经济；挖掘工业节水潜力，调整耗水量过大的工业行业结构，大力发展节水技术，不断改进用水工艺，提高工业企业工艺水回用量，可充分利用地域优势大力发展可直接利用海水的产业。

②对新建成的项目、对旧建设进行整改后的项目、扩大原有建设的项目，都要执行"三同时"制政策。项目实施进行到可行性分析时，要对项目的用水方面和节水方面进行评估，初步设计时设立节水篇章，内容要包含实施节约用水的举措和方法、建设节水基础设施的具体内容，一定要通过有关水方面的行政部门审核通过，才能具体实施，否则不给予审批。已经通过审批后的节水管理部门根据审批意见，不定期对用水节水措施、设施建设的完成情况进行全面检查。最后工程项目落成后，有关水方面的管理机构对节水措施、设施组织进行检验，对于没有通过检验的不予开栓供水。

10.5.4　完善水价制度

水价之于节水具有实质性的帮助。目前，大连的水价体系没有完全体现水资源短缺的现状，不同水源条件、不同用途的水价关系不尽合理。因此，可逐步实行阶梯水价，以适应市场经济的发展规律。

对于某些用水量超过定额的居民和超过原定用水计划的产业可以提出实施分级累进加价的水费收取制度。加快推动水价制度的改变，完全把价格能够调节市场经济的作用体现出来，依据用水总量和用水定额之间的关系，制定可承受的阶梯水价体系，使多用水所付出的经济代价在达到一定阈值后，将呈现出非线性的高速增加。居民的水费收取制度采用的是限定一定水量的价格，然后使用超出的部分按照阶梯的方式收取费用；除了居民以外用水采用有规划用水管理，通过限定用水的总量，对每次用水都规定使用额度，对多于计划部分征收加价水费。这样不但可以加强全民的节水理念、促进节约用水，而且可促进企业进一步完善和发展节水技术，获得效益。

10.5.5　构建节水型社会建设良好的软环境

①加强节水观念，发展节水文化

节约用水不仅仅是个人的行为，它关系到千千万万个家庭的幸福、关系到工业农业的发展，也关系着国家的稳定，所以必须加强人们的节水意识，逐渐使人们不用提醒也能自觉的节约用水。政府方面要积极宣传关于节约用水的知识，让人们了解到水是一种不可替代的稀有资源，它不但属于公共资源，而且还具有稀有物品的特性，使用经济手段推进节约用水势在必行，必须使用把政府投入与市场调节联系在一起的方法来制定水价。

既按照法律法规来管理水资源，又把道德和节水关联起来，形成别具一格的节水文化，创建"爱水、惜水、节水"的良好社会风气，使人们都能够不用强制规定也能自觉地节约用水、树立合理文明的节水方式，慢慢的就能够使全社会的人民积极参与到节水的行为中来。

②营造有效的公众参与机制

公众参与到节约用水的工作中是把民主的思想带到了节约用水的过程，对水资源的管理需要人民群众的参与，保证其管理制度无隐瞒、透明化。让广大人民都参与到节水制度建设，明确水资源管理机关的权利和责任，对水量的使用进行监管，实际参加到水价的制定中去。

参考文献

［1］ AEC Thorteical Possibilities and Consequences of Major Accidents in Large Nuclear Power Plants, DOC. 740, U. S. A. E. C. Washington DC, 1975.

［2］ AINSWORTH B E, HASKELL W L, WHnT M C, et al. Compendium of physical activities: an update of activity codes and MET intensities［J］. Med sci sports Exere, 2000. 32(9): 498-504.

［3］ Al-ADAMAT R, FOSTER I, BABAN S. Groundwater vulnerability and risk mapping for the Basaltic aquifer of the Azraq basin of Jordan using GIS, remote sensing and DRASTIC ［J］. Applied Geography, 2003, 23(4): 303-324.

［4］ Al-HANBAL A, KONDOH A. Groundwater vulnerability assessment and evaluation of human activity impact (HAI) within the Dead Sea groundwater basin, Jordan ［J］. Hydrogeology Journal, 2008, 16(3): 499-510.

［5］ Alkaly Camara, 朱元甡, 束龙仓等. 区域地下水持续开发利用的风险分析研究［J］. 河海大学学报(自然科学版), 2003, 31(4): 389-394.

［6］ ALLER L, BENNETT T, LEHR JH, et al. Drastic: a standardized system for evaluating groundwater potential using hydrogeological settings ［J］. US EPA Report. Ada Oklahoma: Environmental Research Laboratory, 1985.

［7］ AMINREZA N, BISWAJEET P, SAMAN J. Risk assessment of groundwater pollution using Monte Carlo approach in an agricultural region: An example from Kerman Plain, Iran ［J］. Computers, Environment and Urban Systems, 2015, 50: 66-73.

［8］ Anselin L. (1992). Space and Applied Econometrics: Introduction ［J］. Regional and Urban Economics, 22(3): 307-316.

［9］ Anselin L. Florax R J G M. (1995). New Direction in Spatial Econometrics［M］. Berlin, Gearmany: Springer-Verlag.

［10］ Anselin L. (1988). Spatial Econometrics: Methods and Models ［M］. Dordrecht, The Netherlands: Kluwer.

［11］ Anselin L, Smirnov O. (1996). Efficient Algorithms for Constructing Proper Higher Order Spatial Lag Operators ［J］. Journal of Regional Science, 36(1): 67-89.

［12］ Andrienko N and Andrienko G (2006) Exploratory Analysis of Spatial and Temporal Data . Springer, Berlin.

［13］ Asian Development Bank. Environmental Risk Assessment［R］. Office of the Environment, ADB, 1990.

［14］ Ari Rabl. Air Pollution Mortality: Harvesting And Loss Of Life Expectancy［J］. Journal of Toxicology and Environmental Health, Part A: Current Issues. 2005, 68: 1175-80.

［15］ AYSE M, AHMET Y. A fuzzy logic approach to assess groundwater pollution levels below agricultural fields. Environmental Monitoring and Assessment, 2006, 118(1-3): 337-354.

［16］ Beck, M. B. Water quality modeling: a review of the analysis of uncertainty. Wat. Res. Res. , 1987, 23: 1393-1442

［17］ Brown SL. Quantitative risk assessment of environmental hazards［J］. Annu Rev Public Health. 1985; 6: 247-67.

［18］ Burn DH, Mcbean EA. Optimization modeling of water quality in an uncertain environment ［J］. *Water Resource Research*, 1985, 21(7): 934-940.

［19］ Burn DH, Lence BJ. Comparison of optimization formulations for waste-load allocation［J］. *Journal of Environmental Engineering*, 1992, 118(4): 597-612.

［20］ Chappell et al. Inorganic arsenic: a need and an opportunity to improve risk assessment［J］. Environmental

Health Perspectives. 1997 Oct；105（10）：1060-7.

［21］ CHENG S J, CHEN W L. Contamination potential of nitrogen compounds in the heterogeneous aquifers of the Choushui River alluvial fan, Taiwan［J］. Journal of Contaminant Hydrology. 2005，79（3）：135-155.

［22］ Civita M V, M De Maio. Assessing groundwater contamination risk using ArcInfo via GRID function［J/OL］. ［2006-05-02］. http://gis. esri. com/library/userconf/proc97/to600/paper591/p591. htm

［23］ Civita MV, M De Maio. Assessing Groundwater Contamination risk using ArcInfoviaGRIDfunction. http://gis. esri. com/library/userconf/proc97/proc97/to600/pap591/p591. htm. 2006-05-02.

［24］ Claus EB. Risk models in genetic epidemiology［J］. Statistical Methods Medical Research. 2000 Dec；9（6）：589-601.

［25］ Cliff A D, Ord. J K. （1969）. The Problem of Spatial auntocorrelation［J］. In London Papers in Regional Science 1, Studies in Regional Science, 25-55.

［26］ Cliff A D, Ord J K. （1973）. Spatial Autocorrelation ［M］. London：Pion Press.

［27］ Coicoechea A, Krouse M R, Antle L G. An approach to risk and uncertainty in benefit cast analysis of water resources projects［J］. Water Resour Res, 1982, 18（4）：791-799.

［28］ Copty N K, Findikakis A N. Quantitative estimates of the uncertainty in the evaluation of groundwater remediation scheme ［J］. Groundwater, 2000, 38（1）：29-37.

［29］ Cressie N （1993） Statistics for Spatial Date. John Wiley & Sons, Inc. New York.

［30］ Crump K. Calculation of benchmark doses from continuous data［J］. Risk Anal. 1995, 15（1）：79-89

［31］ Cuddihy RG. Risk assessment relationships for evaluating effluents from coal industries［J］. Sci Total Environ. 1983 Jun；28：479-92.

［32］ DANIELA D. GIS Techniques for mapping groundwater contamination risk［J］. Natural Hazards, 1999, 20（2-3）：279-294.

［33］ DEVI N M, RAMBHOJUN P, UMRIKAR B. Numerical groundwater flow and contaminant transport modelling of the Southern Aquifer, Mauritius ［J］. Earth Science India. 2012, 5（3）：79-91.

［34］ Dong-il Seo. 水质模型不确定性的一种新定量方法. 见：给水与废水处理国际会议论文集［C］. 北京：中国建筑工业出版社, 1994, 833-838.

［35］ Duckstein L, Plate EJ. Engineering Reliability and Risk in Water Resources［M］. Berlin：Springer,1987.

［36］ ELIAS D, IEROTHEOS Z. Groundwater vulnerability and risk mapping in a geologically complex area by using stable isotopes, remote sensing and GIS techniques ［J］. Environmental Geology, 2006, 51（2）：309-323.

［37］ EPA/100/R-12/001. Benchmark Dose Technical Guidance［S］.

［38］ EPA/600/R-090/052F. Exposure Factors Handbook：2011 Edition［S］.

［39］ EPA 100-B-00-002. Risk Characterization Handbook［S］.

［40］ FATMA B B, HAFEDH K, SALEM B. Groundwater vulnerability and risk mapping of the Northern Sfax Aquifer, Tunisia ［J］. Arabian Journal for Science and Engineering, 2012, 37（5）：1405-1421.

［41］ Fernandez MD, Cagiga E, Vega MM, eta. Ecological risk assessment of contaminated soils through direct toxicity assessment. Ecotoxicology and Environmental Safety, 2005, 62（2）：174-184.

［42］ Fitzgerald et al. Modified BMD method for BaP guideline development［J］. Environmental Health Perspectives. 2004, 10, 112（14）：1341-46.

［43］ Foster SS D, Skinner AC. Groundwater Protection：The science and practice of land surface zoning in groundwater quality, Proceeding of Remediation Protection. Prague：IAH Publications, No. 225, 1995：471-482.

［44］ FOSTER S, HIRATA R, DANIEL G, et al. Groundwater quality protection：a guide for water utilities, municipal authorities and environment agencies［C］. Washington, D. C：The World Bank, 2002.

［45］ FU/T 169-2004建设项目环境风险评价技术导则［S］. 国家环境保护总局,2004. 12.

［46］ Geary R C. (1954). The Contiguity Ratio and Statistical Mapping［J］. The Incorporated Statistician, 5(3): 115-145.

［47］ Getis A, Ord J K. (1992). The Analysis of Spatial Association by Use of Distance Statistics［J］. Geographical Analysis, 24(3): 189-206.

［48］ Geological Survey of Ireland. Groundwater protection schemes［2015-07-30］, http://www. doc88. com/p-9932674730379. html.

［49］ Ghosh S, Mujumdar P P. Risk Minimization in Water Quality Control Problems of A River System［J］. Advances in Water Resources, 2006, 29(3): 458-470.

［50］ Gofman JW. Radiation-induced cancer from low-dose exposure: an independent analysis. Committee for nuclear responsibility［M］. 1990.

［51］ GOGU R C, HALLET V, Dassargues A. Comparison of aquifer vulnerability assessment techniques［J］. Application to the Neblon river basin (Belgium). Environmental Geology, 2003, 44(8): 881-892.

［52］ Gold et al. A carcinogenic potency database of the standardized results of animal bioassays［J］. Environmental Health Perspectives. 1984, 58: 9-319.

［53］ Griffith D. Spatial Auto correlation: A Primer. Association of American Geographers, Washington D. C. 1987.

［54］ Griffith D A. Some Guidelines for Specifying the Geographic Weights Matrix Contained in Spatial Statistical Models［M］. Boca Raton: CRC Press. 1995.

［55］ Hanson Mark L, Solomon Keith R. New technique for estimating thresholds of toxicity in ecological risk assessment. Environmental Science & Technology, 2002, 36 (15): 3257-3264.

［56］ Han, Jiho Y. The relationships of perceived risk to personal factors, knowledge of destination, and travel purchase decisions in international leisure travel (Australia, Japan)［D］. Virginia Polytechnic Institute and State University, 2005.

［57］ Hashimoto T, Stedinger J R, Loucks D P. Reliabilith, resiliency and vulnerability criteria for water resource system performance evaluation［J］. Water Resour Res, 1982, 18(1): 14-20.

［58］ Hillenbrand, Charles John. Groundwater-risk analysis of New York utilizing GIS technology［D］. City University of New York, 2002.

［59］ Huang GH. Grey mathematical programming and its application to municipal solid waste management planning ［D］. Hamilton: McMaster University, 1994.

［60］ Huang GH, Baetz BW, Patry GG. Capacity planing for an integrated waste management system under uncertainty［J］. West Management and Research, 1997, 15(5): 523-546.

［61］ Huang GH, Jorgensen SE, Xu Y L. Integrated environmental planning for sustainable development in Lake Erhai Basin［J］. United Nations Environment Programme, 1997, 2(10): 1-12.

［62］ Huang GH, A hybrid inexact-stochastic water management mode［J］. European Journal of Operational Research, 1998, 107(1): 137-158.

［63］ Ihedioha JN, Okoye CO, Onyechi UA. Health risk assessment of zinc, chromium, and nickel from cow meat consumption in an urban Nigerian population［J］. Int J Occup Environ Health. 2014, Jul 31.

［64］ Jaynes ET. Informing theory and statistics meehanies［J］. Phys. Rev, 1957, 106(3): 39-48.

［65］ Jim Bridges. Human Health and Environmental Risk Assessment: The Need for a More Harmonised and Integrated Approach. Chemosphere, 2003, 52: 1347-1351.

［66］ Kentel K, Aral M M. 2D Monte Carlo versus 2D fuzzy Monte Carlo health risk assessment. Stochastic Environmental Research and Risk Assessment, 2005, 19(1): 86-96.

［67］ LO I M C, LWA W K W, SHEN H M. Risk assessment using stochastic modeling of pollutant transport in landfill clay liners［J］. Water Science and Technology, 1999, 39(10): 337-341.

［68］ KIM S, CHEONG H K,CHOI K, et al. Development of Korean exposure factors handbook for exposure assessment ［J］. Epidemiology, 2006, 17(6): 460.

［69］ LI J B, HUANG G H, ZENG G M, et al. An integrated fuzzy-stochastic modeling approach for risk assessment of groundwater contamination ［J］. Journal of Environmental Management, 2007, 82(2): 173-188.

［70］]LIU L, CHENG S Y, GUO H C. A simulation-assessment modeling approach for analyzing environmental risks of groundwater contamination at waste landfill sites ［J］. Human and Ecological Risk Assessment, 2004, 10(2): 373-388.

［71］ Loring Dales, Ephraim Kahn, Eddie Wei. Methyl mercury Poisoning-An Assessment of the Sport fish Hazard in California［J］. Calif Med. Mar 1971; 114(3): 13-5.

［72］ Mackay DM, Roberts PV, Cherry JA. Transport of organic contaminants in groundwater［J］. Environmental Science and Technology, 1985, 19(5): 384-392.

［73］ MA H W, WU K Y, TON C D. Setting information priorities for remediation decisions at a contamination-groundwater site ［J］. Chemosphere, 2002, 46(1): 75-81.

［74］ Ma J, Singhirunnusorn W. Distribution and health risk assessment of heavy metals in surface dusts of mahasarakham municipality. Procedia-Social and Behavioral Sciences, 2012, 50(6):280-293.

［75］ Marta Schuhmacher. Montse Mensese, Alex Xifro. The use of Monte-Carlo simulation techniques for risk assessment: study of a municipal waste incinerator［J］. Chemosphere, 2001, 43 (2): 787-799.

［76］ MartinL Collin, Abraham JMelloul. Combined land-use and environmental factors for sustainable groundwater management［J］. Urban Water, 2001 (3): 229-237.

［77］ Masashi Gamo, Tosihiro Oka, Junko Nakanishi. Ranking the risks of 12 major environmental pollutants that occur in Japan［J］. Chemo sphere, 2003, 53(4): 277-84.

［78］ Masashi Gamo, Tosihiro Oka, Junko Nakanishi. A method evaluating population risks from chemical exposure: a case study concerning prohibition of chlordane use in Japan［J］. Regulatory Toxicology and Pharmacology, 1995, 21(1): 151-57.

［79］ Melching, Charls S. , & Yoon C. G.. Key sources of uncertainty in QUAL2E model of Passaic River. Journal of Water Resources Planning and Management,1996,122(2):105-113

［80］ Michael R, Burkart, Dana W, etal. Assessing groundwater vulnerability to agrichemical contamination in the midwest U. S. Wat. Sci. Tech. , 1999, 39 (3): 103-112.

［81］ Mireille LefÈvre, Isabelle Blanc, Benoˆit Gschwind, et al. Loss of Life Expectancy related to temporal evolution of PM2. 5 considered within energy scenarios in Europe［C］. Conference: SETAC Europe 23rd Annual Meeting, 2013.

［82］ MOHAMED O A, AHMED R. An integrated GIS and hydrochemical approach to assess groundwater contamination in West Ismailia Area, Egypt ［J］. Arabian Journal of Geosciences, 2013, 6(8): 2829-2842.

［83］ Moran P a P. (1950). Notes on continuous stochastic phenomena ［J］. Biometrika, 37: 17-23.

［84］ MORRIS B, FOSTER S. Assessment of groundwater pollution risk ［M/OL］. ［2006-05-06］. http://www. lnweb18. worldbank. org/essd/essd. nsf.

［85］ Nadal MN, Casacuberta J, Garcia-Orellana N, Ferre-Huguet P, eta. Human health risk assessment of environmental and dietary exposure to natural radionuclides in the Catalan stretch of the Ebro River, Spain［J］. Environmental Monitoring and Assessment, 2011,175(1-4):455-468.

［86］ Napolitano P. GIS for aquifer vulnerability assessment in the Piana Campana, southern Italy,using the DRASTIC and SINTACS methods. Netherlands: ITC, Enschede, 1995

［87］ NATIONAL R C. Ground Water Vulnerability assessment: contamination potential under conditions of uncertainty ［J］. Washington, D. C: National Academy press, 1993.

［88］Navulur KCS, Engel B A, Mamillapalli S. Groundwater vulnerability evaluation to nitrate pollution on a regionalscale using GIS. In Applications of GIS to the modeling of non-point source pollutants in the vadose zone, ASA-CSSA-SSSA Conference. 1995.

［89］NERANTZIS K, KONSTANTION S. Groundwater vulnerability and pollution risk assessment of porous aquifers to nitrate: Modifying the DRASTIC method using quantitative parameters ［J］. Journal of Hydrology, 2015, 525: 13-25.

［90］NOBRE R C M, ROTUNNO F O C, Mansur W J. Groundwater vulnerability and risk mapping using GIS modeling and a fuzzy logic tool ［J］. Contam Hydrol, 2007, 94(3-4): 277-292.

［91］Norreys R, Cluckie I. Real time assessment of transient spills (rats). Water Science and Technology, 1996, 33(2):187-198.

［92］NRC National Research Council(U. S), Committee on Risk Assessment of Hazardous Air Pollutants Science and Judgment in Risk Assessment［M］. Washington, D. C: National. Academy Press, 1994.

［93］NURA UK, MOHAMMAD F R, SHAHARIN I, et al. Assessment of groundwater vulnerability to anthropogenic pollution and seawater intrusion in a small tropical island using index-based methods ［J］. Environmental Science and Pollution Research, 2015, 22 (2): 1512-1533.

［94］Odum, E. P. 生态学基础［M］. 北京: 人民教育出版社出版社, 1985.

［95］Odum, E. P. Fundamentals of Ecology(Third Edition)［M］. W. B. Saunders Company, 2001.

［96］Ord K (1975) Estimation Method for Models of Spatial Interaction. Journal of American Statistical Association, 70: 102-126.

［97］Pawlak Z. Rough sets. International Journal of Computer and Information Sciences, 1982, 11(2): 341-356.

［98］Pawlak Z. Rough set approach to Knowledge-based decision support. European Journal of Operational Research, 1997, 99(1): 48-57.

［99］PANAGOPOULOS G P, ANTONAKOS A K, LAMBRAKIS N J. Optimization of the DRASTIC method for groundwater vulnerability assessment via the use of simple statistical methods and GIS ［J］. Hydrogeology Journal, 2006, 14(6): 894-911.

［100］PEDREIRA R, KALLIORAS A, PLIAKAS F, et al. Groundwater vulnerability assessment of a coastal aquifer system at River Nestos Eastern Delta, Greece ［J］. Environmental Earth Sciences, 2015, 73 (10): 6387-6415.

［101］Poston T, Ian Stewant. Catastrophe theory and application ［M］. Lord: Pitman, 1978.

［102］Power M, McCarthy L S. Fallacies in ecological risk assessment practices. Environmental Science & Technology, 1997, 31 (8): 370-375.

［103］RABIE E B, KAMAL T, KHADIJA A. A contribution of GIS methods to assess the aquifer vulnerability to contamination: a case study of the calcareous dorsal (Northern Rif, Morocco) ［J］. Journal of Water Resource and Protection, 2015, 7(6): 485-495.

［104］RECINOS N, KALLIORAS A, PLIAKAS, et al. Application of GALDIT index to assess the intrinsic vulnerability to seawater intrusion of coastal granular aquifers ［J］. Environmental Earth Sciences, 2015, 73(3): 1017-1032.

［105］Sangasubana, Nisaratana. Consumers risk perceptions of over-the-counter drug products: Concept and measure using quantitative and qualitative methods［D］. The University of Wisconsin-Madison, 2003.

［106］SALWA S, SALEM B, HAMED B D. Groundwater vulnerability and risk mapping of the hajeb-jelm a aquifer (central tunisia) using a GIS-based drastic model ［J］. Environment al Earth Sciences, 2010, 59(7): 1579-1588.

［107］Schabenberger O and Gotway CA (2005) Statistical Methods for Spatial Data Analysis. CHAPMAN & HALL/

CRC, New York.

[108] Sappa GS, Vitale. Groundwater protection: contribution from Italian experience. Polish: Ministry of the Environment, 2001.

[109] SDVC. Wyoming Groundwater Vulnerability Assessment Handbook [M]. Wyoming: geographic information science center, 1998.

[110] Secunda S, Collin ML. Groundwater vulnerability assessment using a composite model combining DRASTIC with extensive agricultural land use in Isreal's Sharon region[J]. Journal of Environmental Management, 998 (54): 39-57.

[111] Sergeldin, l. Towards Sustainable Aanagement of water Resource. world Bank, Washington[R], 1998:14.

[112] Singer, H. Continuous panel models with time dependent parameters. Journal of mathematics Sociology, 1998,23(2):77-98

[113] Steinemann A. Rethinking human health impact assessment. Environmental Impact Assessment Review, 2000, 20:627-645.

[114] Stephen Foster, Ricardo Hirata, Daniel Gome, etal. Groundwater Quality Protection, a guide for water utilities, municipal authorities, and environment agencies[M]. Washington D C: The World Bank, 2002.

[115] Suter, G W. Treatment of risk in environmental impact assessment. Environmental Management, 1987, 11 (3):295-303.

[116] Suwazono et al. Benchmark Dose for Cadmium-Induced Renal Effects in Humans[J]. Environmental Health Perspectives. 2006, 7, 114(07): 1072-76.

[117] THIRUMALAIVASAN D, KARMEGAM M, VENUGOPAL K. AHP-DRASTIC: software for specific aquifer vulnerability assessment using DRASTIC model and GIS [J]. Environmental Modelling and Software. 2003, 18(7):645-656.

[118] Thomas et al. Application of Transcriptional Benchmark Dose Values in Quantitative Cancer and Non-cancer Risk Assessment[J]. Toxicological Sciences. 2011, 120(1): 194-205.

[119] Tobler WR (1970) A computer movies simulating urban growth in the Detroit Region. Economic Geography Supplement, 46:234-240.

[120] URICCHIO V F, GIORDANO R, LOPEA N. A fuzzy knowledge-based decision support system for groundwater pollution risk evaluation [J]. Journal of Environmental Management, 2004, 73(3): 189-197.

[121] USEPA. Risk assessment guidance for superfund(volume I)human health evaluation manual :part A [S]. Washington DC:US EPA, 1989.

[122] USEPA. *Revised interim soil lead guidance for CERCLA sites and RCRA corrective action facilities* [M], Washington DC: OSWER Directive, 1994.

[123] US EPA. Child-specific exposure factors handbook[S]. Washington DC:US EPA,2008.

[124] US EPA. Exposure factors handbook[S]. Washington DC:US EPA,2009.

[125] VanBaardwijd F. A. N. Prevention Accidental Spills: Risk Analysis and Discharge Permitting Process. Wat. Sci&Tech. 1994, 29(3):189-197.

[126] VARNES D J. Commission on landslides and other mass-movement-IADE landslide hazard zonation: a review of principles and practices [M]. Paris: the UNESCO Press, 1984.

[127] VERMA P, SINGH P, GEORGE K V, et al. Uncertainty analysis of transport of water and pesticide in an unsaturated layered soil profile using fuzzy set theory [J]. Applied Mathematical Modeling, 2009, 33(2): 770-782.

[128] Voetsch, Robert James. The current state of project risk management practices among risk sensitive project management professionals[D]. The George Washington University, 2004.

[129] VRBA J, JAPOROZEC A. The guide Book on Mapping Groundwater Vulnerability [M]. Hannover: Verlag Heinz Heise, International Association Hydrogeology, 1994.

[130] Wade M, Katebi R. Data mining and knowledge extraction in wastewater treatment plants. IEE Seminar Developments in Control Systems in the Water Industry, 2002, (120): 1-25.

[131] WANG J J, HE J T, CHEN H H. Assessment of groundwater contamination risk using hazard quantification, a modified DRASTIC model and groundwater value, Beijing Plain, China [J]. Science of the Total Environment, 2012, 432: 216-226.

[132] Wayne G. Landis. The frontier in ecological risk assessment at Expanding spatial and temporal scales. Human and Ecological Risk Assessment, 2003, (9):1415-1424.

[133] Wen-Tien Tsai. Environment risk assessment of hydrofluoroethers [J]. Journal of HazardousMaterials, 2005, 119 (7): 69-78.

[134] XiaJ, Zhang XW. Grey nonlinear programming in river water quality[J]. *Journal of Hydrology*, 1993, 12: 12-19.

[135] YANG A L, HUANG G H, FAN Y R, et al. A fuzzy simulation-based optimization approach for groundwater remediation design at contaminated aquifers [J]. Mathematical Problems in Engineering, 2012, 26(3): 1-13.

[136] ZAPOROZEC A. Groundwater contaminations inventory a methodological guide [M]. Paris: UNESCO, 2004: 10-18.

[137] 阿诺尔德. 突变理论[M]. 北京: 商务印书馆, 1992.

[138] 卞建民, 李立军, 杨坡. 吉林省通榆县地下水脆弱性研究[J]. 水资源保护, 2008, 24 (3):4-7.

[139] 蔡文. 物元分析[M]. 广州: 广东高等教育出版社, 1987: 51-53.

[140] 蔡文. 物元模型及应用[M]. 北京: 科学技术文献出版社, 1998. 186-200.

[141] 曹黎明. 公共风险的经济分析:起因、分类及对策[D]. 江西财经大学, 2009.

[142] 陈超. 基于 GIS 的第四系地下水资源价值研究—以北京市为例[D]. 北京:中国地质大学, 2012: 23-24.

[143] 陈鸿汉, 谌宏伟, 何江涛. 污染场地健康风险评价的理论和方法[J]. 地学前缘, 2006, 13(1): 216-223.

[144] 陈建珍, 赖志娟. 熵理论及应用[J]. 江西教育学院学报. 2005, 26 (6): 9-12.

[145] 陈靖. 论我国当代环境刑法理念[J]. 云南大学学报(法学版), 2012, 05:26-29.

[146] 陈炼钢, 陈敏建, 丰华丽, 等. 基于健康风险的水源地水质安全评价[J]. 水利学报. 2008, 39(2): 235-239.

[147] 陈敏健, 陈炼钢, 丰华丽. 基于健康风险评价的饮用水水质安全管理[J]. 中国水利, 2007, (2): 12-15.

[148] 陈少贤. 饮水型氟病区改水后儿童健康风险度评价[D]. 广州:南方医科大学流行病与卫生统计学, 2013.

[149] 陈绍金. 水安全系统评价、预警与调控研究[D]. 河海大学, 2005.

[150] 陈永焦. 浅谈我国水污染现状及治理对策[J]. 科技信息, 2010, 11:381-382.

[151] 崔小红, 王缔. 层次分析法在水资源短缺评价中的应用[J]. 数学的实践与认识, 2014, 44(6): 270-273.

[152] 地下水脆弱性评价技术要求[R]. 中国地质调查局, 2004 年 11 月.

[153] 荻玉峰, 李艳萍, 赵斌, 等. 北京市城区不同体质量人群能量消耗和体力活动水平比较[J]. 中国临床康复, 2006. 10(24): 1-3.

[154] 丁庆华. 突变理论及其应用[J]. 科技论坛, 2008, (1): 22-23.

[155] 丁昊天,袁兴中,曾光明,等. 基于模糊化的长株潭地区地下水重金属健康风险评价[J]. 环境科学研究, 2009, 22(11): 1321-1328.

[156] 丁晓静,王耕. 基于 AHP 和熵值法的辽宁省城市生态安全评价[J]. 环境科学与管理, 2010, 35(12): 172-174.

[157] 丁义明. 风险概念分析[J]. 系统工程学报, 2001, 16(5): 402-406.

[158] 董殿伟,江剑,周磊,等. DRASTIC 方法在北京平原区地下水易污性评价中的应用[J]. 北京水务, 2010, (6): 22-25.

[159] 董华,张发旺,程彦培,等. 论地下水环境系统内涵及其编图[J]. 南水北调与水利科技, 2008, 6(6): 44-46.

[160] 董雯,杨宇,张小雷. 干旱区绿洲城镇化进程与水资源效益的时空分异研究[J]. 中国沙漠, 2012, 32(5): 1463-1471.

[161] 董志贵. 地下水污染风险评价方法研究及软件设计开发[D]. 东北农业大学, 2008.

[162] 杜朝阳,钟华平. 地下水系统风险系统风险分析研究进展[J]. 水科学进展, 2011, 22(3): 437-444.

[163] 杜川. 改进灰色-马尔科夫模型在年降水量预测中的应用研究[J]. 节水灌溉, 2014, 6: 32-36.

[164] 杜锁军. 国内外环境风险评价研究进展[J]. 环境科学与管理. 2006, 31(5): 193-194.

[165] 杜永强,迟国泰,刘俊伯. 基于分类最优原理的小企业信用风险评价[J]. 水资源究, 2014, 33(3): 103-107.

[166] 段小丽,张文杰,王宗爽,等. 我国北方某地区居民涉水活动的皮肤暴露参数[J]. 环境科学研究. 2010, 23(1): 55-61.

[167] 段小丽,王宗爽,李琴,等. 基于参数实测的水中重金属暴露的健康风险研究[J]. 环境科学. 2011, 32(5): 1329-1339.

[168] 段小丽,黄楠,王贝贝,等. 国内外环境健康风险评价中的暴露参数比较[J]. 环境与健康杂志. 2012, 29(2): 99-104.

[169] 鄂建,孙爱荣,钟新永. DRASTIC 模型的缺陷与改进方法探讨[J]. 水文地质工程地质, 2010, 37(1): 102-107.

[170] 方樟. 松嫩平原地下水脆弱性研究[D]. 吉林大学, 2006.

[171] 冯平,李绍飞,李建柱. 基于突变理论的地下水环境风险评价[J]. 自然灾害学报, 2008, 17(2): 13-18.

[172] 封志明,刘登伟. 京津翼地区水资源供需平衡及其水资源承载力[J]. 自然资源学报, 2006, 21(5): 689-699.

[173] 付长贺. 马尔科夫链在传染病预测中的应用[J]. 沈阳师范大学学报(自然科学版), 2009, 27(1): 28-30.

[174] 付在毅,许学工,林辉平,等. 辽河三角洲湿地区域生态风险评价[J]. 生态学报, 2001, 21(3): 365-373.

[175] 高远东. 中国区域经济增长的空间计量研究[D]. 重庆大学, 2010.

[176] 高夏辉,魏顺芝,刘培旺等. 地下水问题及对策探讨[J]. 山西水利, 2005, 21(5): 23-27.

[177] 葛书龙,刘敏昊. 水利系统经营效益评价的模糊层次分析法[J]. 水利经济, 1996, (2): 53-58.

[178] 耿福明,薛联青,陆桂华,等. 饮用水源水质健康危害的风险度评价[J]. 水利学报, 2006, 37(10): 1242-1245.

[179] 句少华. 油气生产中的人体健康风险评价[J]. 世界地质. 1994(04): 142-150.

[180] 谷秀娟,李超. 基于马尔科夫链的房价预测研究[J]. 消费经济, 2012, 28(5): 40-42.

[181] 管小俊,王喜富,沈喜生. 单一品类大宗货物铁路局部运输网络组合风险评价方法研究[J]. 铁道学报, 2010, 32(3): 119-124.

[182] 郭怀成. 环境规划方法与应用[M]. 北京:化学工业出版社, 2006.

[183] 郭文成, 钟敏华, 梁粤瑜. 环境风险评价与环境风险管理. 云南环境科学[J], 2001, (20): 98-100.

[184] 郭先华. 城市水源地生态风险评价及水质安全管理[D]. 贵州大学, 2008.

[185] 郭晓静, 周金龙, 靳孟贵, 等. 地下水脆弱性研究综述[J]. 地下水, 2010, 32(3): 1-5.

[186] 国家卫生部. 中国卫生统计年鉴2007年[M]. 北京:人民卫生出版社, 2007.

[187] 韩冰, 何江涛, 陈鸿汉. 地下水有机污染人体健康风险评价初探[J]. 地学前缘, 2006, 13(1): 224-229.

[178] 韩传峰. 基于故障树分析的建设工程风险识别系统[J]. 自然灾害学报, 2006, 15(5): 183-187.

[189] 韩京龙, 刘春玲, 李立军等. 基于突变评价法的吉林西部地下水开发风险评价[J]. 中国农村水利水电, 2011, (12): 11-14, 18.

[190] 韩严和, 阮修莉, 陈晓慧, 等. 化工建设项目的环境风险评价[J]. 辽宁化工, 2010, 39(6): 658-660.

[191] 韩宇平. 水资源短缺风险管理理论与实践[M]. 郑州:黄河水利出版社, 2008.

[192] 韩宇平, 王永兵, 冯小明. 基于最大熵原理的区域水资源短缺风险综合评价[J]. 安徽农业科学, 2011, 39(1): 397-399.

[193] 何星海, 马世豪, 李安定, 等. 再生水利用健康风险暴露评价[J]. 环境科学, 2006, 27(9): 1912-1915.

[194] 胡二邦. 环境风险评价实用技术和方法[M]. 北京. 中国环境科学出版社, 2000: 1-482.

[195] 胡国华, 夏军. 风险分析的灰色-随机风险率方法研究[J]. 水利学报, 2001(4): 1-5.

[196] 黄娟, 邵超峰, 张余. 关于环境风险评价的若干问题探讨[J]. 环境科学与管理, 2008, 33(4): 171-174.

[197] 解建仓, 黄明聪, 阮本清等. 基于支持向量机的水资源短缺风险评价模型及应用[J]. 水利学报, 2007, 38(3): 255-259.

[198] 姜桂华, 王文科, 乔小英等. 关中盆地地下水特殊脆弱性及其评价[J]. 吉林大学学报(地球科学版), 2009, 39(6): 106-110.

[199] 姜文来. 水资源价值论[M]. 北京:科学出版社, 1998.

[200] 江剑, 董殿伟, 杨冠宁, 等. 北京市海淀区地下水污染风险性评价[J]. 城市地质, 2010, 5(2): 14-18.

[201] 江思珉, 张亚力, 周念清, 等. 基于卡尔曼滤波和模糊集的地下水污染羽识别[J]. 同济大学学报:自然科学版, 2014, 42(3): 435-440.

[202] 焦得生, 杨景斌. 中国典型城市水资源精测、评价与系统分析[J]. 水文, 1996, 6: 1-5.

[203] 金爱芳, 李广贺, 张旭, 等. 地下水污染风险源识别与分级方法[J]. 地球科学:中国地质大学学报, 2012, 37(2): 247-252.

[204] 金菊良, 刘丽, 汪明武, 等. 基于三角模糊数随机模拟的地下水环境系统综合风险评价模型[J]. 地理科学, 2011, 31(2): 143-147.

[205] 金菊良, 吴开亚, 李如忠. 水环境风险评价的随机模拟与三角模糊数耦合模型[J]. 水利学报. 2008, 39(11): 1257-1261.

[206] 金泰廙, 吴训伟. 基准剂量在镉接触环境流行病学研究中的应用[J]. 环境与职业医学. 2003(05): 335-337.

[207] 靳诚, 陆玉麒. 基于县域单元的江苏省经济空间格局演化[J]. 地理学报, 2009, 64(6): 713-724.

[208] 郎连和. 大连市水资源可持续利用的配置与评价方法的研究[D]:硕士学位论文. 大连:大连理工大学: 2013.

[209] 勒内·托姆. 突变论:思想和应用[M]. 上海:上海译文出版社, 1988.

[210] 雷静. 地下水环境脆弱性的研究[D]. 清华大学, 2002.

[211] 雷静, 张思聪. 唐山市平原区地下水脆弱性评价研究[J]. 水利学报, 2003, 23(1): 94-99.

[212] 李爱花，刘恒．水利工程风险分析研究现状综述[J]．水科学进展，2009，20(3)：453-459.

[213] 李方一，刘卫东．区域间虚拟水贸易模型及其在山西省的应用[J]．资源科学，2012，34(5)：802-810.

[214] 李君，常莉．我国城市地下水污染状况与治理对策[J]．开封大学学报，2006，20(4)：89-91.

[215] 李可基，屈宁宁．中国健康成人基础代谢率实测值与公式预测值的比较[J]．营养学报，2004. 26(4)：244-248.

[216] 李鹏雁，刘刚．基于层次分析法的不良资产证券化风险评价[J]．哈尔滨工业大学学报，2007，39(12)：1949-1951.

[217] 李如忠．基于不确定信息的城市水源水环境健康风险评价[J]．水利学报．2007，38(8)：895-900.

[218] 李如忠．盲信息下城市水源水环境健康风险评价[J]．武汉理工大学学报，2007，29(12)：74-8.

[219] 李如忠，汪家权，钱家忠．地下水允许开采量的未确知风险分析[J]．水利学报，2004，(4)：54-60.

[220] 李如忠，汪明武，金菊良．地下水环境风险的模糊多指标分析方法[J]．地理科学，2010，30(2)：229-235.

[221] 李绍飞．海河流域地下水环境风险分析问题的研究[D]．天津大学，2003.

[222] 李绍飞，冯平，林超．地下水环境风险评价指标体系的探讨与应用[J]．干旱区资源与环境，2007，21(1)：38-43.

[223] 李世峰，白顺果，王月影，等．非饱和土壤渗透系数空间不确定性对溶质运移的影响[J]．环境工程学报，2015，3(9)：1471-1476.

[224] 李帅，刘冀．可变模糊模型在水资源短缺风险评价中的应用[J]．水电能源科学，2009，27(5)：21-24.

[225] 李松晨，杨高升．基于脆性理论的城市防洪系统探究[J]．水资源与水工程学报，2015，26(1)：154-158.

[226] 李涛．基于 MapInfo 的大沽河地下水库脆弱性评价[D]．中国海洋大学，2004.

[227] 李彦锋，杜丽．汽车驱动桥系统模糊故障分析研究[J]．西安交通大学学报，2009，43(7)：110-114.

[228] 李中斌．风险管理解读[M]．北京：石油工业出版社，2000. 1.

[229] 粟石军．基于 GIS 技术的地下水重金属污染综合风险评价研究[D]．湖南大学，2008.

[230] 梁晋文，陈林才，何贡．误差理论与数据处理[M]．北京：中国计量出版社，1989，78-81.

[231] 梁洁，蒋卓勤．中国健康成人基础代谢率估算公式的探讨[J]．中国校医，2008. 22(4)：327-374.

[232] 梁婕．基于不确定理论的地下水溶质运移及污染风险研究[D]．湖南大学，2009.

[233] 梁婕 谢更新等．基于随机－模糊模型的地下水污染风险评价[J]，湖南大学学报(自然科学版). 2009(9)：54-58.

[234] 林洁，夏军．基于马尔科夫链模型的湖北省干旱短期预测[J]．水电能源科学，2015，33(4)：6-9.

[235] 刘宝勤，封志明．虚拟水研究的理论、方法及其主要进展[J]．资源科学，2006，28(1)：120-127.

[236] 刘斌可，陈文深．中国水资源的开发利用和保护[J]．建材发展导向(下)，2013(6)：3.

[237] 刘春玲．吉林西部地下水开发风险评价[D]．吉林大学，2006.

[238] 刘东旭，司高华，郑军芳，等．基于 MODFLOW 对某区域地下水污染的数值模拟及评价[J]．辐射防护，2013，33(1)：30-36.

[239] 刘敦文，张聪，颜勇，管佳林．基于博弈论的隧道施工环境可拓评价模型研究[J]．安全与环境学报，2014，01：92-96.

[240] 刘国东，丁晶．水环境中不确定性方法的研究现状与展望[J]．环境科学进展，1996，4(4)：46-53.

[241] 刘华富．一种快速支持向量机分类算法[J]．长沙大学学报，2004(4)：40-41.

[242] 刘家宏．缺资料地区河流突发性水污染多尺度风险评价[J]．清华大学学报(自然科学版)，2012，52(6)：830-835.

[243] 刘建昌，张微．基于事故树的调水线路水质污染风险效应[J]．环境科学，2009，30(9)：2532-2537.

[244] 刘开第，吴和琴．未确知数学[M]．武汉：华中理工大学出版社，1997，27-35.

[245] 刘雷雷，盖美．大连市水资源短缺模糊综合评判及对策研究[J]．水资源研究，2009，30（3）：6-8．

[246] 刘权，张柏．辽河中下游流域土地利用/覆被变化、环境效应及优化调控研究［M］．北京：科学出版社，2007.11：36-37．

[247] 刘仁涛．三江平原地下水脆弱性研究[D]．东北农业大学，2007．

[248] 刘淑芬．区域地下水防污性能评价方法及其在河北平原的应用[J]．河北地质学院学报，1996（1）：41-45．

[249] 刘婷，肖长来，王雅男，等．基于解析法预测地下水溶质运移的研究[J]．节水灌溉，2015，（2）：47-49．

[250] 刘卫国，安尼瓦尔·木扎提，吕光辉．博斯腾湖流域风险评价[J]．干旱区资源与环境，2008，22（8）：33-37．

[251] 刘晓琴．马尔科夫链模型在铁路春运客流预测中的应用[J]．安全，2010，12：5-8．

[252] 刘岩，孙长智．风险概念的历史考察与内涵解析[J]．长春理工大学学报（社会科学版），2007，20（3）：28-31．

[253] 刘永良．大连市供水有限公司水资源配置研究[D]：硕士学位论文．大连：大连理工大学，2008．

[254] 龙小梅，陈龙珠．基坑工程安全的故障树分析方法研究[J]．防灾减灾工程学报，2005，25（4）：363-368．

[255] 卢亚灵，颜磊，许学工．渤海地区生态脆弱性评价及其空间自相关分析[J]．资源科学，2010，32（2）：303-308．

[256] 鲁帆，严登华．基于广义极值分布和Metropolis-Hastings抽样算法的贝叶斯MCMC洪水频率分析方法[J]．水利学报．2013，44（8）：942-949．

[257] 陆雍森．环境评价[M]．上海：同济大学出版社，1999：17-21．

[258] 陆雍森．环境评价（第二版）[C]上海：同济大学出版社．531-558．

[259] 陆燕，何江涛，王俊杰，等．北京市平原区地下水污染源识别与危害性分级[J]．环境科学，2012，33（5）：1526-1531．

[260] 路遥，徐林荣，陈舒阳等．基于博弈论组合赋权的泥石流危险度评价[J]．灾害学，2014，29（1）：194-200．

[261] 罗大平．环境风险评价法律制度研究[C]//王树义．环境法系列专题研究 北京：科学出版社．2006：177．

[262] 罗军刚，解建仓，阮本清．基于熵权的水资源短缺风险模糊综合评价模型及应用[J]．水利学报，2008，39（9）：1092-1097．

[263] 吕建树，张祖陆，刘洋，等．日照土壤重金属来源解析及环境风险评价[J]．地理学报，2010，67（7）：971-983．

[264] 吕金虎，陆君安，陈士华．混沌时间序列及其应用[M]．武汉：武汉大学出版社，2002．

[265] 马传苹．污水再生利用的健康风险分析方法[D]．天津：天津大学，2007：1-91．

[266] 马禄义，许学工，徐丽芬．中国综合生态风险评价的不确定性分析[J]．北京大学学报：自然科学版，2011，47（5）：893-900．

[267] 毛小苓，刘阳生．国内外环境风险评价研究进展[J]．应用基础与工程科学学报．2003，11（3）：266-273．

[268] 毛小苓，赵智杰，张辉．APELL简介及在环境影响评价中的应用[J]．环境科学，1998，19：l-5．

[269] 蒙美芳，马云东．矿业城市环境灾害演变规律浅析[J]．灾害学，2006，01：48-51．

[270] 孟宪萌，束龙仓，卢耀如．基于熵权的改进DRASTIC模型在地下水脆弱性评价中的应用[J]．水利学报，2007，38（1）：94-99．

[271] 穆仲平．山西省水资源特点及可持续利用对策分析[J]．水资源与水工程学报，2006，17（8）：92-94．

[272] 倪彬，王洪波，李旭东，等．湖泊饮用水源地水环境健康风险评价[J]．环境科学研究，2010，23（1）：

74-79.

[273] 彭波,王润群.危险废物的环境评估及处理技术现状[J].现代农业科技,2009,(8):269.

[274] 彭静,廖文根.对水环境研究的认识及展望[J].中国水利水电科学研究院学报,2004,2(4):271-275.

[275] 彭岳津,黄永基.全国主要缺水城市缺水程度和缺水类型的模糊多因素多层次综合评价法[J].水利规划,1996,(4):20-24.

[276] 齐元静,杨宇,金凤君.中国经济发展阶段及其时空格局演变特征[J].地理学报,2013,68(4):517-531.

[277] 戚杰.突变理论在环境建模中的应用研究[D].华中科技大学,2005.

[278] 钱家忠,李如忠,汪家权,李昱霞.城市供水水源地水质健康风险评价[J].水利学报.2004,35(8):90-93.

[279] 钱龙霞.基于Logistic回归和NFCA的水资源供需风险分析模型及其应用[J].自然资源学报,2011,26(12):2039-2049.

[280] 乔春明.蓟县生态可持续发展评价指标体系研究[D].天津大学管理学院,2003.

[281] 乔晓春.健康寿命研究的介绍与评述[J].人口与发展.2009,15(02):53-66.

[282] 卿晓霞,龙腾锐.污水处理系统中的人工智能技术应用现状与展望[J].给水排水,2006,32(8):99-102.

[283] 阮本清,韩宇平,王浩等.水资源短缺风险的模糊综合评价[J].水利学报,2005,36(8):906-912.

[284] 申庆喜,李诚固,马佐澎,周国磊,胡述聚.基于服务空间视角的长春市城市功能空间扩展研究[J].地理科学,2016,02:274-282

[285] 石春燕.基于故障树的生态调水水质风险识别[J].环境保护科学,2013,39(6):19-24.

[286] 史良胜,唐云卿,杨金钟.基于随机配点法的地下水污染风险评价[J].水科学进展,2012,23(4):529-538.

[287] 施玉群,刘亚莲,何金平.关于突变评价法几个问题的进一步研究[J].武汉大学学报(工学版),2003,36(4):132-136.

[288] 束龙仓,朱元生,孙庆义,等.地下水允许开采量确定的风险分析[J].水利学报.2000(3):79-83.

[289] 束龙仓,朱元生.地下水资源评价中的不确定性因素分析[J].水文地质工程地质,2000,(6):6-8.

[290] 束龙仓,朱元生,孙庆义等.地下水资源评价结果的可靠性探讨[J].水科学进展,2000,11(1):21-24.

[291] 宋洁鲲,张丽波.基于三角模糊熵的信息安全风险评估研究[J].情报理论与实践,2013,36(8):99-104.

[292] 苏琳,宛静等.灰色关联分析法(GRAP)在油库风险评价中的应用[J].建筑防火设计,2009(1):33-35.

[293] 苏伟,刘景双,李方.第二松花江干流重金属污染物健康风险评价[J].农业环境科学学报,2006,25(6):1611-1615.

[294] 孙才志,陈雪姣,陈相涛.下辽河平原浅层地下水脆弱性评价[J].地球信息科学学报,2016,02:238-247.

[295] 孙才志,迟克续.大连市水资源安全评价模型的构建及其应用[J].安全与环境学报,2008,8(1):115-118.

[296] 孙才志,李秀明.基于ArcGIS的下辽河平原地下水功能评价[J].地理科学,2013,33(2):174-180.

[297] 孙才志,潘俊.地下水脆弱性的概念、评价方法与研究前景[J].水科学进展,1999,10(4),444-449.

[298] 孙才志,奚旭.不确定条件下的下辽河平原地下水本质脆弱性评价[J].水利水电科技进展,2014,34(5):1-7.

[299] 孙才志，闫晓露．基于 GIS-Logistic 耦合模型的下辽河平原景观格局变化驱动机制分析[J]．生态学报，2014,24：7280-7292.

[300] 孙才志，闫晓露，钟敬秋．下辽河平原景观格局脆弱性及空间关联格局[J]．生态学报，2014,02：247-257.

[301] 孙才志，赵良仕，邹玮等．中国水资源利用效率与空间溢出效应测度(英文)[J]．Journal of Geographical Sciences, 2014, 05：771-788.

[302] 孙才志，左海军，栾天新．下辽河平原地下水脆弱研究[J]．吉林大学学报(地球科学)，2007, 37(5)：943-948.

[303] 孙永刚．环境风险评价研究综述[J]．林业经济，2011,(6)：90-93.

[304] 孙东亮，蒋军成等．基于事故连锁风险的区域危险源辨识技术研究[J]．工业安全与环保，2009, 35(12)：48-53.

[305] 孙鹏．基于马尔科夫模型的新疆水文气象干旱研究[J]．地理研究，2014, 33(9)：1647-1657.

[306] 汤国杰．超大型船舶受限水域航行风险评价[J]．中国航海，2010, 33(3)：105-108.

[307] 汤皓，陈国兴．基于 GIS 和神经网络模型的场地地震液化势风险评价[J]．武汉大学学报·信息科学版，2007, 32(8)：727-730.

[308] 唐川，朱静．城市泥石流风险评价探讨[J]．水科学进展，2006, 17(3)：383-388.

[309] 唐明，邵东国，姚成林等．改进的突变评价法在旱灾风险评价中的应用[J]．水利学报，2009, 40(7)：858-869.

[310] 唐克旺，朱党生，唐蕴等．中国城市地下水饮用水源地水质状况评价[J]．水资源保护，2009,25(1)：1-4.

[311] 滕彦国，苏洁，翟远征，等．地下水污染风险评价的迭置指数法研究综述[J]．地球科学进展，2012, 27(10)：1140-1147.

[312] 田华．基于过程的地下水污染风险评价—以滦河三角洲为例[D]．西安：西安科技大学，2011.

[313] 田裘学．健康风险评价的基本内容与方法[J]．甘肃环境研究与检测，1997, 10(4)：32-36.

[314] 王宝贞等译．国外环境科学技术(增刊)，1985.

[315] 王贝贝，段小丽，蒋秋静，等．我国北方典型地区居民呼吸暴露参数研究[J]．环境科学研究，2010, 23(11)：1421-1427.

[316] 王晨晨．再生水中化学污染物的人体健康风险评价方法研究[D]．天津：天津大学，2010：1-75.

[317] 汪长永，杨卫．层次分析法在油气田环境风险评价中的应用[J]．中国安全生产科学技术，2009(6)：181-183.

[318] 王春华．漫谈地下水资源[J]．水利天地，2011(11)：31-32.

[319] 王大坤，李新建．健康风险评价在环境质量评价中的应用[J]．水电能源学报，1995, 17(6)：9-12.

[320] 王栋，朱元生．风险分析在水系统中的应用研究进展及其展望[J]．河海大学学报，2002, 30(2)：71-77.

[321] 王光远．未确知信息及其数学处理[J]．哈尔滨建筑工程学院学报，1990, 23(4)：1-9.

[322] 王国利，周惠成，杨庆，等．基于 DRASTIC 的地下水易污染性多目标模糊模式识别模型[J]．水科学进展，2000, 11(2)：173-179.

[323] 王浩．区域缺水状态的识别及其多维调控[J]．资源科学，2003, 25(6)：2-6.

[324] 王建平，程声通，贾海峰．基于 MCMC 法的水质模型参数不确定性研究[J]．环境科学．2006, 27(1)：24-30.

[325] 王俊杰，何江涛，陆燕，等．地下水污染风险评价中特征污染物量化方法探讨[J]．环境科学，2012, 33(3)：771-776.

[326] 王磊．西安市平原区地下水开发风险评价[D]．长安大学，2009.

[327] 王丽萍, 周晓蔚, 李继清. 饮用水源污染风险评价的模糊 – 随即模型研究[J]. 清华大学学报(自然科学版), 2008, 48(9): 1449-1457.

[328] 汪培庄. 模糊集合论及其应用[M]. 上海: 上海科学技术出版社, 1983, 1-8.

[329] 王平, 黄爽兵, 韩占涛, 等. 基于溶质运移模拟的某化工场地污染物对拟建水库污染风险预测[J]. 现代地质, 2015, 29(2): 307-315.

[330] 王秋莲, 张震, 刘伟, 等. 天津市饮用水源地水环境健康风险评价[J]. 环境科学与技术, 2009, 32(5): 187-190.

[331] 王铁军. 贵阳市浅层地下水污染健康风险初步评价[D]. 贵阳: 贵州大学, 2008.

[332] 王岩, 尹海丽, 窦在祥. 蒙特卡罗方法应用研究[J]. 青岛理工大学学报. 2006, 27(2): 111-113.

[333] 王伟明, 郑一, Arturo K. 概率配点法在流域非点源污染不确定性分析中的应用[J]. 农业环境科学学报, 2010, 29(9): 1750-1756.

[334] 王颖. 山西省水资源系统压力综合评价[J]. 水力发电学报, 2011, 30(6): 189-198.

[335] 王永杰, 贾东红, 需庆宝, 束富荣. 健康风险评价中的不确定性分析[J]. 环境工程, 2003, 21(6): 66-69

[336] 王勇, 杨凯, 王云, 等. 石油化工企业环境风险评价的方法研究[J]. 中国环境科学, 1995, 15(3): 161-165.

[337] 王宇飞, 盖美, 耿雅东. 辽宁沿海经济带水资源短缺风险评价[J]. 地域研究与开发, 2013, 32(2): 96-102.

[338] 王昭, 石建省, 张兆吉等. 华北平原地下水中有机物淋溶迁移性及其污染风险评价[J]. 水利学报, 2009, 40(7): 830-837.

[339] 王喆, 刘少卿, 陈晓民, 等. 健康风险评价中中国人皮肤暴露面积的估算[J]. 安全与环境学报, 2008, 8(4): 152-156.

[340] 王政友. 山西省地下水超采问题及其治理对策[J]. 水资源管理, 2011, 11: 28-30.

[341] 王宗爽, 武婷, 段小丽, 等. 环境健康风险评价中我国居民呼吸速率暴露参数研究[J]. 环境科学研究. 2009, 22(10): 1171-1175.

[342] 王宗爽, 段小丽, 刘平, 等. 环境健康风险评价中我国居民暴露参数探讨[J]. 环境科学研究, 2009, 22(10): 1164-1170.

[343] 王晓宇. 山西省水资源可持续利用探讨[J]. 水资源与水工程学报, 2004, 15(2): 49-53.

[344] 卫晓婧, 熊立华. 融合马尔科夫链 – 蒙特卡洛算法的改进通用似然不确定性估计方法在流域水文模型中的应用[J]. 水利学报, 2009, 40(4): 464-473.

[345] 吴吉春, 陆乐. 地下水模拟不确定性分析[J]. 南京大学学报: 自然科学版, 2011, 47(3): 227-234.

[346] 奚旭, 孙才志, 吴彤, 郑德凤. 下辽河平原地下水脆弱性的时空演变[J]. 生态学报, 2016, 10: 1-10.

[347] 向全永, 梁友信, 陈秉衡, 等. 饮水氟的基准剂量及其生物接触指标的应用[J]. 中华预防医学杂志. 2004(04): 45-48.

[348] 肖芳淳. 模糊物元分析及其应用研究[J]. 强度与环境, 1995, (2): 51.59.

[349] 熊大国. 随机过程理论与应用[M]. 北京: 国防工业出版社, 1991, 103-105.

[350] 邢立亭, 吕华, 高赞东等. 岩溶含水层脆弱性评价的 COP 法及其应用[J]. 有色金属, 2009, 61(3): 139-142.

[351] 许川, 舒为群, 罗财红, 等. 三峡库区水环境多环芳烃和邻苯二甲酸酯类有机污染物健康风险评价[J]. 环境科学研究, 2007, 20(5): 57-60.

[352] 许海萍, 张建英, 张志剑, 等. 致癌和非致癌环境风险的预期寿命损失评价法[J]. 环境科学, 2007, 9(28): 2148-2152.

[353] 许海萍, 张建英, 张志剑, 等. 预期寿命损失法定量评估区域环境健康风险[J]. 农业环境科学学报.

2007，26（4）：1579-1584.

[354] 徐士良. FORTRAN 常用算法程序集（第二版）[M]. 北京：清华大学出版社. 1995.

[355] 徐铁兵,梁静,马跃涛,等. 地下水污染的数值模拟及污染预测研究—以迁安市某项目的 Cr^{6+} 污染为例 [J]. 环境科学与管理，2014，39（12）：63-67.

[356] 严伏朝,解建仓,秦涛等. 基于信息扩散集理论的水资源短缺风险评价[J]. 西安理工大学学报，2011，27（3）：285-289.

[357] 阳艾利. 基于模拟的地下水石油污染风险评估与修复过程优化技术研究[D]. 北京：华北电力大学，2013.

[358] 杨光明. 中国水安全问题及其策略研究[J]. 灾害学，2008，23（2）：101-105.

[359] 杨铭,李原,张开富等. 基于改进的计划评审技术的航空项目风险评价技术研究[J]. 计算机集成制造系统，2008，14（1）：192-208.

[360] 杨全锁,郑西来,许延营,等. 青岛市黄岛区饮用水源健康风险评价[J]. 安全与环境学报，2008，8（2）：83-86.

[361] 杨彦,李定龙,于云江. 浙江温岭人群暴露参数[J]. 环境科学研究，2012，25（3）：316-321.

[362] 杨宇,胡建英,等. 天津地区致癌风险的预期寿命损失分析[J]. 环境科学，2005，26（1）：168-172.

[363] 杨宇,刘毅,金凤君等. 天山北坡城镇化进程中的水土资源效益及其时空分异[J]. 地理研究，2012，31（7）：1185-1198.

[364] 杨伟光,付怡. 农业生态环境质量的指标体系与评价方法[J]. 监测与评价，1999，（2）：26-27.

[365] 姚文秀. 解决山西省水资源问题必须考虑从黄河引水[J]. 水利发展研究，2008，8（7）：55-58.

[366] 冶雪艳,曹建峰,杜新强. 突变评价法在地下水开发风险评价中的应用[J]. 吉林大学学报，2006（3）：163-166.

[367] 冶雪艳. 黄河下游悬河段地下水开发风险评价与调控研究[D]. 吉林大学，2006.

[368] 冶雪艳,赵坤,杜新强等. 突变理论在地下水开发风险评价中的应用研究[J]. 人民黄河，2007，29（10）：47-50.

[369] 殷少美,周寅康. 马尔科夫链在预测土地利用结构中的应用—以湖南娄底万宝镇为[J]. 经济地理，2006，26：120-123.

[370] 伊伟强. 水资源与山西省产业结构、空间结构演进分析[J]. 水资源与水工程学报，2007，18（5）：52-55.

[371] 于云江,杨林,李良忠,等. 兰州市大气 PM10 中重金属和多环芳烃的健康风险评价[J]. 环境科学学报. 2013，33（11）：2920-2927.

[372] 于勇,翟远征,郭永丽等. 基于不确定性的地下水污染风险评价研究进展[J]. 水文地质工程地质，2013,01：115-123.

[373] 余彬. 泾惠渠灌区浅层地下水中重金属的健康风险评价[D]. 西安：长安大学，2010：1-78.

[374] 余钟波,黄勇. 地下水水文学原理[M]. 北京：科学出版社，2008.

[375] 袁希慧,王菲凤,张江山,等. 基于区间数的饮用水源地水环境健康风险模糊评价[J]. 安全与环境学报，2011，11（4）：129-133.

[376] 曾畅云. 水环境安全及其指标体系研究—以北京市为例[D]. 首都师范大学，2004.

[377] 曾光明,杨春平,卓利. 环境系统灰色理论与方法[M]. 北京：中国科学技术出版社，1994.

[378] 曾光明,卓利,钟政林,等. 水环境健康风险评价模型及其应用[J]. 水电能源学，1997，15（4）：28-32.

[379] 曾光明,钟政林. 环境风险评价中的不确定性问题[J]. 中国环境科学，1998，18（3）：252-255.

[380] 曾光明,卓利,钟政林,等. 水环境健康风险评价模型[J]. 水科学进展. 1998，9（3）：212-217.

[381] 曾维华,宋永会,姚新等. 多尺度突发环境污染事故风险区划[M]. 北京：科学出版社，2013.07：

13-14.

[382] 曾黄麟. 粗集理论及其应用[M]. 重庆: 重庆大学出版社, 1998, 56-59.

[383] 张保祥. 黄水河流域地下水脆弱性评价与水源保护区划分研究[D]. 北京: 中国地质大学, 2006.

[384] 张保祥, 李玲玲, 刘海娇, 等. 地下水污染风险评价研究——以龙口市平原区为例[C]. 第六届海峡两岸土壤和地下水污染与整治研讨会论文集, 烟台: 中国科学院, 2012.

[385] 张春华, 陈文鹤, 陈佩杰, 等. 不同体育健身项目能量消耗研究及应用[J]. 中国运动医学杂志, 2007. 26(1): 76-78.

[386] 张会, 张继权, 韩俊山. 基于GIS的洪涝灾害风险评估与区划研究——以辽河中下游地区为例[J]. 自然灾害学报, 2005, 14(6): 141-146.

[387] 张俊艳, 韩文秀. 城市水安全问题及其对策探讨[J]. 北京科技大学学报(社会科学版), 2005, 21(2): 78-81.

[388] 张杰. 我国水环境恢复与水环境学科[J]. 北京工业大学学报, 2002, 28(2): 178-183.

[389] 张杰, 熊必永. 水环境恢复方略与水资源可持续利用[J]. 中国水利, 2003, (11): 13-15.

[390] 张杰, 陈立学, 熊必永等. 我国水环境与水循环的健康之路[J]. 给水排水, 2005, 31(5): 19-25.

[391] 张丽君. 地下水脆弱性和风险性评价研究进展综述[J]. 水文地质工程地质, 2006, 33(6): 113-119.

[392] 张明访, 向全永, 彭芳, 等. 饮水氟含量与地方性氟中毒的剂量-反应关系研究[J]. 职业与健康. 2006, 22(8).

[393] 张少坤, 付强, 张少东等. 基于GIS与熵权的DRASCLP模型在地下水脆弱性评价中的应用[J]. 水土保持研究, 2008, 15(4): 134-141.

[394] 张松林, 张昆. 全局空间自相关Moran指数和G系数对比研究[J]. 中山大学学报(自然科学版), 2007, 46(4).

[395] 张晓洁, 苗强. 基于动态故障树的卫星系统可靠性分析[J]. 宇航学报, 2009, 30(3): 1249-1254.

[396] 张晓平, 许文杰, 张强. 基于区间值模糊数集的水质综合评价方法[J]. 济南大学学报, 2011, 25(1): 89-93.

[397] 张鑫. 基于过程模拟法的地下水污染风险评价[D]. 长春: 吉林大学, 2014.

[398] 张学霞, 武鹏飞. 基于空间聚类分析的松辽流域水资源利用风险评价. 地理科学进展, 2010, 29(9): 1032-1040.

[399] 赵桂香. 干旱化趋势对山西省水资源的影响分析[J]. 干旱区研究, 2008, 25(4): 492-496.

[400] 赵克勤, 宣爱理. 集对论———一种新的不确定性理论、方法与应用[J]. 系统工程, 1996, 14(1): 18-23.

[401] 赵良仕, 孙才志, 郑德凤. 中国省际水资源利用效率与空间溢出效应测度[J]. 地理学报, 2014, 69(1): 121-133.

[402] 赵文华, 丛琳. 体力活动划分: 不同类型体力活动的代谢当量及体力活动的分级[J]. 卫生研究. 2004, 33(2): 246-249.

[403] 赵晓剑. 水资源短缺风险综合评价[D]: 硕士学位论文. 山东: 山东大学, 2012.

[404] 赵彦红. 河北省水环境现状及水环境承载力研究[J]. 河北: 河北师范大学, 2005.

[405] 赵媛, 杨足膺, 郝丽莎, 等. 中国石油资源流动源——汇系统空间格局特征[J]. 地理学报, 2012, 04: 455-466.

[406] 郑德凤, 臧正. 绿色经济、绿色发展及绿色转型研究综述[J]. 生态经济, 2015, 31(2): 64-68.

[407] 郑德凤, 臧正, 王平富. 改进的突变模型及其在水资源评价中的应用[J]. 水利水电科技进展, 2014, 04: 46-52.

[408] 郑德凤, 苏琳, 李红英, 孙才志. 随机模拟暴露参数的地下饮用水中污染物健康风险评价[J]. 地下水, 2015, 06: 87-90.

［409］郑德凤，赵锋霞，孙才志，等．考虑参数不确定性的地下饮用水源地水质健康风险评价．地理科学，2015，35(8)：1007-1013.

［410］郑建锋，陈钦，黄种发．福建省商品林投资风险评价［J］．中国农学通报，2010，26(19)：112-115.

［411］郑西来，吴新利，荆静．西安市潜水污染的潜在性分析与评价［J］．工程勘察，1997(4)：22-24.

［412］郑西来．地下水污染控制［M］．武汉：华中科技出版社，2009：91-99.

［413］周绍江．突变理论在环境影响评价中的应用［J］．人民长江，2003，34(2)：52-54.

［414］周绍江．南水北调中线水源工程的突变多准则评价［J］．湖北水利发电，2003，(1)：7-10.

［415］周仰效，李文鹏．地下水水质监测与评价［J］．水文地质工程地质，2008，35(1)：1-11.

［416］中华人民共和国环境保护部，国土资源部，水利部．全国地下水污染防治规划(2011-2020)［R］．2011.

［417］钟秀，马腾，刘林，等．地下水饮用水源地污染源风险等级评价方法研究［J］．安全与环境工程，2014，21(2)：104-108.

［418］朱梅，吴静学，李瑞波．海河流域农村生活非点源污染负荷量估算及环境风险分析［J］．农业环境与发展，2010，27(5)：66-71.

［419］祝晔．江苏城市旅游竞争力评价及其空间差异研究［D］．南京师范大学，2012.

［420］左海军．下辽河平原地下水脆弱性研究［D］．辽宁师范大学，2006.

［421］左丽琼．煤矿底板突水预测的突变理论研究［D］．石家庄经济学院，2008.

［422］左其亭，吴泽宁．水资源系统中的不确定性及风险分析方法［J］．干旱区地理，2003，26(2)：116-121.

［423］左其亭，窦明．基于人水和谐理念的最严格水资源管理制度研究框架及核心体系［J］．资源科学，2014，36(5)：906-912.

［424］邹滨，增永年，Benjiamin F. Zhan，等．城市水环境健康风险评价［J］．地理与地理信息科学，2009，25(2)：94-97.